中国机械工业教育协会"十四五"普通高
一流本科专业一流本科课程建设系列教材

移动通信原理与技术

第 2 版

余晓玫　主　编
赖小龙　喻　婷　霍佳璐　谭　祥　副主编
王海江　曾　益　王福增　徐梓欣　参　编

机械工业出版社

本书详细介绍了移动通信的基本原理、相关技术，以及第二代到第五代移动通信的典型系统及应用。本书充分反映了当前移动通信行业的发展现状及技术需求。本书共9章，包括：移动通信概述、移动通信电波传播及损耗模型、编码及调制技术、抗信道衰落技术、组网技术、2G/B2G 移动通信系统、3G 移动通信系统、4G 移动通信系统、5G 移动通信系统。此外，在本书中还增加了 6G 的相关知识。本书是一本工程案例与课程思政相融合的新形态教材。

本书分为两部分：第 1~5 章介绍移动通信相关技术，第 6~9 章介绍移动通信系统及应用。本书前后呼应，精选素材，尽量避免烦琐的公式推导，注重理论和实践的结合。本书可作为通信工程、电信工程及管理、电子信息工程及相关专业本科生的专业必修课程参考教材，也可作为移动通信行业的技术人员的参考用书。

图书在版编目（CIP）数据

移动通信原理与技术 / 余晓玫主编. -- 2版.
北京：机械工业出版社, 2025.5. -- (中国机械工业教育协会"十四五"普通高等教育规划教材) (一流本科专业一流本科课程建设系列教材). -- ISBN 978-7-111-78097-7

I. TN929.5
中国国家版本馆 CIP 数据核字第 20258LM911 号

机械工业出版社（北京市百万庄大街22号　邮政编码100037）
策划编辑：路乙达　　　　　责任编辑：路乙达
责任校对：王荣庆　张　征　封面设计：张　静
责任印制：单爱军
北京华宇信诺印刷有限公司印刷
2025年7月第2版第1次印刷
184mm×260mm・15.5印张・422千字
标准书号：ISBN 978-7-111-78097-7
定价：59.00 元

电话服务　　　　　　　网络服务
客服电话：010-88361066　机 工 官 网：www.cmpbook.com
　　　　　010-88379833　机 工 官 博：weibo.com/cmp1952
　　　　　010-68326294　金 书 网：www.golden-book.com
封底无防伪标均为盗版　　机工教育服务网：www.cmpedu.com

前 言

移动通信技术的发展日新月异,特别是随着第五代移动通信系统(5G)在全国的全面推广,移动通信已成为通信行业发展最活跃、最快的领域之一,5G给社会带来了深刻的变化,成为备受青睐的通信手段。然而,这种变化导致《移动通信原理与技术》(第1版)中的有些内容比较陈旧、落后,难以适应教学的要求,需要修订或重新编写。如何编写一本理论与实践相结合并能适应当前变化的教材就显得尤为重要。为此,我们在参考大量教材、专著及其他文献资料的基础上,结合多年的教学和实践经验,力求用图文并茂的形式,较详细地介绍移动通信的基本原理、相关技术及系统应用,期望能编写出一本既能反映当前移动通信发展现状,又能满足学生实际需求,还能将理论研究、工程实践、课程思政相结合的教材。本书在修订过程中兼顾了以下几个方面:

1)充分考虑教材容量和课程学时的限度,在对教材内容的编排上主次分明,精选素材、精心编写,去掉烦琐的公式推导,使本书做到篇幅虽小,但覆盖面大。

2)内容承前启后、条理清晰。本书分为两部分:第一部分(第1~5章)介绍移动通信基本理论及相关技术,第二部分(第6~9章)介绍移动通信系统原理及应用。

3)考虑到当前移动通信的发展现状,对当前已正式商用的第五代移动通信系统(5G)的应用场景、体系架构、关键技术、网络部署等进行详细介绍,并对6G网络进行展望,突出反映移动通信的最新研究成果。

本书共分为9章:第1、2章讲述移动通信的基本概念、基本原理及移动通信电波传播理论;第3~5章讲述移动通信的基本技术,包括编码及调制技术、抗信道衰落技术及组网技术;第6~8章讲述2G、B2G、3G、4G几代移动通信系统的网络结构、关键技术、主要业务及网络规划等;第9章对5G的场景及业务、网络体系架构、关键技术、网络部署等进行详细介绍,并对无线网络规划及发展演进进行展望。

本书在修订过程中还融入工程案例、课程思政多种元素,并升级成新形态教材,读者只需扫描书中二维码便可获得相关知识点的配套微课资源。本书由余晓玫负责第1、2、4章的修订;谭祥、王福增负责第3、5章的修订;赖小龙、王海江负责第6、7章的修订;霍佳璐、徐梓欣负责第8章的修订;喻婷、曾益负责第9章的修订。全书由余晓玫负责审核和统稿。

本书在编写过程中参考了大量的文献资料,在此对它们的作者表示诚挚的感谢。

由于时间仓促、编者水平有限,书中难免存在不妥之处,敬请各位读者批评指正。

编 者

目 录

前 言
第1章 移动通信概述 …………………… 1
1.1 移动通信的概念及特点 …………… 1
 1.1.1 移动通信的概念 ……………… 1
 1.1.2 移动通信的特点 ……………… 2
1.2 移动通信的发展概况 ……………… 2
 1.2.1 移动通信的发展历史 ………… 2
 1.2.2 我国移动通信的发展 ………… 5
 1.2.3 移动通信的发展趋势 ………… 6
1.3 移动通信的分类及工作方式 ……… 7
 1.3.1 移动通信的分类 ……………… 7
 1.3.2 移动通信的工作方式 ………… 7
1.4 移动通信采用的基本技术 ………… 9
 1.4.1 调制技术 ……………………… 9
 1.4.2 移动信道中电波传播特性的研究 … 9
 1.4.3 多址方式 ……………………… 10
 1.4.4 抗干扰措施 …………………… 10
 1.4.5 编码技术 ……………………… 10
 1.4.6 组网技术 ……………………… 11
1.5 移动通信的典型应用系统 ………… 12
思考与练习题 …………………………… 14
第2章 移动通信电波传播及损耗模型 …… 15
2.1 无线电波传播的基本特性 ………… 15
 2.1.1 概况 …………………………… 15
 2.1.2 电波传播方式 ………………… 16
 2.1.3 直射波传播 …………………… 16
 2.1.4 反射波传播 …………………… 17
 2.1.5 大气中的电波传播 …………… 18
 2.1.6 障碍物的影响及绕射损耗 …… 20
2.2 移动无线信道的多径传播特性 …… 22
 2.2.1 移动信道的时变特性 ………… 22
 2.2.2 移动环境的多径传播 ………… 23
 2.2.3 多普勒频移 …………………… 24
2.3 描述多径衰落信道的主要参数 …… 24
 2.3.1 时延扩展 ……………………… 24
 2.3.2 相关带宽 ……………………… 25
2.4 阴影衰落 …………………………… 26
2.5 电波传播损耗预测模型 …………… 26
 2.5.1 电波传播的地形环境 ………… 26
 2.5.2 奥村模型 ……………………… 28
 2.5.3 Hata 模型 ……………………… 30
 2.5.4 Hata 模型扩展 ………………… 31
 2.5.5 IMT-2000 模型 ………………… 31
思考与练习题 …………………………… 31
第3章 编码及调制技术 ………………… 33
3.1 信源编码概述 ……………………… 33
 3.1.1 语音编码 ……………………… 34
 3.1.2 语音编码技术的应用及发展 … 35
 3.1.3 脉冲编码调制 ………………… 35
 3.1.4 线性预测编码 ………………… 36
 3.1.5 码激励线性预测编码 ………… 37
3.2 信道编码概述 ……………………… 37
 3.2.1 分组码 ………………………… 37
 3.2.2 卷积码 ………………………… 39
 3.2.3 交织编码 ……………………… 40
 3.2.4 Turbo 码 ……………………… 41
3.3 调制技术概述 ……………………… 42
 3.3.1 移动通信对数字调制的要求 … 42
 3.3.2 移动通信实用的调制技术 …… 43
3.4 线性调制技术 ……………………… 43
 3.4.1 四相相移键控 ………………… 43
 3.4.2 交错四相相移键控 …………… 45
 3.4.3 $\pi/4$-QPSK ……………………… 46
 3.4.4 正交振幅调制 ………………… 48
3.5 恒包络调制技术 …………………… 50
 3.5.1 最小频移键控 ………………… 50

3.5.2 高斯滤波最小频移键控 ………… 52
3.6 扩频调制技术 ………………………… 54
 3.6.1 扩频调制技术概述 ……………… 54
 3.6.2 PN 码序列 ………………………… 55
 3.6.3 直接序列扩频 …………………… 55
 3.6.4 跳频扩频 ………………………… 56
思考与练习题 ……………………………… 57

第4章 抗信道衰落技术 ……………… 59
4.1 抗衰落技术概况 ……………………… 59
4.2 分集技术及应用 ……………………… 59
 4.2.1 分集原理 ………………………… 59
 4.2.2 分集的分类 ……………………… 60
 4.2.3 分集的合并方式及性能 ………… 61
 4.2.4 Rake 接收机 ……………………… 64
 4.2.5 分集技术的应用 ………………… 65
4.3 均衡技术及应用 ……………………… 66
 4.3.1 均衡原理 ………………………… 66
 4.3.2 均衡的分类 ……………………… 66
 4.3.3 线性均衡技术 …………………… 67
 4.3.4 非线性均衡技术 ………………… 68
 4.3.5 自适应均衡技术 ………………… 69
 4.3.6 均衡技术的应用 ………………… 70
4.4 智能天线技术及应用 ………………… 71
 4.4.1 智能天线技术概况 ……………… 71
 4.4.2 智能天线原理 …………………… 72
 4.4.3 智能天线的分类 ………………… 73
 4.4.4 智能天线的应用 ………………… 73
思考与练习题 ……………………………… 75

第5章 组网技术 ……………………… 76
5.1 移动通信网的基本概念 ……………… 76
5.2 移动通信环境下的干扰 ……………… 77
 5.2.1 邻道干扰 ………………………… 77
 5.2.2 同频干扰 ………………………… 77
 5.2.3 互调干扰 ………………………… 79
 5.2.4 阻塞干扰 ………………………… 79
 5.2.5 近端对远端的干扰 ……………… 80
5.3 区域覆盖与信道配置 ………………… 80
 5.3.1 区域覆盖 ………………………… 80
 5.3.2 信道配置 ………………………… 87
5.4 多址接入技术 ………………………… 89
 5.4.1 频分多址 ………………………… 89
 5.4.2 时分多址 ………………………… 90
 5.4.3 码分多址 ………………………… 93
 5.4.4 空分多址 ………………………… 95
5.5 蜂窝移动通信系统的容量分析 ……… 96
 5.5.1 FDMA 和 TDMA 蜂窝系统容量 …… 97
 5.5.2 CDMA 蜂窝系统容量 …………… 98
5.6 系统移动性管理 ……………………… 99
 5.6.1 位置登记和更新 ………………… 100
 5.6.2 越区切换 ………………………… 101
思考与练习题 ……………………………… 104

第6章 2G/B2G 移动通信系统 ……… 105
6.1 GSM 系统概述 ………………………… 105
 6.1.1 GSM 系统的特点 ………………… 106
 6.1.2 GSM 系统网络结构 ……………… 106
6.2 GSM 移动通信网络接口 ……………… 110
 6.2.1 GSM 系统的主要接口 …………… 110
 6.2.2 GSM 系统与其他公用电信
    网的接口 ………………………… 112
 6.2.3 无线接口 ………………………… 112
6.3 GSM 的主要业务 ……………………… 117
 6.3.1 GSM 的基本业务 ………………… 117
 6.3.2 GSM 的补充业务 ………………… 118
6.4 GSM 无线网络规划 …………………… 119
6.5 窄带 CDMA 移动通信系统 …………… 121
 6.5.1 IS-95 CDMA 系统概述 …………… 122
 6.5.2 IS-95 CDMA 系统的无线
    传输方式 ………………………… 123
 6.5.3 功率控制 ………………………… 124
 6.5.4 呼叫处理 ………………………… 125
6.6 第二代移动分组数据业务系统 ……… 127
 6.6.1 GPRS 系统 ………………………… 127
 6.6.2 EDGE 系统 ………………………… 135
 6.6.3 CDMA2000 1x 系统 ……………… 139
思考与练习题 ……………………………… 141

第7章 3G 移动通信系统 ……………… 143
7.1 概述 …………………………………… 143
7.2 3G 业务及应用 ………………………… 147
7.3 3G 的关键技术 ………………………… 148
7.4 WCDMA 移动通信系统 ……………… 150
 7.4.1 WCDMA 系统概述 ……………… 150
 7.4.2 无线接口的分层 ………………… 151
 7.4.3 信道结构 ………………………… 152
 7.4.4 信道编码和复用 ………………… 153

7.4.5 切换及优化案例 …………… 154
7.5 CDMA2000 移动通信系统 …………… 156
　7.5.1 CDMA2000 系统概述 …………… 156
　7.5.2 信道结构 …………… 159
　7.5.3 CDMA2000 基本工作过程 …………… 162
7.6 TD-SCDMA 移动通信系统 …………… 163
　7.6.1 TD-SCDMA 系统概述 …………… 163
　7.6.2 系统原理 …………… 165
7.7 3G 无线网络规划 …………… 168
　7.7.1 3G 无线网络规划的特点 …………… 168
　7.7.2 3G 无线网络规划的流程 …………… 169
思考与练习题 …………… 170

第 8 章　4G 移动通信系统 …………… 171

8.1 4G 系统概述 …………… 171
8.2 4G 系统架构及工作原理 …………… 173
　8.2.1 3GPP 的演进系统架构 …………… 173
　8.2.2 4G 系统架构 …………… 174
8.3 LTE 的两种制式 …………… 176
　8.3.1 LTE 两种制式的由来 …………… 176
　8.3.2 LTE 两种制式的对比 …………… 177
8.4 4G 的主要业务及特征 …………… 178
　8.4.1 4G 的主要业务 …………… 178
　8.4.2 4G 的业务特征 …………… 180
8.5 4G 的关键技术 …………… 180
　8.5.1 LTE 关键技术 …………… 180
　8.5.2 LTE-Advanced 关键技术 …………… 189
8.6 4G 的语音解决方案 …………… 195
　8.6.1 CSFB 语音方案 …………… 195
　8.6.2 SVLTE 语音方案 …………… 196
　8.6.3 VoLTE 语音方案 …………… 196
8.7 LTE 无线网络规划 …………… 198
　8.7.1 LTE 规划要点 …………… 198
　8.7.2 LTE 覆盖估算 …………… 200
　8.7.3 LTE 容量估算 …………… 202
　8.7.4 工程应用案例 …………… 203
思考与练习题 …………… 204

第 9 章　5G 移动通信系统 …………… 205

9.1 5G 系统概述 …………… 205
　9.1.1 5G 的研发背景 …………… 205
　9.1.2 5G 的发展现状 …………… 206
　9.1.3 5G 的特点 …………… 206
　9.1.4 5G 的频谱 …………… 208
9.2 5G 应用场景和主要业务 …………… 209
　9.2.1 5G 应用场景 …………… 209
　9.2.2 5G 主要业务 …………… 210
9.3 5G 网络体系架构 …………… 213
　9.3.1 5G 网络设计原则 …………… 213
　9.3.2 5G 网络逻辑架构 …………… 214
　9.3.3 5G 网络总体架构 …………… 214
9.4 5G 关键技术 …………… 217
　9.4.1 无线传输技术 …………… 218
　9.4.2 无线网络技术 …………… 222
　9.4.3 5G 场景和关键技术的关系 …………… 226
9.5 5G 网络部署模式演进 …………… 227
　9.5.1 组网部署模式架构 …………… 227
　9.5.2 组网部署模式演进 …………… 231
9.6 5G 无线网络规划 …………… 232
　9.6.1 5G 网络规划面临的挑战 …………… 232
　9.6.2 5G 无线网络规划流程 …………… 232
　9.6.3 网络建设方式 …………… 234
　9.6.4 工程案例 …………… 237
9.7 5G 发展演进 …………… 238
　9.7.1 5G 发展趋势 …………… 238
　9.7.2 未来 6G 网络 …………… 239
思考与练习题 …………… 240

参考文献 …………… 241

第 1 章

移动通信概述

随着通信行业的发展和科学技术的进步,以手机为代表的移动通信设备已经成为人们日常生活中必不可少的一部分。人们可以用手机打电话、发短信、上网、玩游戏等。可以说,手机已成为人们身边的必需品,并大大改变了人们的生活、学习和工作方式,使得人们对移动通信的依赖性不断增加;同时移动通信设备价格急剧下降至可被普通百姓阶层接受的水平,也有力地促进了移动通信的普及。实际上,除了移动通信设备外,移动通信已经渗透到了海、陆、空等现代社会的各个角落,已成为现代通信领域中至关重要的一部分。移动通信有力地促进了人们跨区域、跨地区乃至跨全球的信息传输,推动了日益丰富的手机文化的形成。

在移动通信领域,涌现出了一批杰出的科学家和工程师,包括麦克斯韦、赫兹、波波夫、马可尼、香农、高锟、李建业等,他们勇于探索、为科学无私奉献,取得了伟大成就,为无线通信的发展做出了卓越贡献。在移动通信标准制定过程中,我国的通信网络经历了"1G 空白、2G 跟随、3G 突破、4G 并跑、5G 引领"这一曲折艰难的发展历程。今天的辉煌成就,离不开中国共产党的坚强领导、社会主义制度的优越性和一代又一代通信人的接力奋斗。无线通信的标准争夺主要体现在"标准必要专利"的份额。谁控制了"标准必要专利",就会在开发新一代先进产业的竞赛中拔得头筹,不仅掌握着核心技术,更会牵涉知识产权带来的巨大经济利益。从 3G 开始,我国的"标准必要专利"比例突飞猛进,从 3G 的 7%左右,到 4G 的 20%左右,再到 5G 的 34%,一跃超过美国成为世界第一。这体现了近三十年来我国科技的巨大进步。尤其是以华为为代表的中国企业所掌握的核心技术,更是引起了美国的担心。我国的科技发展正在经历由"跟踪"到"引领"这一质变过程。

1.1 移动通信的概念及特点

1.1.1 移动通信的概念

移动通信是通信双方至少有一方是在运动中(或临时静止状态)实现通信的通信方式,采用的频段遍及低频、中频、高频、甚高频和特高频。移动通信包括陆、海、空移动通信。例如固定体(固定无线电台、有线用户等)与移动体(人、汽车、火车、轮船、飞机、收音机等)之间、移动体与移动体之间的信息交换,都属于移动通信。这里的"信息交换",不仅指双方的通话,还包括数据、电子邮件、传真、图像等通信业务。移动体与移动体之间通信时,必须依靠无线通信技术;而移动体与固定体之间通信时,除了依靠无线通信技术之外,还依赖于有线通信技术,如公用电话交换网(PSTN)、公用数据网(PDN)和综合业务数字网(ISDN)等。移动通信为人们随时随地、迅速可靠地与通信的另一方进行信息交换提供了可能,满足了现代社会信息交流的迫切需要。

1.1.2 移动通信的特点

相比于其他类型的通信方式，移动通信主要有以下几个特点：

1. 移动性

移动性即要保持物体在移动状态中的通信，因此必须是无线通信，或无线通信与有线通信的结合。

2. 电波传播条件复杂

因移动体可能在各种环境中运动，电磁波在传播时会产生反射、折射、绕射、多普勒效应等现象，从而产生多径干扰、信号传播延迟和展宽等效应。目前，大量应用的移动通信频率范围是在甚高频（VHF，30~300MHz）和特高频（UHF，300~3000MHz）内。该频段的特点是：传播距离在视距范围内，通常为几十千米；天线短，抗干扰能力强；以直射波、反射波、散射波等方式传播，受地形地物影响很大，如在移动通信应用面很广的城市中高楼林立、高低不平、疏密不同、形状各异，这些都使移动通信传播路径进一步复杂化，并导致其传输特性变化十分剧烈。

3. 噪声和干扰严重

移动台受到的噪声干扰主要来自在城市环境中的汽车火花噪声、各种工业噪声等，而风、雨、雪等自然噪声，由于频率较低，对移动台影响较小，因此可以忽略。

移动用户之间的干扰主要有互调干扰、邻道干扰、同频干扰、多址干扰，以及近地无用强信号对远地有用信号产生的干扰。所以，在移动通信系统设计中，抗干扰措施就显得至关重要。

4. 系统和网络结构复杂

因为移动通信系统是一个多用户通信系统和网络，所以必须使用户之间互不干扰，能协调一致地工作。此外，移动通信系统还应与市话网、卫星通信网、数据网等互连，在入网和计费方式上也有特殊要求，因此整个移动通信网络结构是很复杂的。

5. 要求频带利用率高、移动设备性能好

无线电频谱是一种特殊的、有限的自然资源。尽管电磁波的频谱很宽，但作为无线通信使用的资源仍然是有限的。特别是随着移动通信业务量需求的与日俱增，这种资源的稀缺性更加明显。如何提高频谱利用率以增加系统容量，始终是移动通信发展中的焦点。

另外，移动设备长期处于移动状态，外界的影响很难预料，这就要求移动设备具有很强的适应能力，还要求其性能稳定可靠、体积小、重量轻、省电、操作简单和携带方便等。

1.2 移动通信的发展概况

1.2.1 移动通信的发展历史

移动通信从无线电通信发明之日就产生了。1897年，M·G·马可尼所完成的无线通信试验就是在固定站与一艘拖船之间进行的，距离为18海里。

1.2 移动通信的前世今生

现代移动通信技术的发展始于20世纪20年代，大致经历了以下几个发展阶段。

第一阶段：20世纪20年代至40年代初期为早期发展阶段。在这期间，首先在短波几个频段上开发出专用移动通信系统，其代表是美国底特律市警察使用的车载无线电系统。该系统工作频率为2MHz，到20世纪40年代提高到30~40MHz。可以认为这个阶段是现代移动通信的起步阶段，特点是专用系统开发，工作频率较低。

第二阶段：20世纪40年代中期至60年代初期。在此期间，公用移动通信业务开始问世。

1946年，根据美国联邦通信委员会（FCC）的计划，贝尔系统在圣路易斯城建立了世界上第一个公用汽车电话网，称为"城市系统"。当时使用三个频道，间隔为120kHz，通信方式为单工。随后，西德（1950年）、法国（1956年）、英国（1959年）等相继研制了公用移动电话系统。美国贝尔实验室完成了人工交换系统的接续问题。这一阶段的特点是从专用移动网向公用移动网过渡，接续方式为人工，网的容量较小。

第三阶段：20世纪60年代中期至70年代中期。在此期间，美国推出了改进型移动电话系统（IMTS），使用150MHz和450MHz频段，采用大区制、中小容量，实现了无线频道自动选择并能够自动接续到公用电话网。西德也推出了具有相同技术水平的B网。可以说，这一阶段是移动通信系统改进与完善的阶段，其特点是采用大区制、中小容量，使用450MHz频段，实现了自动选频与自动接续。

第四阶段：20世纪70年代中期至80年代中期是移动通信蓬勃发展时期。1978年底，美国贝尔实验室研制成功高级移动电话系统（AMPS），建成了蜂窝状移动通信网，大大提高了系统容量。1983年，蜂窝状移动通信网首次在芝加哥投入商用。同年12月，在华盛顿也开始启用。之后，服务区域在美国逐渐扩大，到1985年3月已扩展到47个地区，约10万移动用户。其他工业化国家也相继开发出蜂窝式公用移动通信网。日本于1979年推出800MHz汽车电话系统（HAMTS），在东京、神户等地投入商用。西德于1984年完成C网，频段为450MHz。英国在1985年开发出全接入通信系统（TACS），首先在伦敦投入使用，以后覆盖了全国，频段为900MHz。法国开发出450系统。加拿大推出450MHz移动电话系统MTS。瑞典等于1980年开发出NMT-450移动通信网，并投入使用，频段为450MHz。这一阶段的特点是蜂窝状移动通信网成为实用系统，并在世界各地迅速发展。移动通信大发展的原因，除了用户要求迅猛增加这一主要推动力之外，还有其他几方面技术的发展所提供的条件。首先，微电子技术在这一时期得到长足发展，这使得通信设备的小型化、微型化有了可能性，各种轻便电台被不断地推出。其次，提出并形成了移动通信新体制。随着用户数量增加，大区制所能提供的容量很快饱和，这就必须探索新体制。在这方面最重要的突破是贝尔实验室在20世纪70年代提出的蜂窝网的概念。蜂窝网（即小区制）实现了频率再用，大大提高了系统容量。可以说，蜂窝概念真正解决了公用移动通信系统要求容量大与频率资源有限的矛盾。最后，随着大规模集成电路的发展而出现的微处理器技术的日趋成熟以及计算机技术的迅猛发展，为大型通信网的管理与控制提供了技术手段。

第五阶段：20世纪80年代中期至90年代初期是数字移动通信系统发展和成熟时期。以AMPS和TACS为代表的第一代蜂窝移动通信网是模拟系统。模拟蜂窝网虽然取得了很大的成功，但也暴露了一些问题，如频谱利用率低、移动设备复杂、费用较贵、业务种类受限制以及通话易被窃听等。最主要的问题是其容量已不能满足日益增长的移动用户需求。解决这些问题的方法是开发新一代数字蜂窝移动通信系统。数字无线传输的频谱利用率高，可大大提高系统容量。另外，数字网能提供语音、数据多种业务服务，并与ISDN等兼容。实际上，早在20世纪70年代后期，当模拟蜂窝系统还处于开发阶段时，一些发达国家就接手数字蜂窝移动通信系统的研究。到20世纪80年代中期，欧洲首先推出了泛欧数字移动通信网（GSM）的体系。随后，美国和日本也制定了各自的数字移动通信体制。GSM已于1991年7月开始投入商用，很快在世界范围内获得了广泛认可，成为具有现代网络特征的通用数字蜂窝系统。由于美国的第一代模拟蜂窝系统尚能满足当时的市场需求，所以美国数字蜂窝系统的实现晚于欧洲。为了扩展容量，实现与模拟系统的兼容，1991年，美国推出了第一套数字蜂窝系统（UCDC，又称D-AMPS），UCDC标准是美国电子工业协会（EIA）的数字蜂窝暂行标准，即IS-54，它提供的容量是AMPS的三倍。1995年，美国电信工业协会（TIA）正式颁布了窄带CDMA（N-CDMA）标准，即IS-95A标准。IS-95A系统是美国第二套数字蜂窝系统。随着IS-95A的进一步发展，TIA于1998年制定了新的标准 IS-95B。另外，还有 1993 年日本推出的采用 TDMA 多址方式的太平洋数字蜂窝（PDC）系统。

第六阶段：从 20 世纪 90 年代中期至 21 世纪初，伴随着对第三代移动通信的大量谈论，1996 年底国际电信联盟（ITU）确定了第三代移动通信系统的基本框架。当时称为未来公众陆地移动通信系统（Future Public Land Mobile Telecommunication System，FPLMTS），1996 年更名为 IMT-2000（International Mobile Telecommunications-2000），意即该系统在 2000 年左右投入商用，工作在 2000MHz 频段，最高业务速率可达 2000kbit/s，主要体制有宽带码分多址（Wideband CDMA，WCDMA），CDMA2000 和时分同步码分多址（Time Division-Synchronous CDMA，TD-SCDMA）。1999 年 11 月 5 日，国际电联 ITU-R TG8/1 第 18 次会议通过了"IMT-2000 无线接口技术规范"建议，其中我国提出的 TD-SCDMA 技术写在了第三代无线接口规范建议的 IMT-2000 CDMA TDD 部分中。

与之前的 1G 和 2G 相比，3G 拥有更宽的带宽，其传输速率最低为 384K，最高为 2M，带宽可达 5MHz 以上。3G 不仅能传输话音，还能传输数据，从而提供快捷、方便的无线应用，如无线接入 Internet。能够实现高速数据传输和宽带多媒体服务是 3G 的一个主要特点。另外，3G 网络能将高速移动接入和基于互联网协议的服务结合起来，提高无线频率利用效率。并能提供包括卫星在内的全球覆盖，实现有线和无线以及不同无线网络之间业务的无缝连接。还能满足多媒体业务的要求，从而为用户提供更经济、内容更丰富的无线通信服务。

3G 的发展也可分为两个阶段，第一阶段为早期阶段，语音传输在原有的以"电路交换"为基础的网络上继续运行，而数据传输则在新部署的以"IP（Internet Protocol）分组交换"为核心的网络上运行。第二阶段为下一代网络（Next Generation Network，NGN）阶段，完全基于"IP 分组交换"，电路交换网络就可以完全淘汰，而基于 IP 的语音传输就可以完全实现免费，运营商的主要收入来自数据业务的服务，而不是像现在这样收入主要来自语音服务。不论技术标准如何竞争，市场如何发展，基本的发展方向是"无线"+"IP"+"高速"+"无缝漫游"。当下的一些语音服务，如德国 Skype 的语音服务就是基于当下的 IP 分组交换进行的。

虽然 3G 系统在许多国家得到大规模商业应用，但另一方面宽带无线接入技术从固定向移动化发展，形成了与移动通信技术竞争的局面。为应对"宽带接入移动化"的挑战，同时为了满足新型业务的需求，2004 年底第三代合作伙伴计划（3rd Generation Partnership Project，3GPP）组织启动了长期演进技术（Long Term Evolution，LTE）的标准化工作。LTE 致力于进一步改进和增强现有 3G 技术的性能，以提供更快的分组速率、频谱利用率以及更低的延迟。在推动 3G 系统产业化的同时，世界各国已把研究重点转入后三代/第四代（B3G/4G）移动通信系统。可以称之为移动通信发展的第七阶段。2005 年 10 月，国际电信联盟正式将 B3G/4G 移动通信技术命名为 IMT-Advanced（International Mobile Telecommunications-Advanced）。IMT-Advanced 技术需要实现更高的数据传输速率和更大的系统容量，在低速移动、热点覆盖场景下数据传输速率可达到 100~1000Mbit/s，在高速移动情况下数据传输速率可达 20~100Mbit/s。2009 年，在 ITU-RWP5D 工作组第六次会议上收到了六项 4G 技术提案，并在 2010 年正式确定 LTE-Advanced 和 802.16m 作为 4G 国际标准候选技术。这两项候选技术均包含时分双工（TDD）和频分双工（FDD）两种制式。4G 集 3G 与无线局域网（WLAN）于一体，能够传输高质量视频图像，其图像传输质量与高清晰度电视的不相上下。4G 系统能够满足几乎所有用户对于无线服务的要求。而在用户最为关注的价格方面，4G 与固定宽带网络不相上下，并且计费方式更加灵活机动，用户完全可以根据自身的需求确定所需的服务。2013 年 6 月韩国电信运营商 SK 率先推出 LTE-A 网络，宣告了 4G 商用网络正式进入移动通信市场。

5G 系统是 4G 系统的发展，是面向 2020 年以后移动通信需求而发展的新一代移动通信系统，国际电信联盟（ITU）将其暂命名为 IMT-2020。ITU 于 2012 年首次提出 5G 的概念，开展 5G 技术的研究，并于 2016 年左右启动标准化进程。这一阶段的主要目标是实现网络技术的演进和升级，以满足未来日益增长的移动通信需求。随着研究的深入，5G 技术逐渐成熟。2019 年，全球首个 5G 商用网络正式上线，标志着 5G 时代的到来。5G 网络自 2020 年商用以来，在全球范围内得到了广泛的应用和推广，为人们的生活带来了前所未有的便利和体验。与前几代系统相比，5G 旨在提供更高的数据传输速率、更低的延迟和更高的可靠性，从而实现新的用例，并改变广泛的行业；5G 网络还可以支持更多的设备，处理更多的数据密集型应用，如虚拟现实和增强现实、自动驾驶汽车和物联网（IoT）等。

当 5G 正在如火如荼的开展时，第六代移动通信系统（6G）的研发已提上了日程。2019 年 11 月，全球首份 6G 白皮书《6G 无线智能无处不在的关键驱动与研究挑战》发布。白皮书中指出，6G 的大多数性能指标相比 5G 将提升 10~100 倍，网络延迟也可能从毫秒降到微秒级。在 6G 时代，1 秒下载 10 部同类型高清视频成为可能。2021 年 11 月 16 日，工信部发布《"十四五"信息通信行业发展规划》，将开展 6G 基础理论及关键技术研发列为移动通信核心技术演进和产业推进工程，提出构建 6G 愿景、典型应用场景和关键能力指标体系，鼓励企业深入开展 6G 潜在技术研究，形成一批 6G 核心研究成果。2023 年 6 月 27 日，工信部发布新版《中华人民共和国无线电频率划分规定》，于 7 月 1 日起正式施行，并率先在全球将 6425-7125MHz 全部或部分频段划分用于 IMT（含 5G/6G）系统。

1.2.2　我国移动通信的发展

回顾我国移动通信几十年的发展历程，移动通信市场的发展速度和规模令世人瞩目，移动通信发展呈超常规、成倍数、跳跃式的发展。现阶段，我国的移动通信技术水平已同步于世界先进水平，并逐步占领移动通信技术制高点，引领移动通信的发展方向。我国移动通信电话业务发展开始于 1981 年，当时采用的是早期 150MHz 系统，8 个信道，能容纳的用户数只有 20 个。随后相继发展的有 450MHz 系统，如重庆市电信局首期建设的诺瓦特系统、河南省交通厅建成的 MAT-A 系统等。1987 年，我国在上海首次开通了 TACS 制式的 900MHz 模拟蜂窝移动电话系统。1994 年 9 月，广东省首先建成了 GSM 数字移动通信网，初期容量为 5 万户，于同年 10 月试运行。1996 年，我国研制出自己的数字蜂窝系统全套样机，完成了接入公众网的运行试验，并逐步实现了产业化开发。面对 2G 的发展，我国因为自身研究实力的问题，主要以引进为主。1996 年 12 月，广州建起我国第一个 CDMA 试验网。1997 年 10 月，广州、上海、西安、北京四个城市通过了 CDMA 试验网漫游测试，同年 11 月，北京试验点向社会开放。2000 年 2 月，中国联通以运营商的身份与美国 Qualcomm 公司签署了 CDMA 知识产权框架协议，为中国联通 CDMA 的建设扫清了道路，并于同年宣布启动窄带 CDMA 的建设。

随着 2G 网络和产品的成熟，我国移动通信采取边吸收边改造的发展思路。在网络上，逐步建立了移动智能网，以 GPRS 和 CDMA 2000 1x 为代表的 2.5G 分别在 2002 年和 2003 年正式投入商用。为寻求创新，真正拥有自主知识产权，以改变移动通信技术的落后面貌。1998 年 6 月，中国信息产业部电信科技研究院成功向 ITU 提交了第三代移动通信国际标准 TD-SCDMA 建议，并在其后得到了采纳。2009 年 1 月，工业与信息化部（简称工信部）正式向中国移动、中国联通和中国电信三大运营商发放 3G 牌照，标志着中国正式进入 3G 时代，我国主导的 TD-SCDMA 成为三个国际主流 3G 标准之一。随着 3G 网络的不断完善、智能终端的逐步普及和移动互联网应用的飞速发展，3G 概念日渐深入人心，我国 3G 进入规模化发展时期。

2012 年，我国主导的 TD-LTE-Advanced 技术成为国际上两个 4G 主流标准之一，我国实现了移动通信技术从追赶到引领的跨越发展，成为世界上移动通信领域有重要话语权的国家。2013 年 12 月，工信部向中国移动、中国电信、中国联通颁发 TD-LTE 的 4G 牌照，2015 年 2 月，工信部正式向中国电信和中国联通发放 FDD 制式的 4G 牌照，至此，移动互联网的网速在我国达到了一个全新的高度，国内三家运营商大规模开展 4G 业务。

2019 年 6 月 6 日，工信部分别向中国电信、中国移动、中国联通、中国广电发放了 5G 商用牌照，中国广电成为第四大基础电信运营商。以华为、中兴、大唐等为代表的我国的移动通信企业引领 5G 行业发展，已经形成了移动通信设备和系统的产业链，产品在全球的市场份额已位居世界最前列，我国移动通信产业已经具有较强的国际竞争力。2023 年 12 月 5 日，中国 6G 推进组首次对外发布了 6G 核心方案。2025 年，6G 在中国进行标准化制定。预计 2030 年左右，6G 将实现商用。

1.2.3 移动通信的发展趋势

自 20 世纪 80 年代以来，移动通信成为现代通信网络中发展最快的通信方式，近年来更是呈加速发展的趋势，发展速度令人震惊。据统计，移动通信行业在全球达到第一个 10 亿用户经过了 20 年，而达到第二个 10 亿用户仅仅经历了三年时间。通常，每 10 年将发展并更新一代移动通信系统。移动通信的快速发展，给人们的生产和生活方式带来了深刻的变化。

移动互联网和物联网是移动通信发展的两大主要驱动力，为第五代移动通信提供了广阔的应用前景。移动互联网颠覆了传统移动通信业务模式，其进一步发展带来移动流量的超千倍增长，推动技术和产业的新一轮变革。5G 移动通信系统的首要推动力就是移动互联网的飞速发展，移动互联网将成为各种新兴业务发展的基础，现有的各种互联网业务将会更多地利用无线向客户提供，云计算和后台的服务等技术的应用将会在传输质量和系统容量上面向 5G 移动通信系统提出更高层次的要求。物联网扩展了移动通信的服务范围，从人与人通信延伸到物与物、人与物智能互联，使移动通信技术渗透至更加广阔的行业和领域。因此，5G 将渗透到社会各个领域，以用户为中心构建全方位的信息生态系统，5G 移动通信系统的发展目标就是和其他的无线移动通信技术进行密切衔接，为互联网的发展带来基础性业务方面的能力。

和现有的 4G 系统相比，5G 系统的性能在三个方面提高 1000 倍：传输速率提高 1000 倍，平均传输速率将达到 100Mbit/s～1Gbit/s；数据流量提高 1000 倍；频谱效率和能耗效率提高 1000 倍。在传输速率、资源利用、无线覆盖性能和用户体验等方面比现有移动通信系统有显著提升。根据 IMT-2020（5G）推进组，5G 由标志性能力指标和一组关键技术来定义。其中，标志性能力指标指"Gbps 用户体验速率"，一组关键技术包括大规模天线阵列、超密集组网、新型多址、全频谱接入和新型网络架构等。5G 具有高速率、宽带宽、高可靠、低时延等特征。随着无线移动通信系统带宽和能力的增加，面向个人和行业的移动应用快速发展，移动通信相关产业生态将逐渐发生变化，5G 不仅仅是更高速率、更大带宽、更强能力的空中接口技术，而且是面向用户体验和业务应用的智能网络。

过去 30 年里，在国际电信联盟无线通信部门（Radio Communication Division of the International Telecommunication Union, ITU-R）的组织与协调下，各国政府、各行业为发展国际移动通信（International Mobile Telecommunications, IMT）宽带系统做出了巨大努力，ITU-R 也成功引领了 IMT-2000（3G）、IMT-Advanced（4G）以及 IMT-2020（5G）的发展。面向 2030 年及未来，ITU-R 将着力于发展 IMT-2030（6G），这是 6G 标准迈向统一全球的第一步。在现阶段，ITU-R 的主要目标是就 IMT-2030（6G）的愿景达成全球共识，包括识别潜在用户应用趋势和新兴技术趋势，定义增强型、新型应用场景和相关能力，理解频谱方面的新需求等。IMT-2030（6G）的新兴技术趋势包括：原生 AI（AI 空口设计和 AI 无线网络）、通信感知一体化、亚太赫兹传输、极致 MIMO、可重构智能表面（Reconfigurable Intelligent Surface, RIS）、基于分布式账本和量子技术的可信增强，以及地面网络与非地面网络互连等。

第 1 章　移动通信概述

总而言之，未来移动通信系统将向新业务不断推出、接入技术多样化、网络高度融合的方向发展。科技改变生活，移动通信的发展已经为人类生活带来了极大的便利性。如今的科技创新和融合必然会给未来的社会带来更大的改变，也会对人类的生活质量带来更多的提升。

1.3　移动通信的分类及工作方式

1.3.1　移动通信的分类

移动通信按照不同的分类准则有以下多种分类方法：

1）按使用对象分为民用通信和军用通信。两者在技术和结构上有相同或相似之处，但所用的网络不同，加密程度不同，甚至通信协议都不是国际通用的。民用是"中国移动""中国联通""中国电信"等公用网络。而军用是专用网络，加密程度很高。

2）按使用环境分为陆地通信、海上通信和空中通信。在陆地、海上和空中不同的环境中，由于无线信道传播条件不同，使得采用的技术、方式和系统结构也有所不同。

3）按多址方式可分为频分多址（FDMA）、时分多址（TDMA）和码分多址（CDMA）。采用不同的多址方式对系统容量的影响也不同。

4）按覆盖范围分为广域网、城域网、局域网和个域网。

5）按业务类型分为电话网、数据网和综合业务数字网。

6）按工作方式分为单工、双工和半双工方式。现代公共移动通信系统均采用双工方式，一些小型的专用系统仍采用单工方式。

7）按服务范围分为专用网和公用网。专用通信网为一个或几个部门所拥有，它只为拥有者提供服务，这种网络不向拥有者以外的人提供服务。例如军队、铁路、电力等系统均有本系统的专用网络。公用网对所有的人提供服务，公众只要付费就可以接入使用，也就是说它是为全社会所有的人提供服务的网络。目前公用网构成了移动通信的主要部分。

8）按信号形式分为模拟网和数字网。模拟移动通信网络的无线传输采用模拟通信技术，而数字移动通信网络的无线传输采用数字通信技术。第一代蜂窝移动通信网是模拟网，第二代和第三代蜂窝移动通信网都是数字网。

1.3.2　移动通信的工作方式

移动通信的传输方式分为单向传输和双向传输。单向传输只用于无线电寻呼系统。双向传输有单工、双工和半双工三种工作方式。

1. 单工通信

单工通信是指通信双方电台交替地进行收信和发信。根据收、发频率的异同，分为同频单工和异频单工。单工通信通常用于点到点通信，如图 1.1 所示。

图 1.1　单工通信示意图

同频单工通信是指通信双方（如图 1.1 中的电台甲和电台乙）使用相同的频率 f_1 工作，发送时不接收，接收时不发送。当电台甲要发话时，它就按下其送受话器的按讲开关（Push to Talk，PTT），一方面关掉接收机，另一方面将天线接至发射机的输出端，接通发射机开始工作。当确知电台乙接收到载频为 f_1 的信号时，即可进行信息传输。同样，电台乙向电台甲传输信息也使用载频 f_1。

同频单工工作的收发信机是轮流工作的，收发天线和发射机、接收机中的某些电路可以共用，所以电台设备简单、省电。但这种工作方式只允许一方发送时另一方接收。例如，在甲方发送期间，乙方只能接收而无法应答，这时即使乙方启动其发射机也无法通知甲方使其停止发送。另外，任何一方发话完毕时，必须立即松开其按讲开关，否则接收不到对方发来的信号。

而异频单工通信方式，收发信机使用两个不同的频率分别进行发送和接收。例如，电台甲的发射频率和电台乙的接收频率为 f_1，电台乙的发射频率和电台甲的接收频率为 f_2。不过，同一部电台的发射机与接收机还是轮换进行工作的。

2. 双工通信

双工通信是指通信双方可同时进行消息传输的工作方式，亦称全双工通信，如图 1.2 所示。双工通信分为频分双工（FDD）和时分双工（TDD）。图 1.2 中，基站的发射机和接收机各使用一副天线，而移动台通过双工器共用一副天线。双工通信一般使用一对频道，以实现频分双工（FDD）的工作方式。这种工作方式使用方便，同普通有线电话相似，接收和发射可同时进行。但是，在电台的运行过程中，不管是否发话，发射机总是工作的，所以电源消耗大，这对用电池作电源的移动台而言是不利的。为解决这个问题，在一些简易通信设备中可以采用半双工通信。

图 1.2 双工通信示意图

3. 半双工通信

半双工通信是指移动台采用单工方式，基站采用双工方式的通话方式，如图 1.3 所示。该方式主要用于解决双工方式耗电大的问题，其组成与图 1.2 相似，差别在于移动台不采用双工器，而是按讲开关发射机工作，同时接收机总是工作的。基站工作情况与双工方式完全相同。

图 1.3 半双工通信示意图

1.4 移动通信采用的基本技术

移动通信系统中采用了许多先进的技术，主要包括以下几种基本技术。

1.4.1 调制技术

第二代移动通信是数字移动通信，数字调制技术是其关键技术之一。对数字调制技术的主要要求有四点：

1) 已调信号的频谱窄和带外衰减快。
2) 易于采用相干或非相干解调。
3) 抗噪声和抗干扰的能力强。
4) 适宜在衰落信道中传输。

数字调制的基本类型分为振幅键控（ASK）、频移键控（FSK）和相移键控（PSK）。此外，还有许多由基本调制类型改进或综合而获得的新型调制技术。

在实际应用中，有两类用得最多的数字调制方式：

1) 线性调制技术，包括 PSK、四相相移键控（QPSK）、差分相移键控（DQPSK）、交错四相相移键控（OQPSK）、π/4-DQPSK 和多电平 PSK 等。这类调制技术会增大移动设备的制造难度和成本，但是可获得较高的频谱利用率。

2) 恒定包络（连续相位）调制技术，包括最小频移键控（MSK）、高斯滤波最小频移键控（GMSK）、高斯频移键控（GFSK）和平滑调频（TFM）等。这类调制技术的优点是已调信号具有相对窄的功率谱和对放大设备没有线性要求，不足之处是其频谱利用率通常低于线性调制技术。

1.4.2 移动信道中电波传播特性的研究

移动信道的传播特性对移动通信技术的研究、规划和设计十分重要，是人们历来非常关注的研究课题。在移动信道中，接收机收到的信号受到传播环境中地形、地物的影响而产生绕射、反射或散射，从而形成多径传播。多径传播使接收端的合成信号在幅度、相位和到达时间上均发生随机变化，严重降低接收信号的传输质量，这种现象称为多径衰落。

研究移动信道的传播特性，首先要弄清移动信道的传播规律和各种物理现象的产生机理以及这些现象对信号传输所产生的不良影响，进而研究消除各种不良影响的对策。为了给通信系统的规划和设计提供依据，人们通常采用理论分析或根据实测数据进行的统计分析（或二者结合）的方法，来总结和建立有普遍性的数学模型。利用这些模型，估算一些传播环境中的传播损耗和其他有关的传播参数。

理论分析方法：通常用射线表示电磁波束的传播，在确定收发天线的高度、位置和周围环境的具体特征后，根据直射、折射、反射、散射和透射等波动现象，用电磁波理论计算电波传播的路径损耗及有关信道参数。

实测分析方法：在典型的传播环境中进行现场测试，并用计算机对大量实测数据进行统计分析，建立预测模型（如冲击响应模型），进行传播预测。

不管采用哪种分析方法得到结果，在进行信道预测时，其准确程度都与预测环境有关。由于移动通信的传播环境十分复杂，因此很难用一种或几种模型来表征不同地区的传播特性。通常每种预测模型都是根据某一特定传播环境总结出来的，有其局限性，所以选用时应注意其适用范围。

1.4.3 多址方式

多址方式的基本类型有频分多址（FDMA）、时分多址（TDMA）和码分多址（CDMA）。实际中，常用到三种基本多址方式的混合多址方式，比如 FDMA/TDMA、FDMA/CDMA、TDMA/CDMA 等。随着数据业务需求的日益增长，随机多址方式（如 ALOHA 和 CSMA）等也日益得到广泛应用。其中，也包括固定多址和随机多址的综合应用。

选择什么样的多址方式取决于通信系统的应用环境和要求。对移动通信网络而言，由于用户数和通信业务量的激增，一个突出的问题就是在通信资源有限的条件下，如何提高通信系统的容量。因此采用什么样的多址方式，更有利于提高通信系统的容量，一直是人们非常关心的问题，也是当前研究和开发移动通信技术的热门课题。

1.4.4 抗干扰措施

抗干扰技术是无线电通信的重点研究课题。在移动信道中，除存在大量的环境噪声和干扰外，还存在大量电台产生的干扰（邻道干扰、共道干扰和互调干扰）。因此，在设计、开发和生产移动通信网络时，必须预计到网络运行环境中可能存在的各种干扰强度，采取有效措施，使干扰电平和有用信号相比不超过预定的门限值或者传输差错率不超过预定的数量级，以保证网络正常运行。

移动通信系统中采用的抗干扰措施主要有五类：

1）利用信道编码进行检错和纠错［包括前向纠错（FEC）和自动请求重传（ARQ）］是降低通信传输的差错率、保证通信质量和可靠性的有效手段。

2）为克服由多径干扰所引起的多径衰落，广泛采用分集技术（空间分集、频率分集、时间分集、RAKE 接收技术等）、自适应均衡技术和选用具有抗码间干扰和时延扩展能力的调制技术（多电平调制、多载波调制等）。

3）为提高通信系统的综合抗干扰能力而采用扩频和跳频技术。

4）为减少蜂窝网络中的共道干扰而采用扇区天线、多波束天线和自适应天线阵列等。

5）在 CDMA 通信系统中，为了减少多址干扰而使用干扰抵消和多用户信号检测器技术。

1.4.5 编码技术

在移动通信中，传输最多的信息是语音信号，语音信号是模拟信号，语音编码为信源编码。语音的编解码就是将模拟语音信号转换为二进制数字信号，在接收端，再将收到的数字信号还原为模拟语音。所以，语音编码技术在数字移动通信中具有相当关键的作用。

移动通信对语音编码的要求是：

1）编码的速率要适合在移动信道内传输，纯编码速率应低于 16kbit/s。

2）在一定编码速率下语音质量应尽可能高，即解码后的复原语音的保真度要高。按长途话音质量要求，主观评分（Mean Opinion Score，MOS）应不低于 3.5 分。

3）编解码时延要短，总时延不得超过 65ms。

4）要能适应衰落信道的传输，即抗误码性能要好，以保持较好的语音质量。

5）算法的复杂程度要适中，应易于大规模电路集成。

这些要求之间往往是矛盾的。例如，要求高质量话音，编码速率就应高一些，而这往往又与信道带宽有矛盾，因为信道带宽是有限的，编码速率过高就无法在信道内传输。因此，只能综合考虑对比，选择最佳的编码方案。

从移动通信的要求看，因为分配给移动通信的频谱资源本来就很紧张，所以数字信道的带宽也不能再宽，这样才能有比较大的容量。高速的语音编码，语音质量高，但占用的带宽大，适用于宽带信道上。中速的编码，语音质量略低，占用的带宽也小一些。低速编码的语音质量较差，但占用的带宽较小，可用于对语音质量要求不高的窄带信道中。

语音编码技术通常分为三类，即波形编码、参量编码和混合编码，其中混合编码是将波形编码与参量编码结合起来，吸收两者的优点，克服其不足，它能在 4~16kbit/s 的编码速率上得到高质量的合成语音，因此适用于移动通信。

除此之外，移动通信中还会采用信道编码技术以降低信道突发的和随机的差错。由于实际信道存在噪声和干扰，使得经过信道传输后收到的码字与发送码字相比存在差错，而信道编码的目的在于改善通信系统的传输质量，发现或纠正差错，以提高通信系统的可靠性。移动通信中采用的信道编码包括分组码、卷积码、交织编码和 Turbo 码等。

1.4.6 组网技术

1. 网络结构

在通信网络的总体规划和设计中必须解决的一个问题是：为了满足运行环境、业务类型、用户数量和覆盖范围等要求，通信网络应该设置哪些基本组成部分［移动台（MS）、基站子系统（BSS）、移动交换中心（MSC）、网络控制中心、操作维护中心（OMC）等］以及怎样部署这些组成部分，才能构成一种实用的网络结构。数字蜂窝通信系统的网络结构如图 1.4 所示。

MS—移动台　　BTS—基站收发信台　　BSC—基站控制器　　BSS—基站子系统　　EIR—移动设备识别寄存器
MSC—移动交换中心　　AUC—鉴权中心　　HLR—归属位置寄存器　　VLR—访问位置寄存器
OMC—操作维护中心　　PDN—公用数据网　　PSTN—公用电话网　　ISDN—综合业务数字网

图 1.4　数字蜂窝通信系统的网络结构

2. 网络接口

移动通信网络由许多功能实体组成。在用这些功能实体进行网络部署时，为了相互之间交换信息，相关功能实体之间都要用接口进行连接。同一通信网络的接口，必须符合统一的接口规范。数字蜂窝移动通信系统（GSM）的接口和接口协议模型分别如图 1.5 和图 1.6 所示。

图 1.5 中，Sm、Um、Abis、A、B、C、D、E、F、G 均为接口。图 1.6 中，L_1 是物理层，为高层信息传输提供无线信道，能支持在物理媒介上传输信息所需要的全部功能，如频率配置、信道划分、传输定时、比特或时隙同步、功率设定、调制和解调等；L_2 是数据链路层，向第三层提供服务，并接受第一层的服务，其主要功能是为网络层（L_3）提供必需的数据传输结构，并对数据传输进行控制；L_3 是网络层，其主要功能是管理链路连接，控制呼叫过程，支持附加业

务和短消息业务，以及进行移动管理和无线资源管理等。

图 1.5　GSM 的接口

图 1.6　GSM 的接口协议模型

3. 网络的控制与管理

当某一移动用户向另一移动用户（或有线用户）发起呼叫或某一有线用户呼叫（移动用户）时，移动通信网络就要按照预定的程序开始运转。这一过程中涉及基站、移动台、移动交换中心、各种数据库以及网络的各个接口等功能部件。网络需要为用户呼叫配置所需的信道（控制信道和业务信道），指定和控制发射机的功率，进行设备和用户的识别与鉴权，完成无线链路和地面线路的连接与交换、在主呼用户和被呼用户之间建立起通信链路以提供通信服务。这一过程称为呼叫接续过程，提供移动通信系统的连接控制（或管理）功能。

其中，无线资源管理是网络控制与管理的重要功能，其目的是在保证通信质量的前提下，尽可能提高通信系统的频谱利用率和通信容量。无线资源管理通常采用动态信道分配（DCA）法，即根据当前用户周围的业务分布和干扰状态，选择最佳的信道分配给通信用户使用。显然，这一过程既要在用户的常规呼叫时完成，也要在用户越区切换的通信过程中迅速完成。

网络控制和管理功能均由网络系统的整体操作实现，每一过程均涉及各个功能实体的相互支持和协调配合。为此，网络系统必须为这些功能实体规定明确的操作程序、控制规程和信令格式。

1.5　移动通信的典型应用系统

移动通信系统形式多样，已经发展成熟的常用移动通信系统包括集群移动通信系统、无线寻呼系统、无绳电话通信系统、卫星移动通信系统、无线局域网和蜂窝移动通信系统。

1. 集群移动通信系统

集群系统是一种专用高级移动调度系统，由控制中心、基站、调度台和移动台组成。最简单的调度通信网是由若干个使用同一频率的移动电台组成的，其中一个移动台充当调度台，用广播方式向所有其他的移动台发送消息，以进行指挥与控制。该系统对网中的不同用户常常赋予不同的优先等级，适用于在各个行业中（和几个行业合用）进行调度和指挥。比如，集群移动通信可用于部队、公安、消防、交通、防汛、电力、铁道和金融等部门作分组调度使用。

集群移动通信使用多个无线信道为众多的用户服务，就是将有线电话中继线的工作方式运用到无线电通信系统中，把有限的信道动态地、自动地、迅速地和最佳地分配给整个系统的所有用户，以便在最大程度上利用整个系统的信道的频率资源。它运用交换技术和计算机技术，为系统的全部用户提供了很强的分组能力。可以说，集群移动通信系统是一种特殊的用户程控交换机。我国最早引进集群移动通信系统的城市是上海。后来，北京、天津、广东和沈阳等地相继开发了集群移动通信业务。

2. 无线寻呼系统

无线寻呼系统是一种不用语音的单向选择呼叫系统。其接收端是多个可以由用户携带的高灵敏度收信机（称作袖珍铃），俗称"BB机"。它在收信机收到呼叫时，就会自动振铃、显示数码或汉字，向用户传递特定的信息。可看作有线电话网中呼叫振铃功能的无线延伸或扩展。

无线寻呼系统可分为专用系统和公用系统两大类。专用系统由用户交换机、寻呼中心、发射台及寻呼接收机组成，多采用人工方式。一般在操作台旁有一部有线电话。当操作员收到有线用户呼叫某一袖珍铃时，即进行接续、编码，然后经编码器送到无线发射机进行呼叫；袖珍铃收到呼叫后就自动振铃。公用系统由与公用电话网相连接的无线寻呼控制中心、寻呼发射台及寻呼接收机组成，多采用人工和自动两种方式。

由于无线寻呼系统受蜂窝移动通信网短信业务的冲击，因此目前公用无线寻呼业务已经停止。

3. 无绳电话通信系统

无绳电话最初是应有线电话用户的需求而诞生的，初期主要应用于家庭。这种无绳电话系统十分简单，只有一个与有线电话用户线相连接的基站和随身携带的手机，基站与手机之间利用无线电沟通，故而得名"无绳"。

后来，无绳电话很快得到商业应用，并由室内走向室外，诞生了欧洲数字无绳电话系统（DECT）、日本的个人手持电话系统（PHS）、美国的个人接入通信系统（PACS）和我国开发的个人通信接入系统（PAS）等多种数字无绳电话通信系统。无绳电话系统适用于低速移动、较小范围内的移动通信。

以上提到的PAS系统俗称为"小灵通系统"。它是在日本PHS基础上改进的一种无线市话系统，它充分利用已有的固定电话网络交换、传输等资源，以无线方式为在一定范围内移动的手机提供通信服务，是固定电话网的补充和延伸。小灵通系统主要由基站控制器、基站和手机组成，基站散布在办公楼、居民楼之间，以及火车站、机场、繁华街道、商业中心、交通要道等，形成一种微蜂窝或微微蜂窝覆盖。

"小灵通系统"作为以有线电话网为依托的移动通信方式，在我国曾经得到很好的发展。但由于PHS所存在的基站覆盖范围有限、信号穿透能力不强（室内使用效果差）、越区切换导致通话断断续续等缺陷，加上移动通信行业的竞争，"小灵通"最终退出了市场。

4. 卫星移动通信系统

卫星移动通信系统是利用卫星中继，在海上、空中和地形复杂而人口稀疏的地区实现的移动通信系统。20世纪80年代末以来，以手机为移动终端的卫星移动通信系统纷纷涌现，其中美国摩托罗拉公司提出的铱星（IRIDIUM）系统是最具代表性的系统之一。铱星系统是世界上第一个投入使用的大型低地球轨道（LEO）的卫星通信系统，它由距地面785km的66颗卫星、地面控制设备、关口站和用户端组成。在当时，尽管铱星系统技术最先进、星座规模最大、投资最多、建设速度最快，占尽了市场先机，但遗憾的是，由于其手机价格和话费昂贵、用户少、运营成本高，运营铱星系统的公司入不敷出，被迫于2000年3月破产关闭。

除此之外，成功商用化的典型移动卫星通信系统有美国休斯公司的Spaceway（宽带多媒体卫星通信系统）、国际海事卫星组织（IMARSAT）的IMARSAT-P（属于低轨道卫星移动通信系统）、美国的RITIUM系统和CELSAT系统（属于同步轨道卫星通信系统）、日本的COMETS（通信广播工程试验卫星）等。

卫星移动通信系统覆盖广、通信距离远、不受地理环境限制、话音质量优，能解决人口稀少、通信不发达地区的移动通信服务，是全球个人通信的重要组成部分。它可以看作地面蜂窝系统的延伸与扩大，是地面蜂窝系统实现全球无缝覆盖、个人通信的重要途径之一。

5. 无线局域网

无线局域网（Wireless Local Area Networks，WLAN）利用无线技术在空中传输数据、话音和视频信号。作为传统布线网络的一种替代方案或延伸，无线局域网把个人从办公桌边解放了出来，使他们可以随时随地获取信息，提高了员工的办公效率。

WLAN 是无线通信的一个重要领域，它支持小范围、低速的游牧移动通信。IEEE802. 11、802.11a/802.11b 以及 802.11g 等标准已相继出台，为无线局域网提供了完整的解决方案和标准。

随着需求的增长和技术的发展，无线局域网的移动性增强，已在解决人口密集区的移动数据传输问题上显现出优势，成为移动通信的一个重要组成部分。

6. 蜂窝移动通信系统

蜂窝系统也叫"小区制"系统，是将所有要覆盖的地区划分为若干个小区，每个小区的半径可视用户的分布密度在 1~10km。在每个小区设立一个基站为本小区范围内的用户服务。小区的大小可根据容量和应用环境决定。

蜂窝式公用陆地移动通信系统适用于全自动拨号、全双工工作、大容量公用移动陆地网组网，可与公用电话网中任何一级交换中心相连接，实现移动用户与本地电话网用户、长途电话网用户及国际电话网用户的通话接续。这种系统具有越区切换、自动或人工漫游、计费及业务量统计等功能。

蜂窝移动通信的迅猛发展奠定了移动通信及至无线通信在当今通信领域的重要地位。

思考与练习题

1. 什么是移动通信？与有线通信相比，移动通信有哪些特点？
2. 简述移动通信的发展过程。
3. 简述未来移动通信系统的发展方向。
4. 移动通信有哪几种工作方式？各有何特点？
5. 移动通信中采用了哪些基本技术？
6. 移动通信系统由哪几部分组成？移动台之间是如何进行通信的？
7. 常用的移动通信系统有哪些？

第 2 章

移动通信电波传播及损耗模型

移动通信的首要问题就是研究电波的传播特性,掌握移动通信电波传播特性对移动通信无线传输技术的研究、开发和移动通信系统的设计具有十分重要的意义。对移动无线电波传播特性的研究就是对移动信道特性的研究。移动信道是一个时变的随参信道,这是由于一方面移动通信双方都有可能处于高速移动状态,另一方面移动通信收发信机之间的传播环境处于动态变化中,最终使无线传播路径复杂多变,整个无线信道参数处于时变状态。由此可见,任何事物都是发展变化的,要用发展的眼光来看问题。

移动信道的基本特性就是衰落特性,包括多径衰落和阴影衰落。这种衰落特性取决于无线电波的传播环境,不同的传播环境,其传播特性也不尽相同,因此不能用同样的视角来看待衰落特性,要具体情况具体分析。而传播环境的复杂,就导致了移动信道特性十分复杂。曾有相关研究认为移动多径信道的复杂性和矢量叠加不可能组建高速无线移动通信网络,但通过科研人员对信道复杂性坚持不懈的分析显现其是有规律可以遵循的,可以寻求相对平坦的信道进行传输。由此可见,科研需要铸造工匠精神和坚持不懈的探索精神。

本章主要介绍移动通信电波传播的基本概念、原理,以及常用的几种传播预测模型。

2.1 无线电波传播的基本特性

2.1.1 概况

移动通信信道是移动用户在各种环境中进行通信时的无线电波传播通道。电波的传播特性是研究任何无线通信系统首先要遇到的问题。对移动信道的研究构成了移动通信系统开发和设计的理论基础。

移动通信信道是各种通信信道中最复杂的一种。例如,模拟有线信道的信噪比约为46dB,波动范围通常是1~2dB。与此对应,陆地移动通信信道中信号强度更低,即衰落深度为30dB。在城市环境中,一辆快速行驶车辆上的移动台的接收信号在一秒之内的显著衰落可达数十次且是随机的,这比固定点的无线通信要复杂得多。

移动信道的衰落取决于无线电波的传播环境,而运动中进行无线通信这一方式导致了其传播条件是时变、复杂、恶劣。这正是移动信道的特征。对移动通信而言,恶劣的信道是不可避免的问题,要在这样的传播条件下保持可以接受的传输质量,就必须采用各种技术措施来抵消衰落的不利影响。目前,移动通信信道研究的基本方法有理论分析、现场电波传播实测和计算机仿真三种。第一种是用电磁场理论或统计理论分析电波在移动环境中的传播特性,并用各种数学模型来描述移动信道,此法的缺陷是数学模型往往过于简化导致应用范围受限。第二种是通过在不同的电波传播环境中的实测试验,得出包括接收信号幅度、时延及其他反映信道特征的参数，此法的缺陷是费时费力且往往只针对某个特定传播环境。由于对实测数据进行统计分析可以得出一些有用的结果，现场实测一直是研究移动信道的重要方法。第三种是通过建立仿真模型，用计算机仿真来模拟各种无线电波传播环境。计算机在硬件支持下，有很强的计算能力，此法因能灵活快速地模拟出各种移动通信信道而得到越来越多的应用。

本章主要讨论无线电信号在移动信道中可能发生的变化及发生这些变化的原因，即移动信道电波传播特性。无线电波传播特性的研究结果可以用某种统计描述，也可以建立电波传播模型，如图表、近似计算公式或计算机仿真模型等。

2.1.2 电波传播方式

无线电波从发射天线发出，可依不同的路径到达接收天线，这与电波频率有关，当频率 $f>30\text{MHz}$ 时，主要传播方式有直射波传播、地面反射波传播和地表面波传播。如图 2.1 所示。

2.1 无线电波的传输

图 2.1 电波传播的主要方式

图 2.1 中，路径①是直射波，它是从发射天线直接到达接收天线的电波，是 VHF 和 UHF 频段的主要传播方式；路径②是地面反射波，它是从发射天线发出经过地面反射到达接收天线的电波；路径③是地表面波，它是沿地球表面传播的电波，要求天线最大辐射方向沿地面方向，由于地表面波的损耗随频率升高而急剧增加，传播距离迅速减小，因此在 VHF 和 UHF 频段，地表面波的传播可以忽略不计。电波在移动通信信道中传播时遇到各种障碍物时会发生反射、折射和散射等现象。因此，通过不同路径到达接收天线的电波信号会产生衰落现象。下面主要讨论直射波、反射波、大气折射以及自由空间的电波传播。

2.1.3 直射波传播

直射波传播按自由空间传播来考虑。自由空间传播指的是天线周围为无限大真空时的电波传播，是无线电波的理想传播模式。在自由空间传播时，电波的能量既不会被障碍物所吸收，也不会产生反射或散射。如果地面上空的大气层是各向同性的均匀媒质，其相对介电常数 ε 和相对磁导率 μ 都等于 1，传播路径上没有障碍物阻挡，到达接收天线的地面反射信号场强也可以忽略不计，则电波可视作在自由空间传播。

虽然电波在自由空间传播不受阻挡，不产生反射、折射、绕射、散射和吸收，但电波经过一段路径传播之后，能量仍有衰减，这是由辐射能量的扩散而引起的。

如图 2.2 所示，假设自由空间中有一个无方向性点源天线作为发射天线，发射功率为 P_t。因为无损耗，点源天线的

图 2.2 自由空间的传输损耗

发射功率均匀分布在以点源天线为球心，半径为 d 的球面上，其中 d 是接收天线与发射天线的距离。

设该球面上电波的功率密度为 S，发射天线的增益为 q_t，则有

$$S = \frac{P_t}{4\pi d^2} q_t \tag{2.1}$$

在球面处的接收天线接收到的功率为

$$P_r = SA_r \tag{2.2}$$

式中，A_r 为接收天线的有效面积，即投射到 A_r 上的电磁波功率全部被接收天线负载所吸收。可以推出，无方向性接收天线的有效接收面积为

$$A_r = \frac{\lambda^2}{4\pi} q_r \tag{2.3}$$

式中，λ 是波长。由式（2.1）、式（2.2）和式（2.3）可得接收功率为

$$P_r = P_t \left(\frac{\lambda}{4\pi d}\right)^2 q_t q_r \tag{2.4}$$

工程上常用传输损耗来表示电波通过传输介质时的功率损耗。将发射功率 P_t 与接收功率 P_r 之比定义为传输损耗，或称系统损耗。由式（2.4）可得出传输损耗 L_s 的表达式为

$$L_s = \frac{P_t}{P_r} = \left(\frac{4\pi d}{\lambda}\right)^2 \frac{1}{G_t G_r} \tag{2.5a}$$

式中，G_t 和 G_r 为发射和接收天线增益（dB）。损耗常用 dB 形式表示。由式（2.5a）可得

$$L_s = 32.45 + 20\lg d + 20\lg f - 10\lg(G_t G_r) \tag{2.5b}$$

式中，距离 d 的单位是 km；频率 f 的单位是 MHz。

式（2.5a）和（2.5b）也可以表示为

$$L_s = L_{bs} - G_t - G_r \tag{2.6a}$$

$$L_{bs} = 32.45 + 20\lg d + 20\lg f \tag{2.6b}$$

式中，L_{bs} 表示自由空间中两个理想点源天线（增益 $G=1$）之间的传输损耗，又称为自由空间路径损耗或自由空间基本传输损耗，单位为 dB。由式（2.6b）可知，自由空间中电波传输损耗（亦称衰减）只与工作频率 f 和传播距离 d 有关。当 f 或 d 增大一倍时，L_{bs} 将增加 6dB。这里所说的自由空间损耗是指球面波在传播过程中，电磁能量扩散所引起的球面波扩散损耗。

2.1.4 反射波传播

当电波在传播中遇到两种不同介质的光滑面时，如果界面尺寸比电波波长大得多则会产生镜面反射，由于大地和大气是不同的介质，所以入射波会在界面上产生反射，如图 2.3 所示。图中 T 和 R 分别表示基站和移动台天线，h_t 和 h_r 为两者的天线高度。d_1 为直射波路径长度，d_2 为反射波路径长度。

通常，在考虑地面对电波的反射时，按平面波处理，即电波在反射点的反射角等于入射角。不同界面的反射特性用反射系数 R 表示。它被定义为反射波场强与入射波场强的比值，R 可表示为

$$R = |R| e^{-j\varphi} \tag{2.7}$$

式中，$|R|$ 为反射点上反射波场强与入射波场强的振幅比；φ 为反射波相对于入射波的相移。

图 2.3 反射波与直射波

图 2.3 中，由发射点 T 发出的电波分别经过直射线（TR）与地面反射路径（TOR）到达接收点 R，由于两者的路径不同，从而会产生附加相移。由图 2.3 可知，反射波与直射波的路径差为

$$\Delta d = a+b-c = \sqrt{(d_1+d_2)^2+(h_t+h_r)^2} - \sqrt{(d_1+d_2)^2+(h_t-h_r)^2}$$
$$= d\left[\sqrt{1+\left(\frac{h_t+h_r}{d}\right)^2} - \sqrt{1+\left(\frac{h_t-h_r}{d}\right)^2}\right] \tag{2.8}$$

式中，$d = d_1 + d_2$。

通常 $h_t + h_r \ll d$，将 Δd 用级数展开可得

$$\Delta d = \frac{2h_t h_r}{d} \tag{2.9}$$

反射路径与直射路径的相位差为

$$\Delta\varphi = \frac{2\pi}{\lambda}\Delta d \tag{2.10}$$

式中，$2\pi/\lambda$ 称为传播相移常数。

当传播路径远大于天线高度时，并假设一定的简化条件，接收天线 R 处的总场强为

$$E = E_0(1+Re^{-j\Delta\varphi}) = E_0[1+|R|e^{-j(\varphi+\Delta\varphi)}] \tag{2.11}$$

式中，E_0 是自由空间单径传播的场强。

由式（2.11）可知，直射波与地面反射波的合成场强将随反射波系数以及路径差的变化而变化，有时会同相相加，有时会反相抵消，这就造成了合成波的衰落现象。R 越接近 1，衰落就越严重。为此，在固定站址通信中，选择站址时应力求减弱地面反射，或调整天线的位置和高度，使地面反射区离开光滑界面。然而，这种做法在移动通信中是很难实现的。

2.1.5 大气中的电波传播

在实际移动通信信道中，电波在低层大气中传播。而低层大气并不是均匀介质，它的温度、湿度以及气压均随时间和空间而变化，因此会产生折射和吸收现象，在 VHF、UHF 频段的折射现象尤为突出，它将直接影响视线传播的极限距离。

在不考虑传导电流和介质磁化的情况下，介质的折射率 n 与相对介电常数 ε_r 的关系为

$$n = \sqrt{\varepsilon_r} \tag{2.12}$$

大气相对介电常数取决于大气的温度、湿度和压力。大气高度不同 ε_r 也不同，即 dn/dh（大气折射率的垂直梯度）是不同的。根据折射定理，电波传播速度 v 与大气折射率 n 成反比，即

$$v = \frac{c}{n} \tag{2.13}$$

当一束电波通过折射率 n 随高度变化的大气层时，由于不同高度上的电波传播速度不同，从而使电波射束发生弯曲，弯曲的方向和程度取决于 dn/dh。这种由大气折射率引起电波传播方向发生弯曲的现象，称为大气对电波的折射。

在工程上，大气折射对电波传播的影响通常用等效地球半径来表征，即认为电波在以等效地球半径 R_e 为半径的球面上空沿直线传播与电波在实际地球上空沿曲线传播等效。等效地球半径 R_e 与地球的实际半径 R_0（6.37×10^6 m）的关系为

$$k = \frac{R_e}{R_0} = \frac{1}{1+R_0\dfrac{dn}{dh}} \tag{2.14}$$

式中，k 称作等效地球半径系数。由式（2.14）可知，等效地球半径系数与大气折射率随高度变化的梯度 $\mathrm{d}n/\mathrm{d}h$ 有关。根据 $\mathrm{d}n/\mathrm{d}h$ 值的不同，电波传播在大气中折射分为三种类型：

1) 无折射：$\mathrm{d}n/\mathrm{d}h=0$，$k=1$，$R_e=R_0$。此情况下，大气是均匀的，电波沿直线传播。如图 2.4 中的①所示。

2) 负折射：$\mathrm{d}n/\mathrm{d}h>0$，$k<1$，$R_e<R_0$。此情况下，大气折射率随高度的增加而增大，电波传播向上弯曲。如图 2.4 中的②所示。

3) 正折射：$\mathrm{d}n/\mathrm{d}h<0$，$k>1$，$R_e>R_0$。此情况下，大气折射率随高度的增加而减小，电波传播向下弯曲。如图 2.4 中的③和④所示。通常情况下，大气折射都是正折射，正折射又可以分为三种情况。

标准大气折射：此时等效地球半径系数 $k=4/3$，等效地球半径 $R_e=8500\mathrm{km}$。如图 2.4 中的③所示。

临界折射：此时 $k=\infty$，电波传播的轨迹与地球表面圆弧平行。如图 2.4 中的④所示。

超折射：在超折射情况下，折射作用会使射线向地面弯曲得很厉害，射线的曲率半径小于地球半径，使射线改变方向返回地面，形成大气波导，从而引起超视距传播。如图 2.4 中的⑤所示。

由上述分析可知，大气折射有利于超视距的传播，但在视线距离内，因为由折射现象所产生的折射波会同直射波同时存在，从而也会产生多径衰落。视线传播的极限距离可由图 2.5 计算。

图 2.4 大气折射的几种情况

图 2.5 视线传播的极限距离

假设天线的高度为 h_t 和 h_r，两副天线顶点的连线 AB 与地面相切于 C 点，R_e 为等效地球半径。由于 R_e 远大于天线高度，可以证明，自发射天线顶点 A 到切点 C 的距离 d_1 为

$$d_1 \approx \sqrt{2R_e h_t} \tag{2.15}$$

同理，由切点 C 到接收天线顶点 B 的距离 d_2 为

$$d_2 \approx \sqrt{2R_e h_r} \tag{2.16}$$

则视线传播的极限距离 d 可以表示为

$$d=d_1+d_2=\sqrt{2R_e}(\sqrt{h_t}+\sqrt{h_r}) \tag{2.17}$$

在标准大气折射的情况下，$R_e=8500\mathrm{km}$，故式（2.17）可写成

$$d=4.12(\sqrt{h_t}+\sqrt{h_r}) \tag{2.18}$$

式中，h_t、h_r 的单位是 m；d 的单位是 km。

2.1.6 障碍物的影响及绕射损耗

陆地无线通信中，电波的直射路径上存在各种障碍物（如山丘、建筑物和树木等），这些障碍物会引起电波传播的损耗，该损耗称为绕射损耗。

1. 电波传播的菲涅耳区

绕射损耗与电波传播的菲涅耳区的概念紧密相关。由于波动特性，电波从发射端到接收端传播时的能量传送是分布在一定空间内的。菲涅耳提出一种简单的方法，给出了这种传输空间区域的分布特性，如图 2.6a 所示。

图 2.6 菲涅耳区的概念

设发射天线为 T，是一个点源天线；接收天线为 R。发射电波沿球面传播。TR 连线交球面于 A_0 点。根据惠更斯—菲涅耳原理，对于处于远区场的 R 点来说，波阵面上的每个点都可视为二次波源。在球面上选择 A_1 点，使得

$$A_1 R = A_0 R + \frac{\lambda}{2} \tag{2.19}$$

则有一部分能量是沿着 TA_1R 传送的。这条路径与直线路径 TR 的路径差为

$$\Delta d = (TA_1 + A_1 R) - (TA_0 + A_0 R)$$

$$= A_1 R - A_0 R = \frac{\lambda}{2} \tag{2.20}$$

所引起的相位差为

$$\Delta \varphi = \frac{2\pi}{\lambda} \Delta d = \pi \tag{2.21}$$

也就是说，沿这两条路径到达接收点 R 的射线之间的相位差为 π。

同样，可以在球面上选择点 A_1，A_2，$\cdots$，A_n，使得

$$A_n R = A_0 R + n \frac{\lambda}{2} \tag{2.22}$$

这些点在球面上可以构成一系列圆，并将球面分成许多环形带 N_n，如图 2.6b 所示。并且相邻两带的对应部分的惠更斯源在 R 点的辐射将有二分之一波长的路径差，因此具有 180° 的相位差。

当电波传播的波阵面的半径变化时，具有相同相位特性的环形带构成的空间区域就是菲涅耳区。第一菲涅耳区就是以上分析中 $n=1$ 时所构成的菲涅耳区。第一菲涅耳区分布在收发天线

的轴线上,是能量传送的主要空间区域。理论分析表明:通过第一菲涅耳区到达接收天线 R 的电磁波能量约占 R 点接收到的总能量的 1/2。如果在这个区域内有障碍物存在,将会对电波传播产生较大的影响。

2. 电波传播的绕射损耗

为了衡量障碍物对传播通路的影响程度,定义了菲涅耳余隙的概念。设障碍物与发射点和接收点的相对位置如图 2.7 所示。图中,障碍物的顶点 P 到发射端与接收端的连线 TR 的距离 x 称为菲涅耳余隙。当障碍物阻挡视线通过时(如图 2.7a 所示),规定余隙为负;不阻挡视线通过时(如图 2.7b 所示),规定余隙为正。

a) 负余隙　　　　　　　　　　b) 正余隙

图 2.7　障碍物与余隙

工程上,根据障碍物的菲涅耳余隙与第一菲涅耳区在障碍物处横截面的半径之比 x/x_1,求出相对于自由空间的绕射损耗,并制成图表,如图 2.8 所示。其中 x 是菲涅耳余隙,x_1 是第一菲涅耳区在 P 点横截面的半径,它可由下列关系式求得:

$$x_1 = \sqrt{\frac{\lambda d_1 d_2}{d_1 + d_2}} \tag{2.23}$$

图 2.8　绕射损耗与余隙的关系

由图 2.8 可见,当 $x/x_1 > 0.5$ 时,绕射损耗约为 0dB,障碍物对直射波传播基本上没有影响。

因此，在选择天线高度时，根据地形应尽可能使服务区内各处的菲涅耳余隙 $x>0.5x_1$；当 $x<0$ 时，直射波低于障碍物的顶点，衰减急剧增加；当 $x=0$ 时，即 TR 射线从障碍物顶点擦过时，附加损耗为 6dB。

例 2.1 电波传播路径示意图如图 2.9 所示，设菲涅耳余隙 $x=-82\text{m}$，$d_1=5\text{km}$，$d_2=10\text{km}$，工作频率为 150MHz。试求电波传播损耗。

解： 先求出自由空间传播的损耗 L_{bs} 为

$$L_{bs}=[32.45+20\lg 150+20\lg(5+10)]\text{dB}=99.5\text{dB}$$

再求第一菲涅耳区半径 x_1 为

$$x_1=\sqrt{\frac{\lambda d_1 d_2}{d_1+d_2}}=\sqrt{\frac{2\times 5\times 10^3 \times 10\times 10^3}{15\times 10^3}}\text{m}=81.7\text{m}$$

所以，$x/x_1\approx -1$。查图 2.8 可得绕射损耗为 16.5dB。

因此，电波传播的损耗 L 为

$$L=L_{bs}+16.5=116.0\text{dB}$$

图 2.9 电波传播路径示意图

2.2 移动无线信道的多径传播特性

2.2.1 移动信道的时变特性

移动信道是一种时变信道。无线电信号通过移动通信信道时会产生来自不同途径的衰减损耗。按接收信号功率，可用公式表示为

$$P(d)=|\overline{d}|^{-n}S(\overline{d})R(\overline{d}) \tag{2.24}$$

式中，$|\overline{d}|$ 表示移动台与基站的距离。

式（2.24）是信道对传输信号作用的一般表示式。这些作用有三类。

1) 传播损耗，又称为路径损耗。它是指电波传播所引起的平均接收功率衰减，其值用 $|\overline{d}|^{-n}$ 表示。其中 n 为路径衰减因子，自由空间传播时，$n=2$，一般情况下 $n=3\sim 5$。

2) 阴影衰落，用 $S(\overline{d})$ 表示。这是由于传播环境中的地形起伏、建筑物及其他障碍物对电波遮蔽所引起的衰落。

3) 多径衰落，用 $R(\overline{d})$ 表示。这是由于移动通信传播环境的多径传播而引起的衰落。多径衰落是移动通信信道特性中最具特色的部分。

上述三种效应表现在不同距离范围内。如图 2.10 所示为陆地移动传播实测接收信号的场强。其规律如下：

1) 在数十波长范围内，接收信号场强的瞬时值呈现快速变化的特征，这就是多径衰落引起的，称为快衰落或短区间衰落。其衰落特性符合瑞利分布，因此多径衰落又称为瑞利衰落。在数十波长范围内对信号求平均值，可得到短区间中心值（又称中值）。

2) 在数百米波长的区间内，信号的短区间中心值也出现缓慢变动的特征，这就是阴影衰落。在较大区间内对短区间中心值求平均值，可得长区间中心值。

3) 在数百米或数千米的区间内，长区间中心值随距离基站位置的变化而变化，且其变化规律服从 d^{-n} 律。它表示的是较大范围内接收信号的变化特性。

从工程设计角度看，传播损耗和阴影衰落合并在一起反映了无线信道在大尺度上对传输信号的影响，它们主要影响到无线覆盖范围，合理的设计可以消除这种不利的影响；而多径衰落严重影响信号传播质量，并且是不可避免的，只能采用抗衰落技术（如分集、均衡等）来减小其影响。

图 2.10 陆地移动传播实测接收信号的场强

2.2.2 移动环境的多径传播

在移动通信中，移动台往往受到各种障碍物（如建筑物、树木、植被等）和其他移动体的影响，引起电波的反射，如图 2.11 所示。这样就导致移动台的接收信号是来自不同传播路径的信号之和，这种现象称为多径效应。由于电波通过各个路径的距离不同，因此各条反射波到达时间不同，相位也就不同。不同相位的多个信号在接收端叠加，有时同相叠加而增强，有时反相叠加而减弱。这样，接收信号的幅度将急剧变化，便产生了多径衰落。

图 2.11 多径传播示意图

通常在移动通信系统中，基站用固定的高天线，移动台用接近地面的低天线。例如，基站天线通常高 30m，可达 90m；移动台天线通常在 2~3m 以下。移动台周围的区域称为近端区域，该区域内物体的反射是造成多径效应的主要原因。离移动台较远的区域称为远端区域，在远端区域，只有高层建筑、较高的山峰等的反射才能对该移动台构成多径影响，并且这些路径要比近端区域中建筑物所引起的多径的长度要长。

2.2.3 多普勒频移

当移动台在运动中通信时，接收信号频率会发生变化，称为多普勒效应。

由多普勒效应引起的附加频移称为多普勒频移，可表示为

$$f_D = \frac{v}{\lambda}\cos\alpha = f_m\cos\alpha \tag{2.25}$$

式中，α 是入射波与移动台运动方向的夹角（如图 2.12 所示）；v 是运动速度；λ 是波长；f_m 为最大多普勒频移，与入射角度无关，是 f_D 的最大值，$f_m = \dfrac{v}{\lambda}$。

例 2.2 若载波 $f_c = 600 \text{MHz}$，移动台速度 $v = 30 \text{km/h}$，求最大多普勒频移。

解：因为

$$\lambda = \frac{c}{f_c} = \frac{3\times 10^8}{600\times 10^6}\text{m} = 0.5\text{m}$$

所以

$$f_m = \frac{v}{\lambda} = \frac{30\times 10^3}{0.5\times 3600}\text{Hz} \approx 16.7\text{Hz}$$

图 2.12 入射角 α

2.3 描述多径衰落信道的主要参数

2.3.1 时延扩展

当发射端发送一个极窄的脉冲信号 $s(t) = a_0\delta(t)$ 至移动台时，由于在多径传播条件下存在着多条长短不一的传播路径，发射信号沿各个路径到达接收天线的时间就不一样，移动台所接收的信号 $s_r(t)$ 是由多个时延信号构成的，产生时延扩展（Time Delay Spread），如图 2.13 所示。

时延扩展的大小可以直观地理解为在一串接收脉冲中，最大传输时延和最小传输时延的差值，记为 Δ。若发送的窄脉冲宽度记为 T，则接收信号的宽度为 $T+\Delta$。

由于存在时延扩展，接收信号中一个码元的波形会扩展到其他码元周期中，引起码间串扰（Inter-Symbol Interference, ISI）。当码元速率 R_b 较小，满足 $R_b < 1/\Delta$ 时，可以避免码间串扰。当码元速率较高时，应该采用相应的技术来消除或减少码间串扰的影响。

图 2.13 时延扩展示意图

严格意义上，时延扩展 Δ 可以用实测信号的统计平均值的方法来定义。利用宽带伪噪声信号所测得的典型功率时延分布（又称时延谱）曲线如图 2.14 所示。所谓时延谱，是由不同时延的信号分量具有的平均功率所购成的谱，$P(\tau)$ 是归一化的时延谱曲线。图 2.14 中横坐标为时延 τ，$\tau = 0$ 表示 $P(\tau)$ 的前沿，纵坐标为相对功率密度。

定义 $P(\tau)$ 的一阶矩为平均时延 τ_m，$P(\tau)$ 的均方根值为时延扩展，即

$$\tau_m = \int_0^\infty \tau P(\tau) \mathrm{d}\tau \quad (2.26)$$

$$\Delta^2 = \int (\tau - \tau_m)^2 P(\tau) \mathrm{d}\tau \quad (2.27)$$

另外，工程上还定义了另一个参量：最大多径时延差 T_m，即归一化的包络 $P(\tau)$ 下降到 $-30\mathrm{dB}$ 处所对应的时延差。

图 2.14 定义的时延扩展 Δ 是对多径信道及多径接收信号时域的统计描述，表示时延扩展的程度。Δ 值越小，时延扩展就越轻微。反之，Δ 值越大，时延扩展就越严重。各个地区的时延扩展值可以由实测得到。

图 2.14 典型的时延谱曲线

2.3.2 相关带宽

与时延扩展相关的一个重要概念就是相关带宽，当信号通过移动通信信道时，会引起多径衰落。根据多径信号中不同的频率分量的衰落是否相同，可将衰落分为两种：频率选择性衰落与非频率选择性衰落，后者又称为平坦衰落。

频率选择性衰落是指信号中各分量的衰落状况与频率有关，即传输信道对信号中不同频率分量有不同的随机响应。由于信号中不同频率分量衰落不一致，衰落信号波形将产生失真。非频率选择性衰落是指信号中各分量的衰落状况与频率无关，即信号经过传输后，各频率分量所遭受的衰落具有相关性，因此衰落信号的波形不失真。发生什么样的衰落是由信号和信道两方面因素决定的。对移动信道来说，存在一个相关带宽。当信号的带宽小于相关带宽时，发生非频率选择性衰落；当信号带宽大于相关带宽时，发生频率选择性衰落。

考虑频率分别为 f_1 和 f_2 的两个信号的包络相关性。这种相关性可由两信号（设它们的包络为 r_1 和 r_2，频率差为 Δf，信号衰落服从瑞利分布）的相关系数 $\rho_r(\Delta f, \tau)$（归一化的相关函数）得出。设 Δ 为参变量，可得到不同 Δ 值时的 $\rho_r(\Delta f)$ 的曲线，如图 2.15 所示。图中给出了在若干个在郊区测得的实测数据，工作频率为 836MHz。从图中可看出，实测数据接近于 $\Delta = 1/4\mathrm{\mu s}$ 的理论曲线。

从图 2.15 中可知，当两信号频率间隔增加时，相关系数减小，也就是信号的不一致性增加。将信号包络相关系数等于 0.5 时所对应的频率间隔定义为相关带宽 B_c，即

$$B_c = \Delta f_1 \quad (2.28)$$

从物理概念上讲，相关带宽表征的是衰落信号中两个频率分量基本相关的频率间隔。即衰落信号中的两个频率分量，当其频率间隔小于相关带宽时，它们是相关的，其衰落具有一致性；当频率间隔大于相关带宽时，它们就不相关了，其衰落具有不一致性。

实际应用中，常用最大时延 T_m 的倒数来规定相关带宽，即

$$B_c = \frac{1}{T_m} \quad (2.29)$$

相关带宽实际上是对移动通信信道传输具有一定带宽信号能力的统计度量。对于某个移动环境，其时延扩展 Δ 可由大量实测数据经过统计处理计算出来，并可进一步确定这个移动通信信道的相关带宽 B_c。也就是说，相关带宽是移动通信信道的一个特性。

图 2.15　相关系数曲线

2.4　阴影衰落

当电波在传播路径上遇到起伏地形、建筑物和植被（高大的树木）等障碍物的阻挡时，会产生电磁场的阴影。移动台在运动中通过不同障碍物的阴影时，就构成接收天线处场强中值的变化，从而引起衰落，称为阴影衰落。由于这种衰落变化速率较慢，又称为慢衰落。

阴影衰落是长期衰落（大尺度衰落），其信号电平起伏是相对缓慢的。它的特点是衰落与无线电传播地形和地物的分布、高度有关，如图 2.16 所示。

阴影衰落一般表示为电波传播距离 r 的 m 次幂与表示阴影损耗的正态对数分量的乘积。移动用户和基站之间的距离为 r 时，传播路径损耗和阴影衰落可以表示为

$$l(r,\zeta) = r^m 10^{\zeta/10} \tag{2.30}$$

式中，ζ 是由于阴影产生的对数损耗 (dB)，服从零平均和标准方差 σ(dB) 的对数正态分布；m 为路径损耗指数。实验数据表明 $m=4$、标准方差 $\sigma=8\mathrm{dB}$ 是合理的。当用 dB 表示时，式（2.30）变为

$$10\lg l(r,\zeta) = 10m\lg r + \zeta \tag{2.31}$$

图 2.16　阴影衰落

2.5　电波传播损耗预测模型

2.5.1　电波传播的地形环境

1. 地形特征参数

（1）地形波动高度 Δh

地形波动高度 Δh 在平均意义上描述电波传播路径中地形变化的程度。Δh 定义为：沿传播方向，距接收地点 10km 范围内，10% 高度线和 90% 高度线的高度差，如图 2.17 所示。10% 高度线是

指在地形剖面图上有10%的地段高度超过此线的一条水平线。90%高度线可用同样的方法定义。

图2.17 地形波动高度 Δh

（2）天线有效高度

移动台天线有效高度定义为移动台天线距地面的实际高度。基站天线有效高度 h_b 定义为沿电波传播方向，距基站天线 3~15km 的范围内平均地面高度以上的天线高度，如图 2.18 所示。

2. 地形分类

实际地形虽然千差万别，但从电波传播的角度考虑，可分为两大类，即准平坦地形和不规则地形。

准平坦地形是指该地区的地形波动高度在 20m 以内，而且起伏缓慢、地形峰顶与谷底之间的水平距离大于地面波动高度，在以 km 计的范围内，其平均地面高度差仍在 20m 以内。

图2.18 基站天线有效高度

不规则地形是指除准平坦地形之外的其他地形。不规则地形按其形态，又可分为若干类，如丘陵地形、孤立山峰、斜坡和水陆混合地形等。

实际上，各类地形中的主要特征是地形波动高度 Δh。各类地形中 Δh 的估计值见表2.1所示。

表2.1 各类地形中 Δh 的估计值

地形	Δh/m	地形	Δh/m
非常平坦地形	0~5	小山区	80~150
平坦地形	5~10	山区	150~300
准平坦地形	10~20	陡峭山区	300~700
小土岗式起伏地形	20~40	特别陡峭山区	≫700
丘陵地形	40~80		

3. 传播环境分类

1）开阔地区：在电波传播方向上没有建筑物或高大树木等障碍的开阔地带。其间，可以有少量的农舍等建筑。平坦地区的农村就属于开阔地区。另外，在电波传播方向 300~400m 以内没有任何阻挡的小片场地，如广场也可视为开阔地区。

2）郊区：有 1~2 层楼房，但分布不密集，还可以有小树林等。城市外围以及公路网可视为郊区。

3）中小城市地区：建筑物较多，有商业中心，可以有高层建筑，但数量较少，街道也比较宽。

4）大城市地区：建筑物密集，街道较窄，高层建筑也较多。

2.5.2 奥村模型

奥村（Okumura）模型是最常用的传播模型，比较简单，分析起来比较方便，常用于无线网络的设计中。

奥村模型得名于奥村等人，日本科学家奥村在20世纪60年代测量了日本东京等地无线信号的传播特性，根据测量数据得到了一些统计图表，用于对信号衰耗的估计。这一模型以准平坦地形大城市地区的场强中值或路径损耗为基准，用不同修正因子来校正不同传播环境和地形等因素的影响。

奥村模型有一定的适用范围，适用于频率 150~2000MHz 的宏蜂窝设计；离基站不能太近，有效距离为 1~100km；基站天线高度要在 30m 以上。

下面以准平坦地形大城市地区的路径中值损耗为例对这个模型作简单介绍。

Okumura 模型中准平坦地形大城市地区的路径中值损耗由下式给出

$$L_M = L_{bs} + A_m(f,d) - H_b(h_b,d) - H_m(h_m,f) \tag{2.32}$$

式中，L_{bs} 为自由空间路径损耗（dB）；$A_m(f,d)$ 为大城市地区当基站天线高度 $h_b=200\text{m}$、移动台天线高度 $h_m=3\text{m}$ 时相对自由空间的中值损耗，又称为基本中值损耗；$H_b(h_b,d)$ 是基站天线高度增益因子（dB），即实际基站天线高度相对于基准天线高度 h_b 的增益，为距离的函数；$H_m(h_m,f)$ 是移动台天线高度增益因子（dB），即实际移动台天线高度相对于基准天线高度 $h_m=3\text{m}$ 的增益，为频率的函数。

图 2.19 给出了准平坦地形大城市地区的基本中值损耗 $A_m(f,d)$ 与频率、传播距离的关系，纵坐标刻度以 dB 计，是以自由空间的传播损耗为 0dB 的相对值。由图可知，随着频率升高和距离的增大，市区基本中值损耗都将增加。

图 2.19 准平坦地形大城市地区的路径中值损耗

图 2.20 给出了不同传播距离 d 时 $H_b(h_b,d)$ 与 h_b 的关系。由图可见，当 $h_b>200\text{m}$ 时，$H_b(h_b,d)>0\text{dB}$；反之，当 $h_b<200\text{m}$ 时，$H_b(h_b,d)<0\text{dB}$。

图 2.20　基站天线高度增益因子

图 2.21 给出了移动台天线高度增益因子与天线高度、频率的关系。由图可知，当 $h_m>3\text{m}$ 时，$H_m(h_m,f)>0\text{dB}$；反之，当 $h_m<3\text{m}$ 时，$H_m(h_m,f)<0\text{dB}$。由图 2.21 还可见，当移动台天线高度高于 5m 时，其高度增益因子 $H_m(h_m,f)$ 不仅与天线高度、频率有关，而且还与环境条件有关。例如，在中小城市，因建筑物的平均高度较低、它的屏蔽作用较小，当移动台天线高于 4m 时，随天线高度增加，天线高度增益因子明显增大；若移动台天线高度在 1~4m 范围内，受环境影响较小，移动台天线高度增加一倍时，$H_m(h_m,f)$ 变化约为 3dB。

由以上讨论可知 Okumura 模型计算路径中值损耗的基本思路：首先，计算对应于基准的基站天线高度（$h_b=200\text{m}$）和移动台天线高度（$h_m=3\text{m}$）的基本中值损耗，然后再根据实际天线高度进行修正。这种在基本条件下的计算再加上对于条件变化进行修正的思路应用于 Okumura 模型的各个环节。

例 2.3　某一移动信道，工作频段为 450MHz，基站天线高度为 50m，移动台天线高度为 3m，在市区工作，传播路径为准平坦地形，通信距离为 10km。试求传播路径中值损耗。

解： 自由空间传播损耗

$$L_{bs} = 32.45+20\lg f+20\lg d$$
$$= (32.45+20\lg 450+20\lg 10)\text{dB}$$
$$= 105.5\text{dB}$$

因为工作在准平坦地形的市区环境，所以由图 2.19 查得，市区基本中值损耗

$$A_m(f,d) = 27\text{dB}$$

由图 2.20 查得，基站天线高度增益因子

$$H_b(h_b,d) = -12\text{dB}$$

图 2.21 移动台天线高度增益因子

由图 2.21 查得，移动台天线高度增益因子

$$H_m(h_m,f) = 0\text{dB}$$

所以，传播路径中值损耗为

$$L_M = L_{bs} + A_m(f,d) - H_b(h_b,d) - H_m(h_m,f)$$
$$= (105.5 + 27 + 12)\text{dB} = 144.5\text{dB}$$

2.5.3 Hata 模型

Hata 模型根据奥村用图表给出的路径损耗数据归纳出一个经验公式，该公式适用的频率范围为 150~1500MHz。该模型的特点是：以准平坦地形大城市地区的场强中值或路径损耗作为基准，对不同的传播环境和地形条件等因素用校正因子加以修正。路径中值损耗经验公式为

$$L_b = 69.55 + 26.16\lg f - 13.82\lg h_b - \alpha(h_m) + (44.9 - 6.55\lg h_b)\lg d \tag{2.33}$$

式中，f 为工作频率（MHz）；h_b 为基站天线有效高度（m）；h_m 为移动台天线有效高度（m）；d 为移动台与基站之间的距离（km）；$\alpha(h_m)$ 为移动台天线高度因子。

由于大城市和中小城市建筑物状况相差较大，故修正因子是分别给出的。

大城市修正因子（建筑物平均高度超过 15m）如下：

$$\alpha(h_m) = 8.29[\lg(1.54h_m)]^2 - 1.1\text{dB} \quad 150\text{MHz} \leqslant f \leqslant 300\text{MHz} \tag{2.34}$$

$$\alpha(h_m) = 3.2[\lg(11.75h_m)]^2 - 4.97\text{dB} \quad 400\text{MHz} \leqslant f \leqslant 1500\text{MHz} \tag{2.35}$$

当 h_m 在 1.5~4m 之间时，式（2.34）和式（2.35）基本一致。

中小城市修正因子（除大城市以外的其他所有城市）如下：

$$\alpha(h_m) = (1.1\lg f - 0.7)h_m - (1.56\lg f - 0.8) \tag{2.36}$$

2.5.4 Hata 模型扩展

欧洲研究委员会（陆地移动无线电发展）COST-231 传播模型小组对 Hata 模型进行了扩展，使它适用于 PCS 系统，适用频率也达到了 2GHz。这种模型考虑到了自由空间损耗、沿传播路径的绕射损耗以及移动台与周围建筑屋顶之间的损耗。扩展 Hata 模型的市区路径损耗的计算公式为

$$L_b = 46.3 + 33.9\lg f - 13.82\lg h_b - \alpha(h_m) + (44.9 - 6.55\lg h_b)\lg d + C_M \tag{2.37}$$

式中，$\alpha(h_m)$ 由式（2.34）、式（2.35）和式（2.36）计算；C_M 取值如下：

$$C_M = 0\text{dB} \quad \text{中等城市和郊区} \tag{2.38a}$$
$$C_M = 3\text{dB} \quad \text{市中心} \tag{2.38b}$$

COST-231 Hata 模型已被用于微小区的实际工程设计中。

2.5.5 IMT-2000 模型

为了评估第三代移动通信 IMT-2000 的无线传输技术，人们对传播环境特征进行了广泛的研究和考虑，包括大城市、小城市、郊区、乡村和沙漠地区。室内办公环境、室外到室内徒步环境、车载环境共同构成了 IMT-2000 的工作环境。每一种传播模型的关键参数包括时延扩展、信号包络的多径衰落特性和无线工作频段。

1. 室内办公环境

室内办公环境的特点是小区小、反射功率低。由于墙壁、地板和各种分隔、阻挡物的阻挡和电波的散射，使路径衰落规律发生了变化，衰落特性在莱斯到瑞利之间变化。同时，还会产生阴影效应，这种阴影效应符合标准差为 12dB 的对数正态分布。步行用户的移动也造成相应的多普勒频移。基站和步行用户位于室内时，时延扩展 Δ 在 35~460ms 间变化。

2. 室外到室内徒步环境

室外到室内徒步环境的特点是小区小、反射功率低。基站位于室外，天线高度低，步行用户在街道上或建筑物内时，时延扩展 Δ 在 100~1800ns 间变化。如果路径是在峡谷似的街道中的视线距离，当存在绕射形成的菲涅耳区域间隙时，路径损耗遵循 d^{-2} 规律；当有更长的菲涅耳区域间隙时，损耗范围可达 d^{-6}。室外对数正态阴影衰落的标准方差为 10dB，室内为 12dB。瑞利和莱斯衰落速率依步行用户速度而定，来自运动车辆的反射有时会造成更快的衰落。

3. 车载环境

车载环境的特点是小区较大，反射功率较高。在丘陵和多山地形环境下，隆起的道路上时延扩展 Δ 在 0.4~12ms 间变化。在城市和郊区，d^{-4} 的路径损耗规律和标准方差为 10dB 的对数正态阴影衰落是比较适合的，建筑物穿透损耗平均为 18dB，其标准方差为 10dB。在地形平坦的乡村，路径损耗低于城市和郊区。在多山地区，如果选择基站位置避免路径障碍，路径损耗接近 d^{-2} 规律。

思考与练习题

1. 无线电波传播有哪几种方式？各有什么特点？
2. 分析快衰落和慢衰落产生的原因，它们各服从什么分布规律？
3. 自由空间传播的特点是什么？
4. 什么是等效地球半径？标准大气的等效地球半径是多少？

5. 什么是大气折射效应？有哪几种类型？

6. 在标准大气折射下，发射天线高度为200m，接收天线的高度为2m，试求视线传播的极限距离。

7. 电波传播的菲涅耳区是如何定义的？什么是第一菲涅耳区？

8. 什么是绕射损耗？画图解释菲涅耳余隙的定义。

9. 试计算工作频率为900MHz、通信距离分别为10km和20km时的自由空间传播损耗。

10. 相距15km的两个电台之间有一个50m高的建筑物，一个电台距建筑物10km，两电台天线高度均为10m，电台工作频率为50MHz，试求电波的传播损耗。

11. 产生多普勒效应的原因是什么？如何解决？

12. 在一水平传输电波的方向上，有一接收设备以72km/h的速度背向入射电波传播方向移动，此电波的频率为150MHz，试求多普勒频移。

13. 时延扩展产生的原因是什么？会带来哪些影响？

14. 信号通过移动信道时，在什么情况下遭受到平坦衰落？在什么情况下遭受到频率选择性衰落？

15. 某移动通信系统，基站天线高度为40m，移动台天线高度为1m，市区为准平坦地形，通信距离为10km，工作频率为2000MHz，试求传播路径上的损耗中值。

第 3 章 编码及调制技术

编码及调制技术可以在不降低系统有效传输速率的前提下进行有效的编码和调制,是移动通信技术中最核心、最深奥的部分之一,被誉为通信技术的"皇冠",体现着一个国家通信科学基础理论的整体实力。信源编码将信源中的冗余信息进行压缩,减少传递信息所需要的带宽资源,这对于频谱有限的移动通信系统而言是至关重要的。移动通信中的信源编码与有线通信不同,它不仅需要对信息传输有效性进行保障,还应该与其他系统指标(如容量、覆盖和质量等)密切相关。移动通信系统使用信道编码的目的在于改善通信系统的传输质量,发现或纠正差错,从而提高通信系统的可靠性。4G 时代,我国的 TD-LTE 技术有了一定突破,但其中的核心长码编码 Turbo 码和短码卷积码,仍旧不是原创。2016 年 11 月,关于 5G 标准制定的 3GPP RAN1 第 87 次会议在美国举行。华为公司主推的 Polar Code(极化码)方案,以压倒性的投票优势,成为 5G 控制信道 eMBB 场景编码最终方案。

极化码取得胜利,国际各大通信设备生产商在 5G 通信设备中都采用了华为公司的标准,我国成了真正意义上通信基础规则的制定者。这一切成功,是参与科学研究的幕后英雄,让中国在世界舞台上有了话语权。

调制的目的是使携带信息的信号与信道特性相匹配以及有效地利用信道。在调制方式选择中,频谱效率和功率效率存在一种矛盾关系,它们彼此相互制约,故而出现了从 QPSK 到 OQPSK 乃至 $\pi/4$-QPSK 的一系列演进。这既在技术设计中体现了矛盾论的哲学思想,也体现了客观辩证的科研精神。

3.1 信源编码概述

信息是事物的行为、状态的表征。信息可以脱离其源事物而独立存在。通常,将信息脱离源事物而附着于另一种事物的过程,称为信息的表示过程,或称为信息交换过程。随着通信技术的发展,人们对信息传输的质量要求越来越高,不仅要求快速、高效、可靠地传递信息,还要求传递过程中保证信息的安全,不被伪造和篡改。典型的信息传输模型如图 3.1 所示。

图 3.1 信息传输模型

图 3.1 中，信源和信宿，是信息或信息序列的产生源和接收者，可以是人、机器或其他事物。信源编码是为了减少信源输出符号序列中的剩余度、提高符号的平均信息量，对信源输出的符号序列所施行的变换。信源编码又称为频带压缩编码或数据压缩编码。信源编码的作用之一是设法减少码元数目和降低码元速率，即通常所说的数据压缩；作用之二是将信源的模拟信号转化成数字信号（即 A/D 转换），以实现模拟信号的数字化传输。信源译码是信源编码的反变换（即 D/A 转换）。

最原始的信源编码就是莫尔斯电码，另外 ASCII 码和电报码都是信源编码。现代通信应用中常见的信源编码方式有霍夫曼编码、算术编码、L-Z 编码，这三种都是无损编码，另外还有一些有损的编码方式。信源编码的目标就是使信源减少冗余，更加有效、经济地传输，最常见的应用形式就是压缩。

信道编码是为了对抗信道中的噪声和衰减，通过在信息序列上附加一些监督码元，并利用这些冗余码元（如校验码等）来提高抗干扰的能力以及纠错的能力。信道译码是发端信道编码的反变换。信道是指通信系统中传输信息的媒介，如有线信道（光纤、同轴电缆）、无线信道（各波段电磁波、红外线）等，信道中不可避免地会存在噪声和干扰。

在数字通信系统中，信息的传输都是以数字信号的形式进行的，因此在发送端必须将模拟信号转换为数字信号，在接收端将数字信号还原成模拟信号。通信系统中的模拟信号主要是语音信号和图像信号，相应的转换过程就是语音编码/解码和图像编码/解码。

移动通信中语音通信是重要的业务之一，因此语音编码技术在数字移动通信中具有相当关键的作用。高质量、低速率的语音编码技术与高效率的数字调制技术一起为数字移动网提供了高的系统容量。本节主要介绍语音编码。

3.1.1 语音编码

语音编码作为一种信源编码，能够将模拟语音信号变成数字信号以便在信道中传输。在通信系统中，语音编码是相当重要的，因为在很大程度上，语音编码决定了接收到的语音质量和系统容量。在移动通信系统中，带宽是十分宝贵的。低比特率语音编码提供了解决该问题的一种方法。在编码器能够传送高质量语音的前提下，如果比特率越低，可在一定的带宽范围内传输更多的高质量语音。语音编码技术本身已发展多年并且日趋成熟，形成了各种实用技术，在各类通信网中得到了广泛应用。

语音编码技术主要可分为波形编码、参量编码和混合编码三大类。

1. 波形编码

波形编码是对模拟语音波形信号经过采样、量化、编码而形成的数字语音技术。为了保证数字语音技术解码后的高保真度，波形编码需要较高的编码速率，一般为 16~64kbit/s。波形编码适用于很宽范围的语音特性，在噪声环境下也能保持稳定。实现所需的技术复杂度很低而费用中等，但其所占用的频带较宽，多用于有线通信中。波形编码包括脉冲编码调制（PCM）、差分脉冲编码调制（DPCM）、自适应差分脉冲编码调制（ADPCM）、增量调制（DM）、连续可变斜率增量调制（CVSDM）、自适应变换编码（ATC）、子带编码（SBC）和自适应预测编码（APC）等。

2. 参量编码

参量编码是基于人类语言的发声机理，找出表征语音的特征参量，并对特征参量进行编码的一种方法。在接收端，根据所接收的语音特征参量信息，恢复出原来的语音。由于参量编码只需传送语音特征参数，可实现低速率（一般为 1.2~4.8kbit/s）的语音编码。线性预测编码（LPC）及其变形均属于参量编码。参量编码的缺点在于语音质量只能达到中等水平，不能满足商用语音通信的要求。

3. 混合编码

混合编码是基于参量编码和波形编码发展的一类新的编码技术。在混合编码的信号中,既含有若干语音特征参量又含有部分波形编码信息,其编码速率一般为4~16kbit/s。当编码速率为8~16kbit/s时,其语音质量可达商用语音通信标准的要求,因此混合编码技术在数字移动通信中得到了广泛应用。混合编码包括规则脉冲激励-长时预测-线性预测编码(RPE-LTP-LPC)、码激励线性预测(CELP)编码等。在数字移动通信中,码激励的一种变形即矢量和激励(VSELP)已成为美国和日本数字蜂窝移动通信系统中的语音编码标准。

3.1.2 语音编码技术的应用及发展

语音编码技术首先应用于有线通信和保密通信,其中最成熟的实用数字语音系统是64kbit/s的PCM。这是一种典型的波形编码技术,主要用于有线电话网,它的语音质量好,可以达到与模拟语音相似的网络质量。另一类型的波形编码是DM,较简单且能抗误码。当速率达到32~40kbit/s时,语音质量较好;当速率在8~16kbit/s时,语音质量较差。速率为24kbit/s的声码器是一种典型的采用参量编码技术的数字语音系统,其优点是速率低,主要用于军事保密通信;缺点是语音质量仅能达到合成质量,且对背景噪声敏感。

在数字通信发展的推动下,语音编码技术的研究进展迅速,出现了众多编码方案。研究的方向主要有两个:一是降低语音编码速率,主要是针对语音质量好但速率高的波形编码,特别是64kbit/s的PCM;二是提高语音质量,主要针对速率低但语音质量较差的参量编码,特别是24kbit/s的声码器。

波形编码的改进主要有自适应差分脉冲编码调制(Adaptive Differential PCM,ADPCM)、子带编码(Sub-Band Coding,SBC)、自适应变换编码(Adaptive Transform Coding,ATC)、时域谐波压扩(Time Domain Harmonic Scaling,TDHS)等。这些编码的速率为9.6~32kbit/s,语音质量较好。

参量编码的一项突出进展是提出了矢量量化编码,可进一步压缩速率。为改进参量编码语音质量,人们提出了多脉冲激励线性预测编码(Multi-Pulse Excited LPC,MPE-LPC)、规则脉冲激励线性预测编码(Regular Pulse Excited LPC,RPE-LPC)等。当速率为4.8~16kbit/s时,可达到中等语音质量。这些编码不是单纯的参量编码,属于混合编码。码激励线性预测编码(Code Excited Linear Predictive,CELP)也是近年来提出的较好的编码方案。

按速率不同可将语音编码器分为低速率编码器(速率低于4.8kbit/s)和中速率编码器(速率4.8~32kbit/s)。目前较好的语音编码器多属于中速率编码器,并且速率集中在8kbit/s左右,编码方法多为混合编码。泛欧数字蜂窝网和美国数字蜂窝网的语音编码都是如此。

什么样的语音编码技术适用于移动通信呢?这主要取决于移动信道的条件。由于频率资源十分有限,所以要求编码信号的速率较低。考虑到移动信道的衰落将导致较高的误比特率,因此编码算法应有较好的抗误码能力,此外,从用户的角度出发,还应有较好的语音质量和较短的时延。

3.1.3 脉冲编码调制

脉冲编码调制(PCM)是最早提出的语音编码方法,是一种波形编码,至今仍被广泛使用,尤其在有线通信网中。PCM的优点是技术简单、无时延,对语音信号和其他类型信号都能可靠地编码传输。PCM是一种基本的语音编码方式,在此基础上发展出各种各样的编码技术。PCM就是把一个时间连续,取值连续的模拟信号变换成时间离散、取值离散的数字信号后在信道中传输。

PCM 是对模拟信号先抽样,再对样值幅度量化、编码的过程。PCM 的工作原理如图 3.2 所示。

图 3.2 PCM 的工作原理

所谓抽样,就是对模拟信号进行周期性扫描,把时间上连续的信号变成时间上离散的信号。该模拟信号经过抽样后还应当包含原信号中所有信息,也就是说能无失真地恢复原模拟信号。

所谓量化,就是把经过抽样得到的瞬时值将其幅度离散,即用一组规定的电平,把瞬时抽样值用最接近的电平值来表示。

一般语音信号的带宽为 300~3400Hz,编码时通常采用的抽样频率为 f_s = 8000Hz,如果采用 8bit 量化,则单路语音编码的比特率为 64kbit/s。这也就是在有线数字通信中常用的 64kbit/s PCM 编码方式。一个模拟信号经过抽样、量化后,得到已量化的脉冲幅度调制信号,它仅为有限个数值。

所谓编码,就是用一组二进制码组来表示每一个有固定电平的量化值。然而,实际上量化是在编码过程中同时完成的,故编码过程也称为模/数(A/D)转换。

3.1.4 线性预测编码

线性预测编码(LPC)方法是一种参数编码方式。参数编码的基础是人类语音的生成模型,通过这个模型,可提取语音的特征参数,然后对特征参数进行编码传输。

在线性预测编码中,将语音激励信号简单地划分为浊音信号和清音信号。浊音信号可以用准周期脉冲序列激励信号来表示,清音信号可以用白色随机噪声激励信号来表示。由于语音信号是短时平稳的,根据语音信号的短时分析和基音提取方法,可以用若干样值对应的一帧来表示短时语音信号。再逐帧将语音信号用基音周期 T_p、清/浊音(u/v)判决、声道模型参数和增益 G 来表示。对这些参数进行量化编码,在接收端再进行语音的合成。线性预测编译码原理如图 3.3 所示。

图 3.3 线性预测编译码原理

在图 3.3 的发送端,原始语音信号送入 A/D 转换器,以 8kHz 频率抽样变成数字化语音信号。以 180 个抽样样值为一帧,以一帧为处理单元逐帧完成每一帧的线性预测系数分析,并进行相应的清/浊音(u/v)处理、基音 T_p 提取,再对这些参量进行量化、编码并送入信道传送。在接收端，经参量译码分出参量、G、T_p、u/v，以这些参数作为合成语音信号的参量，最后将合成产生的数字化语音信号经 D/A 转换还原为语音信号。

3.1.5 码激励线性预测编码

码激励线性预测（CELP）编码是一种 IS-95 语音编码，属于混合编码。CELP 是一个简化的 LPC 算法，以低比特率著称（4800～9600kbit/s），具有很清晰的语音品质和很高的背景噪声免疫性。CELP 是一种在中低速率上广泛使用的语音压缩编码方案。CELP 用线性预测提取声道参数，用一个包含许多典型的激励矢量的码本作为激励参数，每次编码时都在这个码本中搜索一个最佳的激励矢量，这个激励矢量的编码值就是这个序列码本中的序号。

CELP 能改善语音的质量，主要体现在以下几方面：

1) 对误差信号进行感觉加权，利用人类听觉的掩蔽特性来提高语音的主观质量。
2) 用分数延迟改进基音预测，使浊音的表达更为准确，尤其改善了女性语音的质量。
3) 使用修正的 MSPE 准则来寻找"最佳"的延迟，使得基音周期延迟的外形更为平滑。
4) 根据长时预测的效率，调整随机激励矢量的大小，提高语音的主观质量。
5) 使用基于信道错误率估计的自适应平滑器，在信道误码率较高的情况下也能合成自然度较高的语音。

CELP 已经被许多语音编码标准所采用，美国联邦标准 FS1016 就是采用 CELP 的编码方法，主要用于高质量的窄带语音保密通信。

3.2 信道编码概述

信道编码也称为差错控制编码，它是以提高信息传输的可靠性为目的的编码，通常通过增加信源的冗余度来改善信道链路的性能。用于检测错误的信道编码称为检错编码，既可检错又可纠错的信道编码称为纠错编码。移动通信系统使用信道编码技术可以降低信道突发的和随机的差错。

信息论的开创者香农（Shannon）在他的奠基性论文"通信的数学理论"中首次提出著名的信道编码定理。香农论证了通过对信息的恰当编码，可以将由于信道噪声而导致的错误控制在任何误差范围之内，同时不需要降低信息传输速率。应用于加性高斯白噪声（Additive White Gaussian Noise，AWGN）信道的香农信道容量公式为

$$C = B\log_2\left(1 + \frac{P}{N_0 B}\right) = B\log_2\left(1 + \frac{S}{N}\right) \tag{3.1}$$

式中，C 为信道容量（bit/s）；B 为传输带宽（Hz）；P 为接收信号的功率（W）；N_0 为单边带噪声功率谱密度（W/Hz）；S/N 是信号与噪声的功率之比，简称信噪比（SNR）。

检错和纠错技术的基本思想是通过在数据传输中引入冗余来提高通信的可靠性。冗余的引入将消耗一定的带宽，这会降低频谱效率，但却能够大大降低 SNR 情况下的误码率。香农指出，只要 SNR 足够大，就可以用很宽的带宽实现无差错通信。另外，差错控制编码的带宽是随编码长度的增加而增大的。因此，纠错编码应用于带宽受限或功率受限的环境具有一定优势。本节信道编码将分别介绍分组码、卷积码、交织编码及 Turbo 码。

3.2.1 分组码

要使信道编码具有一定的检错或纠错能力，必须加入一定的多余码元。信息码元先按组进行划分，然后对各信息组按一定规则加入多余码元，这些附加监督码元仅与本组的信息码元有

关，而与其他码组的信息无关，这种编码方法称为分组码。

分组码是一种前向纠错码，前向纠错码（FEC）的码字是具有一定纠错能力的码型，它在接收端解码后，不仅可以发现错误，而且能够判断错误码元所在的位置，并自动纠错。这种纠错码信息不需要存储，不需要反馈，实时性好。所以，广播系统（单向传输系统）都采用这种信道编码方式。

分组码将信源的信息序列按照独立的分组进行处理和编码。编码时将每 k 个信息位分为一组进行独立处理，变换成长度为 $n(n>k)$ 的二进制码组。分组码一般用符号 (n,k) 表示，其中 n 是码组的总位数，又称为码组的长度（码长），k 是码组中信息码元的数目，r 为码组中的监督码元数目，$r=n-k$。比值 $(n-k)/k$ 称为码的冗余度，比值 k/n 称为编码效率。编码效率可表示分组中信息比特所占的比例。

分组码的纠错能力是码距的函数，不同的编码方案提供了不同的差错控制能力。码距是指两个码字 C_i 与 C_j 间不相同比特的数目，又称为汉明距离。可表示为

$$d(C_i, C_j) = \sum_{l=1}^{n} C_{i,l} \oplus C_{j,l} \quad (3.2)$$

式中，d 是码距。最小码距是码距集合中的最小值。可表示为

$$d_{\min} = \min\{d(C_i, C_j)\} \quad (3.3)$$

某种编码中，最小码距 $d_{\min}$ 的大小直接关系着这种编码的检错和纠错能力。一般情况下，码的检错、纠错能力与最小码距 $d_{\min}$ 的关系分为以下三种情况。

1) 为检测 e 个错码，要求最小码距：$d_{\min} \geq e+1$。
2) 为纠正 t 个错码，要求最小码距：$d_{\min} \geq 2t+1$。
3) 为纠正 t 个错码，同时检测 e 个错码，要求最小码距：$d_{\min} \geq e+t+1 (e>t)$。

线性分组码的最小码距越大，则检错、纠错能力越强。

在分组码中，把码组中1的数目称为码组的重量，简称码重。可表示为

$$\omega(C_i) = \sum_{l=1}^{n} C_{i,l} \quad (3.4)$$

下面介绍几种常用的分组码。

1. 汉明（Hamming）码

Hamming 码是一种简单的纠错码。这种编码以及由它们衍生的编码，已被用于数字通信系统的差错控制中。Hamming 码包括二进制 Hamming 码与非二进制 Hamming 码。二进制 Hamming 码具有如下特性：

$$(n,k) = (2^m-1, 2^m-1-m) \quad (3.5)$$

式中，k 是生成一个 n 位的码字所需的信息位的数目；m 是一个正整数，表示检测位的数目，$m=n-k$。

2. Hadamard 码

一个 $N \times N$ 的 Hadamard 矩阵由 0 和 1 组成，其任意两行恰好有 $N/2$ 个元素不同。除了一行为全 0 外，其余行均有 $N/2$ 个 0 和 $N/2$ 个 1，最小码距为 $N/2$。

当 $N=2$ 时，Hadamard 矩阵为

$$A = \begin{pmatrix} 0 & 0 \\ 0 & 1 \end{pmatrix} \quad (3.6)$$

除了上述 $N=2^m$（m 为正整数）的特殊情况之外，也可以有其他长度的 Hadamard 码，但它们不是线性的。

3. 循环（Cyclic）码

循环码是常用的校验码，在早期的通信中运用广泛，它是线性码的子集，具有大量可用的结

构。循环码可以由 $(n-k)$ 次的生成多项式 $g(p)$ 生成。(n,k) 的循环码的生成多项式表示为

$$g(p) = p^{n-k} + g_{n-k-1}p^{n-k-1} + \cdots + g_1 p + g_0 \tag{3.7}$$

消息多项式 $x(p)$ 定义为

$$x(p) = x_{k-1}p^{k-1} + \cdots + x_1 p + x_0 \tag{3.8}$$

式中，$x_{k-1}, \cdots, x_0$ 代表 k 个信息位。而最后生成的码多项式 $c(p)$ 为

$$c(p) = x(p)g(p) \tag{3.9}$$

式中，$c(p)$ 是一个小于 n 次的多项式。循环码的编码通常由一个基于生成多项式或校验多项式的线性反馈移位寄存器完成。

4. BCH 码

BCH 码是循环码的一个重要子类，纠错能力很强，具有多种码率，可获得很大的编码增益，并能够在高速方式下实现。二进制 BCH 码可被推广到非二进制 BCH 码，它的每个编码符号代表 m 个比特。最重要且最通用的多进制 BCH 码为 Reed-Solomon（RS）码。BCH 码有严密的代数理论，是目前研究最透彻的码之一。

5. RS 码

RS 码是一种多进制 BCH 码。把多重码元当成一个码元，编成 BCH 码，就是 RS 码。它能够纠正突发错误，通常在连续编码系统中采用。RS 码是所有线性码中最小码距（d_{min}）值最大的码。

3.2.2 卷积码

卷积码是信道编码中的一类重要的编码方式，主要用来纠正随机错误。如图 3.4 所示，卷积码 (n, k, N)（其中 k 为每次输入卷积编码器的比特数，每个 k 元组码字对应的卷积码输出 n 元组码字，N 为约束长度）表示该编码器有 Nk 个移位寄存器、n 个模 2 加法器、n 个移位寄存器为输出。卷积码将 k 组输入码元编成 n 元组输出码元，则编码效率为 $R_c = k/n$，但 k 和 n 通常很小，特别适合以串行形式进行传输，时延小。

图 3.4 卷积码结构

卷积码与分组码的根本区别在于，它不是把信息序列分组后再进行单独编码，而是由连续输入的信息序列得到连续输出的已编码序列。即进行分组编码时，其本组中的 $(n-k)$ 个校验元仅与本组的 k 个信息元有关，而与其他各组信息无关；但在卷积码中，其编码器将 k 个信息码元编为 n 个码元时，这 n 个码元不仅与当前段的 k 个信息有关，而且与前面的 $(N-1)$ 段信息有关（N 为编码的约束长度）。同样，在卷积码译码过程中，不仅从此时刻收到的码组中提取译码信息，而且还要利用以前或以后各时刻收到的码组提取有关信息。同时卷积码的纠错能力随约束长度的增加而增强，差错率则随着约束长度的增加而呈指数下降。

描述卷积码的方法有两种：图解法和解析法。图解法又包括树状图、网格图和状态图。当给定输入信息序列和起始状态时，可以用上述三种图解法中的任何一种，找到输出序列和状态变

化路径。解析法可以采用生成矩阵和生成多项式这两种方法。图解法和解析法各有特点，用延时多项式表示卷积码编码器的生成多项式最为方便。网格图对分析卷积码的译码算法十分有用。状态图表明卷积码编码器是一种有限状态的马尔可夫过程，可以用信号流图理论来分析卷积码的结构及性能。

对于（n, k, N）卷积码的一般情况，可以延伸出如下结论：

1）对应于每组 k 个输入比特，编码后产生 n 个比特。

2）树状图中每个节点引出 2^k 条支路。

3）网格图和状态图都有 $2^{k(N-1)}$ 种可能的状态，每个状态引出 2^k 条支路，同是也有 2^k 条支路从其他状态或本状态引出。

译码器通过运用一种可以将错误的发生概率减小到最低程度的规则或方法，从已编码的码字中解出原始信息。在信息序列和码序列之间存在对应关系，任何信息序列和码序列将与网格图中的唯一一条路径相对应。因此，卷积译码器的工作就是找到网格图中的这条路径。

解卷积码的技术有许多种，常用的是 Viterbi 算法、序贯译码法。

3.2.3 交织编码

交织编码的作用是将源信息分散到不同的时间段中，这样，当出现深衰落或突发干扰时，源信息中的某一块数据不会被同时扰乱。并且，源比特在时间上被分开后，还可以利用信道编码来减弱信道干扰对源信息的影响。交织编码设计的思路不是为了适应信道，而是为了改造信道，它是通过交织与解交织将一个有记忆的突发信道改造为基本上是无记忆的随机独立差错的信道，然后再用随机独立差错的纠错码来纠错。

3.1　交织编码、QPSK 调制

通常，交织编码与各种纠正随机差错的编码（如卷积码或其他分组码）结合使用，从而具有较强的既能纠正随机差错又能纠正突发差错的能力。

交织编码不像分组码那样，它不增加监督元，即交织编码前后，码速率不变，因此不影响有效性。

在交织编码之前，先要进行分组码编码，将待编码的 $m×n$ 个数据位进行交织。通常，每行由 n 个数据位组成一个字，行数 m 表示交织的深度，其结构如图 3.5 所示。由图所见，数据位被按列写入，而在发送时是按行读出的，这样就产生了对原始数据位以 m 个比特为周期进行分隔的效果。在接收端的解交织操作过程则与之相反。

由于接收机在收到了 $m×n$ 个比特并进行解交织以后才能解码，所以交织编码存在一个固有时延。对于语音信号而言，当时延小于 40ms 时，人们是可以忍受的，所以应用于语音信息的交织器的时延不能超过 40ms。此外，交织编码的字长和交织深度与所用的语音编码器、编码速率和最大允许时延有较大的关系。

在移动信道中，数字信号传输常出现成串的突发差错。因此，数字化移动通信中经常使用交织编码技术。

	按行读出数据		
1	$m+1$	…	$(n-1)m+1$
2	$m+2$	…	$(n-1)m+2$
⋮	⋮	…	⋮
m	$2m$	…	nm

按列写入数据　　　　　　　　m 行

n 列

图 3.5　常用的交织方法（按列写入、按行读出）

3.2.4 Turbo 码

在第三代移动通信系统主要提案中，除了采用卷积编码和交织编码外，还采用了 Turbo 编码技术。

Turbo 码的基本原理是通过编码器的巧妙构造，即多个子码通过交织器进行并行或串行级联（PCC/SCC），然后以类似内燃机引擎废气反复利用的机理进行迭代译码，从而获得卓越的纠错性能，Turbo 码也因此得名。它不仅在信噪比较低的高噪声环境下性能优越，而且具有很强的抗衰落、抗干扰能力，其纠错性能接近香农极限。这使得 Turbo 码在信道条件较差的移动通信系统中有很大的应用潜力。

图 3.6 给出了 Turbo 码与其他编码方案的性能比较仿真结果。从图中可以看出，在一定条件下，Turbo 码在 AWGN 信道上的码率（误比特率）接近香农极限。

图 3.6 AWGN 信道中的码率与香农极限

Turbo 码最先是由 Claude. Berrou 等人提出的。它实际上是一种并行级联卷积码（Parallel Concatenated Convolutional Codes）。Turbo 码编码器是由两个反馈的系统卷积编码器通过一个交织器并行连接而成的，编码后的校验位经过删余器，从而产生不同码率的码字。Turbo 码编码器结构如图 3.7 所示。信息序列 $u = \{u_1, u_2, \cdots, u_N\}$ 经过交织器形成一个新序列 $u_1 = \{u'_1, u'_2, \cdots, u'_N\}$（长度与内容没变，但比特位经过重新排列），$u$ 和 u_1 分别传送到两个分量编码器 RSC1 与 RSC2，一般情况下，这两个分量编码器结构相同，生成序列 x^{p1} 和 x^{p2}。为了提高码率，序列 x^{p1} 和 x^{p2} 需要经过删余器，采用删余（Puncturing）技术从这两个校验序列中周期地删除一些校验位，形成校验序列 x^p，x^p 与未编码序列 x^s 经过复用调制后，生成了 Turbo 码序列 X。

图 3.7 Turbo 码编码器结构

Turbo 码译码器的基本结构如图 3.8 所示。它由两个软输入/软输出（SISO）译码器 DEC1 和 DEC2 串行级联组成，交织器与编码器中所使用的交织器相同。译码器 DEC1 对分量编码器 RSC1

进行最佳译码，产生关于信息序列 u 中每一比特的似然信息，并将其中的"新信息"经过交织给 DEC2，译码器 DEC2 将此信息作为先验信息，对分量编码器 RSC2 进行最佳译码，产生关于交织后的信息序列 u_1 每一比特的似然信息，然后将其中的"外信息"经过解交织送给 DEC1，进行下一次译码。这样，经过多次迭代，DEC1 或 DEC2 的外信息趋于稳定，似然比渐近值逼近于对整个码的最大似然译码，然后对此似然比进行硬判决，即可得到信息序列 u 的每一比特的最佳估值序列 $\hat{u}$。

图 3.8　Turbo 码译码器的基本结构

Turbo 码的提出，更新了编码理论研究中的一些概念和方法。现在人们更喜欢基于概率的软判决译码方法，而不是早期基于代数的构造与译码方法，而且不同编码方案的比较方法也发生了变化，从以前的相互比较过渡到现在的都与香农极限进行比较。同时，也使编码理论家变成了实验科学家。

作为商用 3G 移动通信系统的关键技术之一，Turbo 码在各种恶劣条件下（即低 SNR 情况下），能够提供接近 Shannon 极限的通信能力。但由于译码存在延时，3G 主要在处理高速数据业务时使用 Turbo 码。

3.3　调制技术概述

调制是对信号源的编码信息进行处理，使其变为适合传输的形式的过程。即是把基带信号（信源）转变为一个相对基带频率而言频率非常高的带通信号。带通信号叫作已调信号，而基带信号叫作调制信号。调制可以通过使高频载波随信号幅度的变化而改变载波的幅度、相位或频率来实现。移动通信系统的调制技术包括用于第一代移动通信系统的模拟调制技术和用于现在及未来系统的数字调制技术。由于数字通信具有建网灵活、容易采用数字差错控制和数字加密、便于集成化、能够进入 ISDN 等优点，所以通信系统都在由模拟方式向数字方式过渡。而移动通信系统作为整个通信网络的一部分，其发展趋势也必然是由模拟方式向数字方式过渡，所以现代的移动通信系统都使用数字调制方式。

3.3.1　移动通信对数字调制的要求

在移动通信中，由于信号传播的条件恶劣和快衰落的影响，接收信号的幅度会发生急剧的变化。因此，在移动通信中必须采用一些抗干扰性能强、误码性能好、频谱利用率高的调制技术，尽可能地提高单位频带内传输数据的比特率，以适应移动通信的要求。数字调制方式应考虑如下因素：抗干扰性能、抗多径衰落的能力、已调信号的带宽以及使用成本等。

移动通信对数字调制技术的要求如下：
1）所有的技术必须在规定频带内提供高的传输效率。
2）抗干扰性能要强，要使信号深衰落引起的误差数降至最小。
3）应使用高效率的放大器。
4）在衰落条件下获得所需要的误码率。
5）占用频带要窄，带外辐射要小。
6）同频复用的距离小。
7）能提供较高的传输速率，使用方便、成本低。

3.3.2 移动通信实用的调制技术

目前移动通信系统的常用调制方式包括：以调频技术为基础的 MSK、TFM、GMSK 等，以调相技术为基础的 QPSK、OQPSK、π/4-QPSK、8PSK 等，以调相技术和调幅技术结合为基础的 16QAM、32QAM、64QAM 等。目前单纯的调制技术比较成熟，对调制技术的研究注重与其他传输技术的结合，例如调制与编码技术的结合，调制与传输信道状况的结合等。

从技术方法的角度看，移动通信实用的调制技术主要有两类。
1）线性调制技术：以 PSK 为基础发展起来的调制技术，已调信号的包络不恒定，因而要求射频功放具有较高的线性。线性调制技术的优点是可以获得较高的频带利用率，例如 π/4-QPSK 调制信号的频带利用率为 1.6bit/(s·Hz)；缺点是设备成本较高，这是由于必须采用较为昂贵的线性功率放大器。线性调制技术包括 QPSK、OQPSK、π/4-QPSK 等移动通信实用的调制技术。
2）恒定包络调制技术：以 FSK 为基础发展起来的调制技术，特点是已调信号的包络恒定，因而不要求线性功放，可以采用功率效率较高的 C 类放大器，降低成本。恒定包络调制技术包括 MSK、TFM、GMSK 等。

3.4 线性调制技术

3.4.1 四相相移键控

四相相移键控（QPSK）又称为正交相移键控。相移键控是指用二进制基带信号去控制正弦载波的相位变化。一个比特有两种状态：0 和 1。所以最简单的相移键控技术就是二相相移键控（BPSK），而 QPSK 是由两个比特组成一个双比特码去控制载波的相位状态，这样共有四种相位状态。

在 QPSK 的基础上又出现了 OQPSK 和 DQPSK。OQPSK 是在正交支路引入了一个比特（半个码元）的时延，这使得两个支路的数据不会同时发生变化，因而不可能产生像 QPSK 那样±π 的相位跳变，而仅产生±π/2 的相位跳变，因此，频谱旁瓣要低于 QPSK 信号的旁瓣。DQPSK 的相位跳变介于 QPSK 和 OQPSK 之间，为 3π/2，是前两种调制方法的折中。一方面，DQPSK 保持了信号包络基本不变的特性，降低了对射频器件的工艺要求；另一方面，DQPSK 可以采用非相关检测；从而大大简化了接收机的结构。

四相相移键控调制是二相的推广，是利用载波的四种不同相位来表征输入的数字信息，由于四种相位可代表四种数字信息，因此对输入的二进制序列应先进行分组，将每两个信息数字编为一组，然后根据其组合情况用四种不同载波相位去表征它们，即每一种载波相位代表两个比特信息，因此称为双比特码元。双比特码元与载波相位有两种对应关系，见表 3.1。在相位图上标示出来如图 3.9a、b 所示，相位分别是 π/2 和 π/4。

表 3.1 双比特码元与载波相位的对应关系

双比特码元		载波相位	
a	b	A 方式	B 方式
0	0	0°	45°
0	1	90°	135°
1	1	180°	225°
1	0	270°	315°

a) π/2　　b) π/4

图 3.9 双比特码元与载波相位的对应关系

QPSK 信号的表达式为（π/2 方式）

$$S_{QPSK} = \sqrt{\frac{2E_s}{T_s}} \cos\left[2\pi f_c t + (i-1)\frac{\pi}{2}\right] \quad 0 \leq t \leq T_s \quad i = 1,2,3,4 \tag{3.10}$$

式中，T_s 是符号间隙，等于两个比特周期。式（3.10）可进一步写成

$$S_{QPSK}(t) = \sqrt{\frac{2E_s}{T_s}} \left\{ \cos(2\pi f_c t) \cos\left[(i-1)\frac{\pi}{2}\right] - \sin(2\pi f_c t) \sin\left[(i-1)\frac{\pi}{2}\right] \right\} \tag{3.11}$$

QPSK 频带利用率比 BPSK 系统提高了一倍，而载波相位共有四个可能的取值，对应于四个已调信号的矢量图。QPSK 信号也可看成是载波相互正交的两个 BPSK 信号之和。

图 3.10 给出了典型的 QPSK 发射机框图。单极性二进制信息流比特率为 R_b，首先用一个单极性—双极性转换器将它转换为双极性非归零序列。然后将比特流 $m(t)$ 分为两个比特流 $m_I(t)$ 和 $m_Q(t)$（同相和正交流），每个比特流的比特率为 $R_s = R_b/2$。两个二进制序列分别用两个正交的载波进行调制。两个已调信号每一个都可以被看作一个 2PSK 信号，对它们求和产生一个 QPSK（4PSK）信号。解调器输出端的滤波器将 QPSK 信号的功率谱限制在分配的带宽内，这样可以防止信号能量泄漏到相邻的信道，还能去除在调制过程中产生的带外杂散信号。在绝大多数实现方式中，脉冲成形在基带进行，并在发射机的输出端提供适当的 BPF 滤波。

图 3.10 QPSK（4PSK）发射机框图

由于四相移相信号可以看作是两个正交 2PSK 信号的合成，因此可以采用与 2PSK 信号类似

的解调方法进行解调。图 3.11 给出了相干 QPSK 解调接收机框图。前置带通滤波器可以去除带外噪声和相邻信道的干扰。滤波后的输出端分为两个部分，分别用同相和正交载波进行解调。解调用的相干载波用载波恢复电路从接收信号中恢复。解调器的输出提供一个判决电路，产生同相和正交二进制流。这两个部分复用后，再生出原始二进制序列。

图 3.11　QPSK 解调接收机框图

3.4.2　交错四相相移键控

QPSK 由于两个信道上的数据沿对齐，所以在码元转换点上，当两个信道上只有一路数据改变极性时，QPSK 信号的相位将发生 90°突变；当两个信道上数据同时改变极性时，QPSK 信号的相位将发生 180°突变。QPSK 的相位关系如图 3.12 所示。

交错四相相移键控（OQPSK）信号产生时，是将输入数据经数据分路器分成奇偶两路，并使其在时间上相互错开一个码元间隔，然后再对两个正交的载波进行 BPSK 调制，叠加成为 OQPSK 信号。OQPSK 调制框图如图 3.13 所示。

图 3.12　QPSK 的相位关系　　　　图 3.13　OQPSK 调制框图

OQPSK 的 I 信道和 Q 信道的两个数据流如图 3.14 所示，每次只有其中一个可能发生极性转换。输出的 OQPSK 信号的相位只有 $\pm\pi/2$ 跳变，而没有 π 的相位跳变，同时经滤波及硬限幅后的功率谱旁瓣较小，这是 OQPSK 信号在实际信道中的频谱特性优于 QPSK 信号的主要原因。其相位关系如图 3.15 所示。但是 OQPSK 信号不能接受差分检测，这是因为 OQPSK 信号在差分检测中会引入码间干扰。

应用时应注意：四相移相信号解调时，相干载波的相位会出现不确定性，从而导致解调输出的信号也存在不确定性，因此在实际通信中使用的一般是四相相对移相调制（DQPSK）。

图 3.14 OQPSK 的 I、Q 信道波形及相位路径

图 3.15 OQPSK 的相位关系

3.4.3 π/4-QPSK

1. 概述

π/4-QPSK 是在现代移动通信中使用较多的一种正交相移键控技术，它是在常规 QPSK 调制基础上发展起来的。它可以相干解调，也可以非相干解调。从最大相位跳变来看，它是 QPSK 和 OQPSK 的折中。它的相位跳变值是 $n\pi/4$（$n=\pm 1$ 或 ± 3），而 QPSK 是 π，OQPSK 是 $\pi/2$。因此，带限 π/4-QPSK 信号保持恒包络的性能比带限后的 QPSK 好，但比 OQPSK 更容易受包络变化的影响。π/4-QPSK 最大的优点是它能够非相干解调，这将大大简化接收机的设计工作。而且，在多径扩展和衰落的情况下，π/4-QPSK 的性能优于 OQPSK。π/4-QPSK 采用差分编码，以便在恢复载波中存在相位模糊时，实现差分检测或相干解调。π/4-QPSK 成功应用于美国的 IS-136 数字蜂窝系统、PACS 系统和日本的 PDC 系统。

为改进 QPSK 调制信号的频谱特性，把 QPSK 调制的 A、B 两种方式的矢量图合二为一，并且使载波相位只能从一种模式（A 或 B）向另一种模式（B 或 A）跳变，如图 3.16 所示。图 3.16 中"·"表示 QPSK 调制 A 方式的矢量图，"。"表示 QPSK 调制 B 方式的矢量图。矢量图中的箭头表示载波相位的跳变路径。显然，相位变化只有 $\pm\pi/4$ 和 $\pm 3\pi/4$ 四种状态，不存在相位为 π 的相位跳变。因此，相比于 QPSK 调制，π/4-QPSK 具有更好的频谱特性。

图 3.16 π/4-QPSK 调制的矢量图

2. 调制器

π/4-QPSK 调制器的硬件实现可用图 3.17 来表示。

输入比特流由串/并转换器分成两个并行比特流 m_I 和 m_Q，每一个码元速率等于输入比特率的一半。第 k 个同相和正交脉冲 I_k 和 Q_k 在时间 $kT \leq t \leq (k+1)T$ 内，在信号映射电路的输出端产生。信号映射的基本关系式为

$$I_k = I_{k-1}\cos\Delta\theta_k - Q_{k-1}\sin\Delta\theta_k \tag{3.12}$$

$$Q_k = I_{k-1}\sin\Delta\theta_k + Q_{k-1}\cos\Delta\theta_k \tag{3.13}$$

式中，$\Delta\theta_k$ 是输入双比特符号（$m_{I,k}$, $m_{Q,k}$）所对应的相移值，相移值的大小符合表 3.1 所示的规律，与图 3.16 相对应的是 QPSK 调制的 B 方式；I_k 和 Q_k 分别为双比特符号 $m_{I,k}$ 与 $m_{Q,k}$ 经映射逻辑变换后输出的同相和正交支路双比特符号；I_{k-1} 和 Q_{k-1} 分别为双比特符号 $m_{I,k-1}$ 和 $m_{Q,k-1}$ 经映射逻辑变换后输出的同相和正交支路双比特符号。

图 3.17 π/4-QPSK 调制器的硬件实现

在映射逻辑输出的数据流中，第 k 个同相正交双比特符号 I_k 和 Q_k 的合成相位用 θ_k 表示；第 $k-1$ 个同相正交双比特符号 I_{k-1} 和 Q_{k-1} 的合成相位用 θ_{k-1} 表示。

3. π/4-QPSK 解调

在移动通信中，由于接收信号的衰落和时变特性，相干解调性能变差。而差分检测不需要载波恢复，能实现快速同步，获得好的误码性能。因此差分解调在窄带 TDMA 和数字蜂窝系统中用得多。

π/4-QPSK 信号的解调包括基带差分检测、中频（IF）差分检测和 FM 鉴频器检测。基带和 IF 差分检测器先求出相差的余弦和正弦函数，再由此判断相应的相差。而 FM 鉴频器用非相干方式直接检测相差。尽管每种技术有各自实现的问题，但是仿真显示三种接收机结构有非常近似的误比特率性能。

（1）基带差分检测

π/4-QPSK 的基带差分检测器框图如图 3.18 所示。

图 3.18 π/4-QPSK 的基带差分检测器框图

输入的 π/4-QPSK 接收信号通过两个正交的本地振荡器信号进行混频，两个本地振荡器信号具有和发射载波相同的频率，但相位不一定相同。当存在相位差时，通过适当的解码算法可以消除相位差对判决的影响。

（2）中频差分检测

π/4-QPSK 的中频差分检测器框图如图 3.19 所示。

中频差分检测器使用延迟线和两个鉴相器，而不需要本地振荡器。接收到的射频信号先变频到中频，然后进行带通滤波。带通滤波器设计成与发送的脉冲波形匹配，因此载波相位保持不变，噪声功率降到最小。差分检测器输出端信号的带宽是发射端基带信号带宽的两倍。

图 3.19　π/4-QPSK 的中频差分检测器框图

(3) FM 鉴频器检测

采用 FM 鉴频检测器解调 π/4-QPSK 信号的框图如图 3.20 所示。

图 3.20　采用 FM 鉴频检测器解调 π/4-QPSK 信号的框图

输入信号先通过带通滤波器滤波，使其与发送信号匹配。滤波后的信号被硬限幅去除包络的波动。硬限幅保留了输入信号相位的变化，所以没有丢失信息。FM 鉴频器提取出接收信号瞬时频率的变化，并在每个码元周期内积分，可得到两个抽样时刻间的相差。该相差再通过一个四值门限比较器来检测，也可以通过模为 2π 的鉴相器检测。

3.4.4　正交振幅调制

在带宽有限的通信系统中，大容量信息必须通过高进制调制后进行传输。由图 3.21 所示 M 进制信号星座图可以直观地看出，此时如果单独使用幅度或相位携带信息，则信号星座点仅发生在一条直线或一个圆点上，不能够充分利用信号平面。基于这种考虑产生了幅度和相位相结合的调制技术——正交振幅调制（Quadrature Amplitude Modulation，QAM），它可以保证在最小欧式距离的前提下尽可能多地增加星座点数目。目前，矩形星座具有容易产生的特点，也利于使用在正交相关方式解调中，所以矩形星座的 QAM 信号在实际应用中占了绝大部分。

类似于其他数字调制方式，QAM 发射信号集可以用星座图方便的表示。星座图上每一个星座点对应发射信号集上的一个信号。设正交振幅调制的发射信号集的大小为 M，称之为 M-QAM。常见的 M 进制 QAM 信号星座图如图 3.21 所示。从欧式距离的角度看，图 3.21 所示的矩形星座并不一定是最好的 M 阶星座点分布，还有其他通信系统选择了不同的信号映射方式，如蜂窝形状。数字通信中数据常采用二进制编码表示，这种情况下星座点的个数一般是 2 的幂。常见的 QAM 形式有 16-QAM、64-QAM、256-QAM 等。星座点数越多，每个符号能传输的信息量就越大。但是，在星座图的平均能量保持不变的情况下，增加星座点会使星座点之间的距离变小，进而导致误码率上升。因此，高阶星座图的可靠性比低阶的要差。

一方面，从 QAM 调制实现过程看，QAM 信号可以看成是两路正交的多进制调幅信号之和。另一方面，图 3.21 中的 QAM 调制与 QPSK 调制完全相同。因此，也可以把 QAM 信号看成多层 QPSK 信号的线性组合。例如，一个 16-QAM 星座图可以看成由两层 QPSK 调制组成，第一层调制确定了星座点处于哪个象限，第二层调制再映射为该象限的四个星座点之一。

图 3.21　M 进制 QAM 信号星座图

当对数据传输速率的要求高于 8-PSK 提供的速率上限时，一般采用 QAM 的调制方式。因为 QAM 的星座点比 PSK 的星座点更分散，星座点之间的距离也更大，所以能提供更好的传输性能。由于 QAM 星座点的幅度不是完全相同的，从而它的解调器需要能同时正确检测相位和幅度，不像 PSK 解调只需要检测相位即可，这增加了 QAM 解调器的复杂性。

产生多进制 QAM 信号的数学模型如图 3.22 所示。图中 $x'(t)$ 由序列 $a_1, a_2, \cdots, a_k$ 组成，$y'(t)$ 由序列 $b_1, b_2, \cdots, b_k$ 组成，它们是两组互相独立的二进制数据，经 2/m 变换器变为 m 进制信号 $x(t)$ 和 $y(t)$，经正交调制组合后可形成 QAM 信号。

图 3.22　多进制 QAM 信号的数学模型

QAM 信号采取正交相干解调的方法解调，其数学模型如图 3.23 所示。解调器首先对收到的 QAM 信号进行正交相干解调。低通滤波器（LPF）滤除乘法器产生的高频分量。LPF 输出经抽样判决可恢复出 m 电平信号 $x(t)$ 和 $y(t)$。因为取值一般为 ± 1，± 3，$\cdots$，$\pm(m-1)$，所以判决电平应设在信号电平间隔的中点。根据多进制码元与二进制码元之间的关系，经 m/2 转换，可将电平信号 m 转换为二进制基带信号 $x'(t)$ 和 $y'(t)$。

图 3.23　QAM 信号采取正交相干解调方法解调的数学模型

3.5　恒包络调制技术

很多实际的移动无线通信系统都使用非线性调制方法，即无论调制信号如何变化，必须保证载波的振幅是恒定的。这就是恒包络调制。

恒包络调制能消除由于相位跃变带来的峰均功率比增加和频带扩展。它具有很多优点，例如：极低的旁瓣能量，可使用高效率的 C 类高功率放大器，容易恢复用于相干解调的载波，已调信号峰平比低。尽管恒包络有很多优点，但是它们占用的带宽比线性调制大，且实现相对复杂。

3.5.1　最小频移键控

1. 最小频移键控的概念

最小频移键控（MSK）是一种特殊的、改进的 2FSK 调制技术，它是调制指数为 0.5 的连续相位的频移键控。它具有正交信号的最小频差，在相邻符号的交界处保持连续。MSK 的调制原理如图 3.24 所示，为了抑制带外辐射，可以对 MSK 输入信号进行平滑处理，即增加一个预调制滤波器，并通过将不归零的二进制比特流直接送入调制指数为 0.5 的 FM 调制器产生 MSK 信号。

图 3.24　MSK 的调制原理

2. MSK 信号的时域表达式

MSK 信号可以表示为

$$S_{\text{MSK}}(t) = A\cos\left[\omega_c t + a_n\left(\frac{\pi}{2T_b}\right)t\right] \tag{3.14}$$

式中，ω_c 是载波中心，$\omega_c = 2\pi\dfrac{f_1+f_2}{2}$；$T_b$ 为数据码元宽度；a_n 是基带信号双极性 NRZ 码，$a_n = \pm 1$。

设 x_n 为第 n 个码元的初相位，则 MSK 信号的时域表达式的一般形式为

$$S_{\text{MSK}}(t) = A\cos\left[\omega_c t + a_n\left(\frac{\pi}{2T_b}\right)t + x_n\right] \quad (n-1)T_b \leqslant t \leqslant nT_b \tag{3.15}$$

令 $\theta_n(t) = a_n\left(\dfrac{\pi}{2T_b}\right)t + x_n$，称 $\theta_n(t)$ 为瞬时相偏（附加相位）。

MSK 是连续相位调制，即第 n 个码元结束时的相位等于第 n+1 个码元开始时的相位，但并非所有的 2FSK 都能满足此条件，而要满足就必须对初相 x_n 提出要求。要保证相位连续，其瞬时

相偏要满足：$t=nT_b$ 时刻，$\theta_{n-1}(nT_b)=\theta_n(nT_b)$ ［也可表示为 $\theta_n(nT_b)=\theta_{n+1}(nT_b)$］，它表示前一码元 a_{n-1} 在 $t=nT_b$ 时刻的载波相位与当前码元 a_n 在 nT_b 时刻的载波相位相等。即由

$$\theta_{n-1}(nT_b)=a_{n-1}\frac{\pi(nT_b)}{2T_b}+x_{n-1} \qquad (3.16)$$

$$\theta_n(nT_b)=a_n\frac{\pi(nT_b)}{2T_b}+x_n \qquad (3.17)$$

得 $x_n=x_{n-1}+\dfrac{n\pi}{2}(a_{n-1}-a_n)$，此式为初相位 x_n 的递推公式，进一步推导可得

$$x_n=\begin{cases} x_{n-1} & a_n=a_{n-1} \\ x_{n-1}\pm k\pi & a_n\neq a_{n-1} \end{cases} \qquad (3.18)$$

设 $x_0=0$，则 $x_n=0$ 或 $\pm\pi$。

3. MSK 的特点

1）恒包络。

2）调制指数为 0.5，在码元转换时刻，信号相位连续，但相位路径是折线（见图 3.25）。

例如：信息发射速率为 1000Baud，载波频率为 2000Hz，则 MSK 已调信号波形和相位轨迹如图 3.25 所示。

图 3.25 MSK 已调信号波形和相位轨迹图

3）MSK 功率谱更加紧凑，主瓣所占的频带宽度比 BPSK 信号窄（比 QPSK 信号的宽），在主瓣之外，功率谱旁瓣的下降也更加迅速（比 BPSK 和 QPSK 都快），所以适合于窄带信道中传输。另外，由于占用带宽窄，故 MSK 抗干扰性能优于 BPSK。

3.5.2　高斯滤波最小频移键控

MSK 的上述特点都是移动通信所希望的，但移动通信对信号带外辐射的限制更为严格，必须衰减 70~80dB，旁瓣衰减快可以减小邻道干扰，这样 MSK 信号仍不能满足要求，原因是旁瓣衰减还不够快（不够快的主要原因是 MSK 的相位路径是折线）。要改善这一点的一个方法是加高斯滤波器，即在 MSK 调制器前端加一个高斯滤波器就构成了 GMSK 调制。双极性 NRZ 矩形脉冲序列经高斯低通滤波器后，其信号波形得到平滑，再经过 MSK 调制，则 MSK 输出的相位路径就由折线变得平滑，其功率谱旁瓣衰减更快。泛欧 GSM 标准就采用的 GSMK 调制方式，这种恒包络技术在非线性移动通信信道中具有较好的性能，电源效率高。

1. 高斯滤波器的性能

GMSK 的原理如图 3.26 所示。

图 3.26　GMSK 原理

采用由 FM 构成的 GMSK 发射机框图如图 3.27 所示。将不归零信息比特流通过高斯低通滤波器后送入调制指数为 1/2 的频率调制器，频率调制器的输出信号就是 GMSK 已调制信号。

图 3.27　GMSK 发射机框图

为什么高斯滤波器会影响到已调信号的相位路径（轨迹），从而影响到旁瓣的衰减呢？对于矩形脉冲，由于它有拐角且陡峭的下降沿，在频域上会表现为高频分量，从而产生旁瓣，在频域上通过一个滤波器将高频分量去掉，会加快旁瓣的衰减，这种让矩形脉冲或冲激脉冲通过某种滤波器的过程，叫作脉冲成型技术。脉冲成型技术广泛地应用于数字调制技术中，（在前面的学习中未提到脉冲成型技术，主要是为了简化讨论）。用于脉冲成型的滤波器可分为两类，一类是升余弦滤波器，另一类是高斯滤波器。这两种滤波器是有区别的，升余弦滤波器是符合奈奎斯特定理，能消除 ISI（PSK、QPSK 中应用），而高斯滤波器不符合奈奎斯特定理，会引起 ISI。从时域上看，由于高斯滤波器滤除了高频分量，那么必然对原来的时域信号产生影响，这种影响就是使脉冲信号的边沿变圆和展宽，从而引起 ISI。

在 GMSK 中，高斯低通滤波器必须满足下列要求：

1）带宽窄，具有尖锐的过滤带，抑制高频分量。
2）具有较低的峰突冲激响应，防止瞬时频率偏移过大。
3）能保持输出脉冲的面积，利于进行相干检测。

2. 高斯滤波器的设计

高斯滤波器的冲激响应为

$$h_G(t) = \frac{\pi}{\alpha} e^{-\frac{\pi^2}{\alpha^2}t^2} \tag{3.19}$$

传递函数为

$$H_G(f) = e^{-\alpha^2 f^2} \tag{3.20}$$

参数 α 与高斯滤波器的 3dB 带宽 B_b 有关，即

$$\alpha = \frac{\sqrt{\ln 2}}{\sqrt{2} B} = \frac{0.5887}{B_b} \qquad (3.21)$$

式中，B_b 对码元速率 f_b 归一化的值称为归一化 3dB 带宽，它是高斯滤波器的重要参数。归一化 3dB 带宽的取值将影响到已调制信号的性能，工程设计中应慎重选择。

高斯滤波器对单个宽度为 T_b 的矩形脉冲响应为

$$g(t) = Q\left[\frac{2\pi B_b}{\sqrt{\ln 2}}\left(t - \frac{T_b}{2}\right)\right] - Q\left[\frac{2\pi B_b}{\sqrt{\ln 2}}\left(t + \frac{T_b}{2}\right)\right] \qquad (3.22)$$

这就是 GMSK 信号的基带波形。式中

$$Q(t) = \int_t^\infty \frac{1}{\sqrt{2\pi}} e^{-\frac{\tau^2}{2}} d\tau \qquad (3.23)$$

可见，高斯滤波器可由归一化 3dB 带宽 $B_b T_b$ 完全定义。习惯上，用 $B_b T_b$ 来定义 GMSK。GMSK 的 $B_b T_b$ 越小，旁瓣衰减越快，但会增加误码率，这是由于低通滤波器引发的码间干扰也越大。所以往往从频谱利用率和误码率双方考虑 $B_b T_b$ 应折中选择。GSM 系统中归一化 3dB 带宽的取值一般为 $B_b T_b = 0.3$。

归一化 3dB 带宽的值还会影响基带波形 $g(t)$ 的形状，如图 3.28 所示，也就影响到已调制信号相位变化的规律和频谱特性。

图 3.28 GMSK 信号的基带波形

3. GMSK 信号的功率谱

GMSK 信号的功率谱如图 3.29 所示。可以看出，随着归一化 3dB 带宽 $B_b T_b$ 的增加，信号的带外辐射增加，$B_b T_b$ 趋于无限大时，与 MSK 信号的功率谱相同；随着归一化 3dB 带宽 $B_b T_b$ 的减少，信号的带外辐射减少，$B_b T_b = 0.2$ 时，与 TFM 信号的功率谱相近。

4. GMSK 的优点

1）恒包络。
2）旁瓣衰减快，频谱效率高。
3）适合非线性放大。

图 3.29　GMSK 信号的功率谱

3.6　扩频调制技术

3.6.1　扩频调制技术概述

目前所研究的调制和解调技术都是争取在静态加性高斯白噪声信道中有更高的功率效率和宽带效率，因此，所有调制方案主要设计的立足点就在于如何减少传输带宽，即传输带宽最小化。但是带宽是一个有限的资源，随着窄带化调制接近极限，最后只能压缩信息本身的带宽了。而扩频调制技术正好相反，它所采用的带宽比最小信道传输带宽要大好几个数量级，所以该调制技术就向着宽带调制技术发展，即以信道带宽来换取信噪比的改善。扩频调制系统对于单用户来说很不经济，但是在多用户接入环境当中，它可以保证多用户同时通话时相互之间不会干扰。

扩展频谱（简称扩频）的精确定义为：扩频（Spread Spectrum）一般是指用比信号带宽宽得多的频带宽度来传输信息的技术。频带的扩展由独立于信息的码来实现，在接收端用同步接收技术实现解扩和数据恢复。这样的技术就称为扩频调制，而传输这样信号的系统就为扩频系统。

目前，最基本的扩宽频谱的方法有以下两种：

1）直接序列扩频（DS-SS），简称直接扩频：采用比特率非常高的数字编码的随机序列去调制载波，使信号带宽远大于原始信号带宽。

2）跳频扩频（FH-SS），简称跳频：采用较低速率编码序列的指令去控制载波的中心频率，使其离散地在一个给定频带内跳变，形成一个宽带的离散频率谱。

扩频调制系统的抗干扰性能非常好，特别适合于无线移动环境中应用。扩频系统有以下优点：

1) 抗干扰能力强，特别是抗窄带干扰能力。
2) 可检性低（Low Probability of Intercept，LPI），不容易被侦破。
3) 具有多址能力，易于实现码分多址（CDMA）技术。
4) 可抗多径干扰。
5) 可抗频率选择性衰落。
6) 频谱利用率高，容量大（可有效利用纠错技术、正交波形编码技术、语音激活技术等）。
7) 具有测距能力。

3.6.2 PN 码序列

扩频通信中，扩频码常采用伪随机序列。伪噪声序列（PN）或伪随机序列是一种自相关的二进制序列，在一段周期内其自相似性类似于伪随机二进制序列，它的特性与白噪声的自相关特性相似。

PN 码的码型将影响码序列的相关性，序列的码元（码片）长度将决定扩展频谱的宽度。所以 PN 码的设计直接影响扩频系统的性能。在直接序列扩频任意选址的通信系统当中，对 PN 码有如下要求：

1) N 码的比特率应能够满足扩频带宽的需要。
2) PN 码的自相关性要大，且互相关性要小。
3) PN 码应具有近似噪声的频谱性质，即接近连续谱，且均匀分布。

PN 码通常是通过序列逻辑电路得到的。通常应用当中的 PN 码有 m 序列、Gold 序列等多种伪随机序列。在移动通信的数字信令格式中，PN 码常被用作帧同步编码序列，利用相关峰来启动帧同步脉冲以实现帧同步。

3.6.3 直接序列扩频

直接序列扩频（DS-SS）系统也称为直接扩频系统，或称为伪噪声系统，记作 DS 系统。它通过将伪噪声序列直接与基带脉冲数据相乘来扩展基带数据，其伪噪声序列由伪噪声生成器产生。PN 波形的一个脉冲或符号称为"码片"。图 3.30 给出了使用二进制相移调制的 DS 系统的功能框图。这是一个普遍使用的直接序列扩频方法。同步数据符号位有可能是信息位，也有可能是二进制编码符号位。在相位调制前以模 2 加的方式形成码片。接收端则可能会采用相干或者非相干的 PSK 解调器。

单用户扩频信号可以表示为

$$S_{ss}(t) = \sqrt{\frac{2E_s}{T_s}} m(t) p(t) \cos(2\pi f_c t + \theta) \tag{3.24}$$

式中，$m(t)$ 为数据序列；$p(t)$ 为 PN 码序列；f_c 为载波频率；θ 为载波初始相位。

a) 发射机

图 3.30 二进制相移调制的 DS 系统的功能框图

```
         IF接收      ┌─────────┐      ⊗      ┌──────────────┐
         DS-SS信号──→│IF宽带滤波器│─────┼─────→│相干相移键控或 │──→
                    └─────────┘      │      │差分相移键控解调器│
                                     │      └──────┬───────┘
                                 IF窄带信号         │
                                   S_L(t)   ┌──────┴───┐
                                     │      │ 同步系统 │
                                ┌────┴────┐ └──────┬───┘
                                │PN码产生器│────────┘
                                └─────────┘
```

b) 接收机

图 3.30 二进制相移调制的 DS 系统的功能框图（续）

数据波形是一串在时间序列上非重叠的矩形波形，每个波形的幅度等于+1 或−1。在 $m(t)$ 中，每个符号代表一个数据符号且其持续周期为 T_s。PN 码序列 $p(t)$ 中每个脉冲代表一个码片，通常也是幅度等于+1 或−1、持续周期为 T_c 的矩形波，T_s/T_c 是一个整数。若扩频信号 $S_{ss}(t)$ 的带宽是 W_{ss}，$m(t)\cos(2\pi f_c t)$ 的带宽是 B，由于 $p(t)$ 扩频，则 $W_{ss} \gg B$。

对于图 3.30b 中的 DS 接收机，假设接收机已经达到了码元同步，接收到的信号通过宽带滤波器，然后与本地的 PN 序列 $p(t)$ 相乘。如果 $p(t)=+1$ 或−1，则 $p^2(t)=1$，这样经过乘法运算得到中频解扩频信号

$$S_L(t) = \sqrt{\frac{2E_s}{T_s}} m(t) \cos(2\pi f_c t + \theta) \tag{3.25}$$

把这个信号作为进入解调器的输入端。因为 $S_L(t)$ 是 BPSK 信号，相应地通过相关的解调信就可以提取出原始的数据信号 $m(t)$。

3.6.4 跳频扩频

跳频涉及射频的一个周期性的改变。一个跳频信号可以视为一系列调制数据突发，它具有时变、伪随机的载频。如果将载频置于一个固定的频率上，那么这个系统就是一个普通的数字调制系统，其射频为一个窄带谱。跳频是指用一定码序列进行选择的多频率频移键控。也就是说，用扩频码序列去进行频移键控调制，使载波频率不断地跳变。跳频系统有几个、几十个甚至上千个频率，由所传信息与扩频码的组合去进行选择控制，不断跳变。所有可能的载波频率的集合称为跳频集。

发射机的振荡频率在很宽的频率范围内不断地变换，在接收端必须以同样的伪码设置本地频率合成器，使其与发送端的频率做相同的改变，即收发必须同步，才能保证通信的建立。所以，解决同步和定时是实际跳频系统的一个关键问题。

如果每次跳频只使用一个载波频率（单信道），数字数据调制就称为单信道调制。图 3.31 给出了一个单信道的 FH-SS 系统。跳频之间的持续时间称为跳频持续时间或跳频周期，用 T_h 表示，若跳频总带宽和基带信号带宽由 W_{ss} 和 B 表示，则处理增益为 W_{ss}/B。

如果跳频序列能被接收机产生并且和接收信号同步，则可以得到固定的差频信号，然后再进入传统的接收机当中。在 FH-SS 系统当中，一旦一个没有预测到的信号占据了跳频信道，就会在该信道中带入干扰和噪声并因此而进入解调器。这就是在相同的时间和相同的信道上与没有预测到的信号发生冲突的原因。

跳频可分为快和慢两种。如果一次发射信号周期间有不止一个频率跳跃，则为快跳频，快跳频意味着跳频速率大于或等于信息速率。如果在频率跳跃的时间间隔中有一个或多个信号发射，则为慢跳频。

图 3.31　单信道的 FH-SS 系统框图

如果采用二进制 FSK，则一对可能的瞬时频率每次跳频时都要发生变动。一个信号发射时所占据的频率信道称为发射信道。另一个信号发射时所占据的信道称为互补信道。FH-SS 系统的跳频速率取决于接收机合成器的频率灵敏性、发射信息的类型、抗碰撞的编码冗余度，以及与最近的潜在干扰的距离。

由于跳频系统对载波的调制方式并无限制，并且能与现有的模拟调制兼容，所以在军用短波和超短波电台中得到了广泛的应用。移动通信中采用跳频调制系统虽然不能完全避免"远近效应"带来的干扰，但是能大大减少它的影响，这是因为跳频系统的载波频率是随机改变的。

除以上提到的两大基本系统，还有一种跳时扩频（TH-SS）系统，与跳频类似，不过跳时是指使发射信号在时间轴上跳变。跳时系统中将时间轴分成许多时片，在一帧内哪个时片发射信号由扩频码序列进行控制，因此，也可以把跳时理解为用一定码序列进行选择的多时片的时移键控。由于简单的跳时抗干扰性不强，故很少单独使用，通常与其他方法结合使用。

在上述几种扩频方式的基础上，可以将它们组合起来，构成各种混合方式，虽然在技术上要复杂一些，实现起来较困难，但是不同方式结合起来能得到只用一种方式得不到的特性。

思考与练习题

1. 信源编码和信道编码的目的分别是什么？
2. 语音编码可分为哪三类？各类语音编码具有哪些特点？
3. 简述移动通信中对语音编码的要求。
4. 信道编码分为哪几类？
5. 什么是码距和码重？
6. 分组码和卷积码有何区别？
7. 采用交织编码的目的是什么？它与分组码有何区别？

8. 什么是调制？移动通信对数字调制有哪些要求？
9. QPSK 和 OQPSK 的最大相位变化量分别是多少？各有哪些优缺点？
10. QPSK、OQPSK 和 π/4-QPSK 调制的星座图和相位转移图有什么异同之处？
11. QAM 是什么调制？它与 PSK 调制方式有何区别？
12. 画出一个产生 GMSK 信号的 GMSK 调制器的框图。
13. 分析 GMSK 调制时高斯滤波器的带宽对于信号频谱形状的影响。当 $B_b T_b$ 值分别为 0.2、0.5 和 1 时，画出信号的频谱形状。
14. GMSK 与 MSK 信号相比，其频谱特性得以改善的原因是什么？
15. 在 GMSK 中，高斯低通滤波器必须满足哪些要求？
16. 什么是扩频调制技术？扩频调制的目的是什么？
17. PN 序列的哪些特点使它具有类似噪声的性质？
18. 画图说明直接序列扩频和解扩的原理。
19. 画图说明跳频扩频和解扩的原理。
20. 慢跳频和快跳频有何不同？
21. 简述直接序列扩频和跳频的优缺点。

第 4 章

抗信道衰落技术

移动通信中,由于电波的反射、散射和绕射等,发射机和接收机之间存在多条传播路径,并且每条路径的传播时延和衰耗因子都是时变的,这样就造成了接收信号的衰落。衰落可分为平坦衰落、选择性衰落、快衰落和慢衰落。由于多径衰落和多普勒频移的影响,移动无线信道极其易变,在不断变化的外在环境下,要能够透过现象看到本质,分析影响信号质量的主要因素,得出结论后再分析其他影响因素,逐步培养学生的思考能力及分析能力,进而提升解决问题的能力。移动通信系统采用抗衰落技术来改进恶劣的无线电传播环境中的链路性能。其中,分集合并技术利用各个天线接收信号,并充分发挥各自最大贡献对抗衰落,这体现了"团结就是力量"的团队精神。除此之外,移动通信中还运用到均衡技术、智能天线技术等抗衰落技术,为改善接收信号质量保驾护航。

4.1 抗衰落技术概况

衰落是影响通信质量的主要因素。快衰落的深度可达 30~40dB,通过加大发射功率来克服快衰落不仅不现实,而且会造成对其他电台的干扰。因此人们利用各种信号处理的方法来对抗衰落,分集技术和均衡技术就是用来克服衰落、改善接收信号质量的,它们既可单独使用,也可以组合使用。

分集接收是抗衰落的一种有效措施。CDMA 系统采用路径分集技术(又称 Rake 接收),TDMA 系统采用自适应均衡技术,各种移动通信系统采用不同的纠错编码技术、自动功率控制技术等,都能起到抗衰落作用,提高通信的可靠性。

均衡是信道的逆滤波,用于消除由多径效应引起的码间干扰(即符号间干扰)。如前所述,如果调制信号带宽超过了无线信道的相干带宽,就会产生码间干扰,并且调制信号会展宽。而接收机内的均衡器可以对信道中的幅度和延迟进行补偿。均衡可分为两类:线性均衡和非线性均衡。均衡器的结构可采用横向或格型等结构。由于无线衰落信道是随机的、时变的,故需要研究均衡自适应地跟踪信道的时变特性。

分集和均衡技术都被用于改进无线链路的性能,提高系统数据传输的可靠性。但是在实际的无线通信系统中,每种技术在实现方法、所需费用和实现效率等方面具有很大的不同,在不同的场合需要采用不同的技术或技术组合。

4.2 分集技术及应用

4.2.1 分集原理

分集技术是一项典型的抗衰落技术。它可以用较低的成本大大提高多径衰

4.1 分集技术

落信道下的传输可靠性。与均衡不同，分集技术不需要训练序列，因而发送端不需要发送训练码，从而节省开销。分集技术的应用非常广泛。

分集技术主要研究如何利用无线传播环境中相互独立的（或至少是高度不相关的）多径信号来改善系统性能的方法。这些多径信号在结构上和统计特性上具有不同的特点，对这些信号进行区分，并按一定规律和原则进行集合与合并处理，可实现抗衰落。

分集的基本思想是：一条无线传播路径中的信号经历了深度衰落，而其他相对独立的路径中仍可能含着较强的信号，因此可以在多径信号中选择多个信号，通过在接收端进行适当地合并来提高接收端的瞬时信噪比和平均信噪比，通常可以提高 20~30dB。

分集的必要条件是在接收端必须能够接收到承载同一信息内容且在统计上相互独立的若干个不同的样值信号，这若干个不同样值信号可以通过不同的方式获得，如空间、频率、时间等。分集主要是指如何有效地区分可接收的含同一信息内容但统计独立的不同样值信号。分集的充分条件是如何将可获得的含有同一信息内容但统计上独立的不同样值加以有效且可靠的利用，它是指分集中的集合与合并。

4.2.2 分集的分类

移动通信系统中，从分集的区域划分，分集方式分为宏分集和微分集两类。

1. 宏分集

宏分集（也称为多基站分集）用于蜂窝通信系统中，是一种减小慢衰落影响的分集技术。宏分集把多个基站设置在不同的地理位置上（如蜂窝小区的对角），并使其在不同的方向上。小区内的某个移动台与这些基站同时进行通信（或者选用信号最好的一个基站进行通信）。只要各个方向上的信号传播不是同时受到阴影效应或地形的影响而出现严重的慢衰落，宏分集就能保持通信不会中断。

2. 微分集

微分集是一种减小快衰落影响的分集技术，是各种无线通信系统经常使用的方法。为了达到信号之间的不相关，可以从空间、频率、时间、极化、角度等方面实现这种不相关性。因此，微分集可以分为空间分集（天线分集）、频率分集、时间分集、极化分集、角度分集等，其中前三种方式最常用，这种分集主要克服小尺度衰落。

（1）空间分集

空间分集的基础是快衰落的空间独立性，即在任意两个不同的位置上接收同一个信号，只要两个位置的距离大到一定程度，则两个位置上所收信号的衰落就是不相关的。空间分集的原理如图 4.1 所示，发射端采用一副发射天线，接收机至少需要两副相隔距离为 d 的天线。接收端天线之间的距离 d 应足够大，以保证各接收天线输出信号的衰落特性是相互独立的。间隔距离 d 与工作波长、地物及天线高度有关。在移动信道中，通常取：市区 $d=0.5\lambda$，郊区 $d=0.8\lambda$（λ 为波长）。对于空间分集而言，分集的支路数 M 越大，分集效果越好。但当 M 较大（$M>3$）时，分集的复杂度增加，分集增益的增加随着 M 的增大而变得缓慢。

（2）频率分集

频率间隔大于相关带宽的两个信号所遭受的衰落可以认为是不相关的。因此，可以用两个以上不同的频率传输同一信息，以实现频率分集。

频率分集需要用两部以上的发射机同时发送同一信号，并用两部以上的独立接收机来接收信号。与空间分集相比，频率分集使用的天线数目减少了，但频率分集不仅使设备更复杂，而且在频谱利用方面也很不经济。

图 4.1 空间分集的原理

（3）时间分集

时间分集是让同一信号在不同的时间区间多次重发，只要各次发送的时间间隔足够大，那么各次发送信号所出现的衰落将是彼此独立的。因此，接收机将重复收到的同一信号进行合并，就能减小衰落的影响。

时间分集有利于克服移动信道中由多普勒效应引起的信号衰落，主要用于数字信号在衰落信道中的传输。特别注意的是：当移动台处于静止状态时，时间分集不能减小由多普勒效应引起的信号衰落。

（4）极化分集

当天线架设的场地受到限制，空间分集不易保证空间衰落独立时，可以采用极化分集替代或改进。在无线信道传输过程中，单一极化的发射电波由于传播媒质的作用会形成两个彼此正交的极化波，这两个不同极化的电磁波具有独立的衰落特性，因而发送端和接收端可以用两个位置很近、极化方式不同的天线分别发送和接收信号，以获得分集效果。极化分集可以看作空间分集的一种特殊情况，它也需要两副天线，仅仅是利用了不同极化波具有不相关的衰落特性而缩短了天线间的距离而已。这种分集方式的优点是结构比较紧凑，节省空间；缺点是由于发射功率分配到两副天线上，信号功率将有 3dB 的损失。一般来讲，极化分集的效果不如空间分集。

（5）角度分集

角度分集的原理是使电波通过几个不同路径、以不同角度到达接收端，接收端利用多个方向性尖锐的接收天线将来自不同方向的信号分量进行分离。

由于不同方向来的信号分量具有互相独立的衰落特性，所以可以实现角度分集并获得抗衰落的效果。

（6）场分集

由电磁场理论可知，当电磁波传输时，电场 E 总是伴随着磁场 H，且和 H 携带相同的信息。若把衰落情况不同的 E 和 H 的能量加以利用，得到的就是场分集。场分集不需要把两根天线从空间分开，天线的尺寸也基本保持不变，对带宽无影响，但要求两根天线分别接 E 和 H。适用于较低工作频段（例如低于 100MHz）。当工作频率较高时（800～900MHz），空间分集在结构上更容易实现。

4.2.3 分集的合并方式及性能

接收端收到 $M(M \geq 2)$ 个分集信号后，如何利用这些信号以减小衰落的影响，这就是合并问题。一般均使用线性合并器，把输入的 M 个独立衰落信号相加后合并输出。

假设 M 个输入信号电压为 $r_1(t)$，$r_2(t)$，$\cdots$，$r_M(t)$，则合并器输出电压 $r(t)$ 为

$$r(t) = a_1 r_1(t) + a_2 r_2(t) + \cdots + a_M r_M(t) = \sum_{k=1}^{M} a_k r_k(t) \tag{4.1}$$

式中，a_k 为第 k 个信号的加权系数。

合并技术通常应用在空间分集中。分集信号的合并是指接收端收到多个独立衰落的信号后如何合并的问题。

1. 合并方式

选择不同的加权系数，构成不同的合并方式。常用的合并方式有选择合并、最大比合并、等增益合并。

（1）选择合并

选择合并（Selection Combining，SC）就是将天线接收的多路信号加以比较之后选取最高信噪比的分支。这种方式实际上并非是合并，而是从中选择信号质量最好的一个输出，因此又称为选择分集或开关分集。在选择合并器中，加权系数只有一项为 1，其余均为 0。选择合并的实现最为简单，其原理如图 4.2 所示。

图 4.2 选择合并的原理

选择合并有检测前合并与检测后合并两种方式，如图 4.3 所示。若使用检测前合并方式，则选择在天线输出端进行，从 M 个天线输出中选择一个最好的信号，再经过一部接收机就可以得到合并后的基带信号。

图 4.3 检测前与检测后合并方式

（2）最大比合并

最大比合并（Maximal Ratio Combining，MRC）是最佳的分集合并方式，因为它能得到最大的输出信噪比。最大比合并的原理如图 4.4 所示。M 个分集支路经过相位调整，保证各路信号在叠加时是同相位的。然后按适当的增益系数同相相加（检测前合并），再送入检测器。最大比合并的实现比其他的合并方式更困难，因为此时要利用每一支路的信号，而且要给予不同的加权，使合并输出的信噪比最大。M 路信号进行加权的权重是由各支路的有用信号功率与噪声功率的比值所决定的。

图 4.4 最大比合并的原理

最大比合并的输出信噪比等于各支路的信噪比之和。所以，即使当各路信号都很差，以至于没有一路信号可以被单独解出时，最大比合并算法仍有可能合成一个达到信噪比要求的、可以被还原的信号。在所有已知的线性分集合并方法中，这种方法的抗衰落统计特性最佳。

（3）等增益合并

等增益合并（Equal Gain Combining，EGC）就是使各路信号同相后等增益相加作为合并后的信号，它与最大比合并类似，只是加权系数设置为 1。等增益合并的原理如图 4.5 所示。等增益合并是目前使用比较广泛的一种合并方式，因为其抗衰落性能接近最大比合并，而实现又比较简单。在某些情况下，对真实的最大比组合提供可变化的加权系数是不方便的，所以将加权系数均设为 1，简化了设备，也保持了从一组不可接收的输入信号产生一个可接收的输出信号的可能性。等增益合并的性能比最大比合并稍差，但优于选择合并。

图 4.5 等增益合并的原理

等增益合并适合在两路信号电平接近时工作，此时可以获得约 3dB 的增益。但是它不适合在两路信号相差悬殊时工作，因为此时信号弱的那一路也将被充分放大后参与合并，这将会使总输出信噪比下降。需要注意的是：等增益合并必须在中频进行，因为若是在低频合并，会由于各路解调器的增益不是常数而无法保证等增益合并。

最大比合并和等增益合并，可以采用图 4.6 所示的电路来实现同相相加。另外还可以在发射信号中插入导频，在接收端通过提取导频的相位信息实现同相相加。

2. 三种合并方式的性能比较

三种合并方式的增益比较如图 4.7 所示。从图中可以看出，三种分集合并方式较无分集对系统的性能上都有不同程度的改善，其中，分集增益随分集支路数的增加呈线性递增，但是当支路数大于 5 后，分集增长缓慢，趋于门限值，这是因为随着支路数的增加，分集的复杂性也跟着增加。另外，从图中还可以看出，最大比合并是合并的最优方式，当 M 较大时，等增益合并仅比最大比合并差 1.05dB。这样，接收机仍可以利用同时收到的各路信号，并且接收机从大量不能够解调出来的信号中合成出一个可解调信号的概率仍很大，其性能只比最大比合并差一些，但比选择合并要好很多。

图 4.6　同相调整电路

a) 采用可变相移器的同相调整电路　　b) 采用可变频率本地振荡器的同相调整电路

图 4.7　三种合并方式的增益比较

4.2.4　Rake 接收机

通常接收的多径信号时延差很小且是随机的，叠加后的多径信号一般很难分离。所以，在一般的分集中，需要建立多个独立路径信号，在接收端按最佳合并准则进行接收。而多径分集是通过发送端的特定信号设计来达到接收端接收多径信号的分离。下面要介绍的 Rake 接收技术就是一种典型的多径分集接收技术。

1. Rake 接收机的工作原理

Rake 的概念是 1958 年由 R. Price 和 P. E. Green 在《多径信道中的一种通信技术》中提出的。Rake 接收技术是第三代 CDMA 移动通信系统中的一项重要技术。在 CDMA 移动通信系统中，由于信号带宽较宽，存在着复杂的多径无线电信号，通信受到多径衰落的影响。Rake 接收机的原理就是使用相关接收机组，对每个路径使用一个相关接收机，各相关接收机与同一期望（被接收的）信号的一个延迟形式（即期望信号的多径分量之一）相关，然后这些相关接收机的输出（称为耙齿输出）根据它们的相对强度进行加权，并把加权后的各路输出相加，合成一个输出。加权系数的选择原则是输出信噪比要最大。由于这种接收机收集的是多条路径上的信号，有点像用"耙子"把一堆零乱的草集拢到一起,其作用与农用多齿草耙(Rake)的作用相似,故称为 Rake 接收机。

与一般的分集技术把多径信号作为干扰来处理不同,Rake 接收机不是减弱或削弱多径信号,而是充分利用多径信号来增强信号。Rake 接收机利用多个并行相关器检测多径信号,按照一定的准则合成一路信号供解调器解调。

Rake 接收机的原理如图 4.8 所示,假定有 L 个相关器,每个相关器与其中一个多径分量强相关,而与其他多径分量弱相关,各个相关器的输出经过加权后同相相加,总的输出信号为

$$y(t) = \sum_{i=1}^{L} z_i(t) w_i(t) \tag{4.2}$$

加权系数由相应多径信号能量在总能量中所占比例决定

$$w_i = z_i^2(t) / \sum_{i=1}^{L} z_i^2(t) \tag{4.3}$$

图 4.8 Rake 接收机的原理

由式(4.3)可知,加权系数是自适应调节的。当某个相关器被衰落影响而输出能量减小时,对应的加权系数取小,对总输出的作用减小,从而克服了多径衰落的影响,提高了系统的信噪比性能,减小了误码率。但需要注意的是,Rake 接收机需要对多径分量的时延和损耗进行估计,这在时变的衰落信道下是不易实现的,因此实际的 Rake 接收机性能将有所下降。Rake 接收机实际上是利用了多径信号在时间上的分集来进行相关接收的。这个处理方法可以与天线分集联合起来使用,以进一步提高扩频系统的性能。

2. Rake 接收机的工程实现

在 IS-95 CDMA 系统中,Rake 多径分集接收是这样的:在基站处,每一个反向信道都有四个数字解调器,这样每个基站都可以同时解调四路多径信号,并进行矢量合并,通过这样恢复出的信号比任何一路信号都要好。在手机里,有三个数字解调单元、一个搜索单元,这样手机也能同时解调三路多径信号并进行矢量合并。

4.2.5 分集技术的应用

中国联通东营分公司的 GSM 系统中,S8000 型的基站设备采用了极化分集、空间分集等多种显分集和隐分集技术。经实际应用与测试证明,在基站间距较小、高楼林立的市区,若安装环境较差,可采用体积较小的极化分集天线,它可以获得与空间分集同样甚至更好的效果;而在开阔的郊区及农村,则应采用增益较高的空间分集天线。

例如:假设天线 1 为主集天线,同时作为 TX1 和 TX2 两个载频的发射天线;天线 2 为分集天线,同时作为 TX3 和 TX4 两个载频的发射天线。射频模块包括三部分:一是双工器,为接收频带和发射频带分别提供通道,从而使同一根天线既可接收信号又可发射信号,互不干扰;二是

低噪声放大器,其主要作用是把天线接收到的信号进行放大;三是合路器,它是把两个或更多个 TX 信号合到一起用一根天线发射出去。另外,还需要分离器,分离器的作用是把同一根天线接收到的不同频率的信号进行分离。这样,主集、分集两根天线分别接收的四个频率的信号,经过主集、分集两个分离器分别分离,然后分别送到各个接收机(RX1、RX2、RX3、RX4),每个接收机比较来自主集天线和分集天线的两路信号,选择较好的一路送回基站控制器(BSC),直至交换机。

4.3 均衡技术及应用

4.3.1 均衡原理

在数字移动通信中,为提高频率利用率和业务性能,满足各种非话音业务的高可靠性无线传输,需要高速移动无线数字信号传输技术。而在采用时分多址的这种高速数字移动通信中,由于多径传播,不仅产生瑞利衰落,而且产生频率选择性衰落,造成接收信号既有单纯电平波动,又伴随有波形失真产生,影响接收质量,且传输速率越高,多径传播所引起的码间干扰越严重。码间干扰被认为是在移动无线信道中传输高速率数据时的主要障碍。单纯电平波动可用自动增益控制电路加以抑制,而波形失真引起的传播特性恶化,则需要用均衡器来解决。均衡技术就是指各种用来处理码间干扰(ISI)的算法和实现方法。

均衡的基本原理如图 4.9 所示。设信道冲击响应序列 $\{f_n\}$ 的 Z 变换是 $F(z)$,输入到信道的序列为 $\{I_k\}$,均衡器的冲击响应序列 $\{C_n\}$ 的 Z 变换是 $C(z)$,均衡器的输出序列为 $\{\hat{I}_k\}$。采用均衡技术的目的是根据信道的特性 $F(z)$,按照某种最佳准则来设计均衡器的特性 $C(z)$,使得 $\{I_k\}$ 与 $\{\hat{I}_k\}$ 之间达到最佳匹配。

图 4.9 均衡的基本原理

4.3.2 均衡的分类

从广义上讲,均衡可以指任何用来削弱码间干扰的信号处理操作。在无线信道中,可以用各种各样的均衡技术。下面就对均衡器的分类进行介绍。

均衡器按技术类型可以分为两类:线性均衡和非线性均衡。两类均衡器的差别主要在于均衡器的输出是否用于反馈控制。通常信号经过接收机判决后,输出决定信号的数字逻辑值。如果逻辑值没有被用于均衡器的反馈逻辑中,那么均衡器是线性的;反之,如果该逻辑值被应用于反馈逻辑中并且帮助改变了均衡器的后续输出,那么均衡器是非线性的。线性均衡器实现简单,然而与非线性均衡器相比,噪声增强现象严重。在非线性均衡器中,判决反馈均衡器是最常见的,因为其实现简单,而且通常性能良好;然而在低信噪比时,引起错误传播现象,导致性能降低。最佳的均衡技术是最大似然序列估计(MLSE),但 MLSE 的复杂度随着信道的时延扩展长度呈指数增加,因此在多数信道中不实用;然而,MLSE 的性能经常作为其他均衡技术的性能上界。

均衡器按结构划分为横向或格型结构。横向结构是具有($N-1$)个延迟单元、N 个可调谐的抽头权重因子。格型滤波器与横向滤波器相比复杂度较高,但其数值稳定性高、收敛性好,滤波器长度变化灵活。

均衡器按其所处位置可分为两类：预均衡与均衡。均衡器通常都放在接收端，而预均衡器放在发射端。预均衡的优点是可以采用简单的算法实现性能良好的均衡，避免了噪声增强，而且降低了接收机的复杂度，但是它需要上行和下行信息具有互易性。互易性就是指在同一频率上传输的上行或下行数据遭受相同的衰落和相位旋转。预均衡器可用在时分双工系统中。

均衡器按检测级别可分为码片均衡器、符号均衡器和序列均衡器三类。码片均衡器是在码片级进行均衡，它是提高 CDMA 系统性能的一种特别的均衡器，它只能采用线性均衡，因为在码片级无法进行判决；符号均衡器是逐个符号进行判决，然后去除每个符号的码间干扰（ISI）；序列均衡器进行符号序列检测判决，然后去除码间干扰，最大似然序列估计是序列检测的最佳形式。

均衡器按其频谱效率可分为三类：盲均衡（Blind Equalization，BE）、基于训练序列的均衡和半盲均衡。盲均衡不需要训练序列，因此其频谱利用率高，但是收敛速率慢，目前在实际中难以较好地应用。基于训练序列的均衡器是指在发射端发送训练序列，在接收端根据此训练序列对均衡器进行调整，通常又将基于训练序列的均衡称为自适应均衡，它在实际中得到了很好的应用。半盲均衡频谱效率介于盲均衡与自适应均衡之间。

当然，均衡器还有其他的分类方式，这里就不一一列举了。下面主要介绍线性均衡、非线性均衡及自适应均衡技术。

4.3.3 线性均衡技术

线性均衡器可由有限冲激响应（FIR）滤波器（又称为横向滤波器）实现。这种滤波器在可用的类型中是最简单的，称为线性横向均衡器，它的基本结构如图 4.10 所示。图中，输入信号的将来值、当前值及过去值，均被均衡器时变抽头系数进行线性加权求和后得到输出，然后根据输出值和理想值之间的差别按照一定的自适应算法调整滤波器抽头系数。

图 4.10 线性横向均衡器的基本结构

均衡器通常在数字域中实现，其采样信号被存储于移动寄存器中。对于模拟信号，均衡器输出的连续信号波形将以符号速率被采样，并送至判决器。图 4.10 中，c_n^* 表示滤波器的系数（或权重）为复数，$\hat{d}_k$ 是 k 时刻的输出，y_i 是 t_0+iT 时刻收到的输入信号（其中，t_0 是均衡器的初始工作时间），滤波器阶数 $N=N_1+N_2+1$。

线性横向均衡器最大的优点就在于其结构非常简单，容易实现，因此在各种数字通信系统中得到了广泛的应用。但是其结构决定了它有两个难以克服的缺点：

1）噪声的增强会使线性横向均衡器无法均衡具有深度零点的信道。为了补偿信道的深度零点，线性横向均衡器必须有高增益的频率响应，然而同时无法避免地也会放大噪声。

2）线性横向均衡器与接收信号的幅度信息关系密切，而幅度会随着多径衰落信道中相邻码元的改变而改变，因此滤波器抽头系数的调整不是独立的。

由于以上两点线性横向均衡器在畸变严重的信道和低信噪比（SNR）环境中性能较差，而且均衡器的抽头调整相互影响,从而需要更多的抽头数目。

线性均衡器还可以由格型均衡器实现,其结构如图 4.11 所示。输入信号 y_k 被转换成一组作为中间值的前向和后向误差信号,即 $f_n(k)$ 和 $b_n(k)$。这组中间信号作为各级乘法器的输入,用以计算并更新滤波系数。

图 4.11 格型均衡器结构

格型均衡器由于在动态调整阶数的时候不需要重新启动自适应算法,因此在无法大概估计信道特性的时候非常有利,可以利用格型均衡器的逐步迭代而得到最佳的阶数,另外,格型均衡器有着优良的收敛特性和数值稳定性,这些都有利于其在高速的数字通信和深度衰落的信道中使用。但是格型均衡器的结构比较复杂,实现起来困难,从而限制了其在数字通信中的应用。

4.3.4 非线性均衡技术

当信道失真过于严重以至于线性均衡器不易处理时,采用非线性均衡技术会比较好。当信道中有深度频谱衰落时,用线性均衡器不能取得满意的效果,这是由于为了补偿频谱的失真,线性均衡器会对出现深衰落的那段频谱及其附近的频谱产生很大的增益,从而增加了该段频谱的噪声。有效的非线性均衡算法有很多种,本节主要介绍判决反馈均衡(DFE)。

判决反馈均衡的基本方法就是一旦信息符号经检测和判决以后,它对随后信号的干扰在其检测之前可以被估计并消减。横向滤波式判决反馈均衡器的结构如图 4.12 所示,包括两个抽头延迟滤波器:一个是前向滤波器(Forward Filter, FFF),另一个是反向滤波器(Feedback Filter, FBF),其作用和原理与前面讨论的线性横向均衡器类似。FBF 的输入是判决器的先前输出,其系数可以通过调整减弱当前估计中的码间干扰。

当频谱衰落较平坦时,线性均衡器能够良好地工作,而当频谱衰落严重不均时,线性均衡器的性能会恶化,而采用 DFE 的均衡器则表现出更好的性能。因此,判决反馈均衡更适用于有严重失真的无线信道。DFE 结构具有许多优点,当判决差错对性能的影响可忽略时,DFE 优于线性均衡器。显而易见,相对于线性均衡器而言,加入判决反馈部分可得到性能上的很大改善,反馈部分消除了由先前被检测符号引起的符号间干扰,然而 DFE 结构面临的主要问题之一是错误传播,错误传播是由于对信息的不正确判决而产生的,错误信息的反馈会影响反向滤波器(FBF)部分,从而影响未来信息的判决;另一问题是对移动通信中的收敛速度产生影响。

判决反馈均衡的格型实现与横向滤波器的实现类似,也有一个 N_1 阶前馈滤波器和一个 N_2 阶反馈滤波器,且 $N_1 > N_2$。

图 4.12　横向滤波式判决反馈均衡器结构

4.3.5　自适应均衡技术

由于移动信道的衰落具有随机性和时变性，常常要求均衡器能够实时跟踪移动信道的变化，这种均衡器又称为自适应均衡器。自适应均衡器是一个自适应滤波器，它动态地调整其特性和参数，使其能够跟踪信道的变化，在任何情况下都能够使均衡器达到所要求的指标。自适应滤波是近 30 年以来发展起来的最佳滤波方法之一。由于它具有更强的适应性和更优的滤波性能，所以在工程实际尤其在信息处理技术中得到了广泛的应用。

用于移动无线信道的高速自适应均衡技术是数字移动通信中一个关键性技术课题，TDMA 的信号结构和快速变化的信道衰落特性，也为自适应均衡器的设计增加了一定的难度。寻求高性能低复杂度的自适应算法是实现自适应均衡器的关键。

自适应均衡器的基本结构如图 4.13 所示，采用横向滤波器结构。它有 N 个延迟单元（z^{-1}）、$N+1$ 个抽头及可调的复数乘法器（权值），阶数为 $N+1$。这些权值通过自适应算法进行调整，调整的方法可以是每个采样点调整一次，或每个数据块调整一次。

图 4.13　自适应均衡器的基本结构

均衡器的阶数可由信道的最大期望时延决定。一个均衡器只能均衡小于或等于滤波器最大时延的时延扩展。例如，如果均衡器的每一个时延单元提供一个 $10\mu s$ 的时延，而由四个时延单元构成一个 5 阶的均衡器，那么可以被均衡的最大时延扩展为 $4 \times 10\mu s = 40\mu s$，而超过 $40\mu s$ 的多径时延扩展就不能被均衡。由于电路复杂性和处理时间随着均衡器的阶数和时延单元的增加而增大，因此在选择均衡器的结构和算法时，获知时延单元的最大数目是很重要的。

自适应均衡器通常包含两种工作模式：训练模式和跟踪模式。在训练模式，发射端发送一个已知的定长训练序列，以使均衡器迅速收敛，完成抽头增益的初始化。典型的训练序列是一个二进制伪随机信号或是一个预先指定的比特串。用户数据紧跟在训练序列之后被传送。接收端的均衡器通过递归算法评估信道特性，并修正滤波器系数实现对信道的补偿。在设计训练序列时，要求做到即使在最差的信道条件下，均衡器也能通过这个序列获得正确的滤波系数。这样就可以在收到训练序列后，使均衡器的滤波系数接近最佳值。而在接收用户数据时，均衡器的自适应算法可以跟踪不断变化的信道。通过上述方式，自适应均衡器将不断改变其滤波特性。

为了保证能有效地消除码间干扰，均衡器需要周期性地进行重复训练。均衡器被大量用于数字通信系统中，因为在数字通信系统中用户数据是被分为若干段并在相应的时间段中传送的。时分多址无线通信系统特别适于均衡器的应用。时分多址系统在固定长度的时间段中传送数据，训练序列通常在时间段的起始被发送。在每个新的时间段，均衡器会用同样的训练序列进行修正。

均衡器通常在接收机的基带或中频部分实现。采用自适应均衡的通信系统如图 4.14 所示。图中接收机中含有自适应均衡器，$x(t)$ 是原始基带信号，$f(t)$ 是等效的基带冲激响应，综合反映了发射机、无线信道和接收机的射频、中频部分的总的传输特性。

图 4.14 采用自适应均衡的通信系统

4.3.6 均衡技术的应用

在 900MHz 移动通信信道中进行的测量表明，美国四城市所有测量点中，时延扩展少于 $15\mu s$ 的占 99%，而少于 $5\mu s$ 接近 80%。对于一个采用符号速率为 243kbit/s 的 DQPSK 调制系统来说，如果 $\Delta / T = 0.1$ (Δ 是时延扩展，T 是符号持续时间)，符号间干扰产生的误比特率变得不能忍受时，最大时延扩展是 $4.12\mu s$。若超过了这个值，就需要采用均衡来减小比特率。大量的研究表明，大约 25% 的测量结果，其时延扩展超过 $4\mu s$。所以尽管 IS-54、GSM 标准中没有确定具体的均衡实现方式,但是为 IS-54 与 GSM 系统规定了均衡器,也就是说,若没有均衡器,系统将不能正常工作。

很多 IS-54 手机采用的均衡器是判决反馈均衡器。它包括四个前馈抽头和反馈抽头,其中前馈抽头间隔为符号的一半。这种分数间隔类型使得均衡器对简单的定时抖动具有抵抗能力。自适应滤波器的系数由递归最小平方算法来更新。设备制造商开发了许多 IS-54 专用均衡器。

GSM 的均衡是通过每一时隙中间段所发送的训练序列来实现的。GSM 标准没有指定均衡器的类型,而是由制造商确定的。但是 GSM 均衡器要求可以处理延迟达到 4bit 的反射,相当于 15μs,对应于 4.5km。实用的 GSM 均衡器主要有两种:一种是判决反馈均衡器,另一种是最大似然序列均衡器。

在 IS-54 与 GSM 系统中采用符号级或序列级均衡器,而在 CDMA 系统中,为了进一步提高系统的性能,需要采用码片级均衡器。采用多用户检测能够实现上行链路的最佳 CDMA 接收,而下行链路的移动终端受复杂度限制,且其他用户的参数通常是未知的,因此,不能使用多用户检测,只能寻求次最佳接收。Rake 接收是目前 CDMA 系统最常用的接收方法。当激活用户数很多时,等效噪声增加,导致输出信噪比下降,性能会恶化。近年来,针对 WCDMA 系统下行链路接收机,出现了一种新的基于码片处理的抗多径技术,称为码片均衡。该方法的原理是对接收到码片波形在解批/解扩之前进行码片级的自适应均衡,这样一来,在解扩以前就只存在一条路径,这就在某种程度上有效恢复了被多径信道破坏的用户之间的正交性,也即抑制了多址干扰。研究表明,利用码片均衡原理实现的码片均衡器,其性能优于 Rake 接收机。

4.4 智能天线技术及应用

4.4.1 智能天线技术概况

随着社会信息交流需求的急剧增加、个人移动通信的迅速普及,频谱已成为越来越宝贵的资源。智能天线采用空分复用(SDM),利用在信号传播方向上的差别,将同频率、同时隙的信号区分开来。它可以成倍地扩展通信容量,并和其他复用技术相结合,最大限度地利用有限的频谱资源。另外在移动通信中,由于复杂的地形、建筑物结构对电波传播的影响,大量用户间的相互影响,产生时延扩散、瑞利衰落、多径、共信道干扰等,使通信质量受到严重影响。采用智能天线可以有效地解决这个问题。

自适应天线波束赋形技术在 20 世纪 60 年代就开始研究,其研究对象是雷达天线阵,目的是提高雷达的性能和电子对抗的能力,其发展也是从雷达开始的。20 世纪 90 年代,美国和我国开始将智能天线技术应用于无线通信系统。近年来,国内外不少公司在开发智能天线方面投入了大量人力物力,很多技术已经进入实用阶段。我国大唐集团推出的 S-CDMA 系统,就是成功应用智能天线技术的 CDMA 系统。

用于基站的智能天线是一种由多个天线单元组成的阵列天线。它通过调节各阵元信号的加权幅度和相位来改变阵列天线的方向,从而抑制干扰,提高信噪比。它可自动测出用户方向,并将波束指向用户,从而实现波束随着用户走。还可以提高天线增益,减少信号发射功率,延长电池寿命,减少用户设备体积;或在不降低发射功率的前提下,大大增加基站的覆盖率。

用于手机的智能天线可以有效地提高通信性能,降低发射功率,减少电波对人体的影响。此外,由于智能天线可以从用户方向和传播时延获知用户位置,它将成为一种有效的定位手段,可以为用户提供新的服务,如导航、紧急救助等。天线的空间分集可以克服快衰落,显著提高通信质量,有时也把它归入智能天线的范畴。

4.4.2 智能天线原理

智能天线包括射频天线阵列部分和信号处理部分，其中信号处理部分根据得到的关于通信情况的信息，实时地控制天线阵列的接收和发送特性。这些信息可能是接收到的无线信号的情况；在使用闭环反馈的形式时，也可能是通信对端关于发送信号接收情况的反馈信息。图 4.15 给出了一种具有 M 个天线振子，利用 N 个自适应抽头延迟结构的智能天线的信号处理结构，每个天线单元有一个可控数字滤波器，通过调整滤波器系数，改变单元输出的信号幅度和相位，最后各单元合成为天线阵的天线波束方向和增益。

图 4.15　智能天线的信号处理结构

智能天线系统由天线阵列部分、阵列形状、模/数转换等几部分组成，如图 4.16 所示。实际智能天线结构比图 4.16 复杂，因为图中表示的是单个用户情况，假如在一个小区中有 K 个用户，则图 4.16 中仅天线阵列和模/数转换部分可以共用，其余自适应数字信号处理器与相应的波束形成网络需要每个用户一套，共 K 套。以形成 K 个自适应波束跟踪 K 个用户。被跟踪的用户为期望用户，剩下的 $K-1$ 个用户均为干扰用户。智能天线可以按通信的需要在有用信号的方向提高增益，在干扰源的方向降低增益。

图 4.16　智能天线原理图（单个用户）

智能天线就是通过反馈控制去自动调整自身天线波束成型模式的自适应天线阵。阵列天线是智能天线技术的基础，智能天线是在它的基础上发展起来的。随着移动通信技术的发展，阵列处理技术被引入移动通信领域。其中，以自适应阵列天线为代表的智能天线已成为最活跃的研究领域之一，应用领域包括声音处理、跟踪扫描雷达、射电天文学和射电望远镜等。

4.4.3 智能天线的分类

智能天线根据采用的天线方向图形状，可以分为自适应方向图智能天线和固定形状方向图智能天线。

1. 自适应方向图智能天线

自适应方向图智能天线采用自适应算法，其方向图与变形虫相似，没有固定的形状，随着信号及干扰而变化。它的优点是算法较为简单，可以得到最大的信号干扰比。但是它的动态响应速度相对较慢。另外，由于波束的零点对频率和空间位置的变化较为敏感，在频分双工系统中上下行的响应不同，因此它不适应于频分双工而比较适应时分双工系统。自适应天线阵着眼于信号环境的分析与权集实时优化上。

智能天线在空间选择有用信号，抑制干扰信号，有时被称为空间滤波器。虽然这主要是靠天线的方向特性，但它是从信号干扰比的处理增益来分析的，它带来的好处是避开了天线方向图分析与综合的数学困难，同时建立了信号环境与处理结果的直接联系。自适应天线阵的重要特征是应用信号处理的理论和方法、自动控制的技术，解决天线权集优化问题。

自适应天线自出现以来已有 30 多年，大体上可以分成三个发展阶段：第一个 10 年主要集中在自适应波束控制上；第二个 10 年主要集中在自适应零点控制上；第三个 10 年主要集中在空间谱估计上，诸如最大似然谱估计、最大熵谱估计、特征空间正交谱估计等。在大规模集成电路技术发展的促进下，20 世纪 80 年代以后自适应天线逐步进入应用阶段，尤其在通信对抗领域。与此同时，自适应信号处理理论与技术也得到了大力的发展与广泛的应用。

2. 固定形状方向图智能天线

固定形状方向图智能天线在工作时，天线方向图形状基本不变。它通过测向确定用户信号的到达方向（DOA），然后根据信号的 DOA 选取合适的阵元加权，将方向图的主瓣指向用户方向，从而提高用户的信噪比。固定形状波束智能天线对于处于非主瓣区域的干扰，是通过控制低的旁瓣电平来确保抑制的。与自适应智能天线相比，固定形状波束智能天线无须迭代、响应速度快，而且鲁棒性好，但它对天线单元与信道的要求较高。

近年来，一些研究小组针对个人移动通信环境的 DOA 检测算法进行了相当的理论和实验研究。Bigler 等人的实验表明，在 900MHz 移动通信频段的 DOA 的实测值是可以满足固定形状波束智能天线工程需要的，实验中 DOA 估计值对测量时间、信号功率、信号频率的变化均不敏感，各种情况下测试结果的标准偏差均小于 4°。

在多径环境下，空间信道的分析和测量是目前理论和实验研究的热点。传播模型和分析方法已有多种，并用于对各种不同通信体制、不同信号带宽、不同环境（城市、农村、商业区、楼内）进行分析，给出对应的模型。在美国的 Boston、New Jersey 的高速公路、德国的 Munich 等进行了大量的测试。结果表明，在农村、城郊以及许多城区，对于窄波束，其时间色散可以减少。采用通信信号中的训练序列进行信道估计，可以给出空间信道的响应，这也是研究的热点之一。

4.4.4 智能天线的应用

智能天线实际上是一种空间信号处理技术。如果它和时间信号处理技术相结合可以获得更大的好处。在时间信号处理方面,如均衡技术,时、频域分集接收,Rake 接收,最大似然接收等已在通信中得到广泛应用。它们本身也常用于克服多径衰落,提高通信质量。如果把两种信号处理技术结合起来,产生一种新的统一的算法,可以更有效地提高通信性能和处理效率。有的文献称之为矢量 Rake 或二维 Rake 接收。图 4.17 给出了一种空间滤波 Rake 接收机的框图。

图 4.17　空间滤波 Rake 接收机

图 4.18 给出了矢量 Rake 接收机的性能仿真结果。从图中可以看出,采用时空信号处理的矢量 Rake 接收机的性能明显好于时域单振子 Rake 接收机的性能。

图 4.18　空间滤波 Rake 接收机的性能曲线

智能天线技术对移动通信系统所带来的优势是显而易见的。在使用智能天线时必须结合使用其他基带数字信号处理技术,如联合检测、干扰抵消及 Rake 接收等。它在移动通信中的用途主要包括抗衰落、抗干扰、增加系统容量以及移动台定位。

1. 抗衰落

采用智能天线控制接收方向,天线自适应地构成波束的方向性,使得延迟波方向的增益最小,减少信号衰落的影响。智能天线还可以用于分集,减少衰落。

2. 抗干扰

高增益、窄波束智能天线阵用于 WCDMA 基站,可减少移动台对基站的干扰,改善系统性能。抗干扰应用实质是空间域滤波。

3. 增加系统容量

为了满足移动通信业务的巨大需求，应尽量扩大现有基站容量和覆盖范围。要尽量减少新建网络所需的基站数量，必须通过各种方式提高频谱利用效率。方法之一是采用智能天线技术，用多波束板状天线代替普通天线。

4. 移动台定位

目前蜂窝移动通信系统只能确定移动台所处的小区。如果基站采用智能天线阵列，一旦收到信号，即对每个天线元所连接收机产生的响应作相应处理，获得该信号的空间特征矢量及矩阵，由此获得信号的功率估值和到达方向，即用户终端的方位。

思考与练习题

1. 衰落是如何产生的？如何抵抗衰落？
2. 简述分集的基本思想。
3. 分集技术如何分类？在移动通信中采用了哪几类分集接收技术？
4. 合并方式有哪几种？哪一种可以获得最大的输出信噪比？为什么？
5. 画出输出 M 个接收机时，选择合并的原理框图。
6. 简述分集技术的应用。
7. Rake 接收机的工作原理是什么？
8. 画图说明均衡的基本原理。
9. 均衡器可以分为哪些类型？
10. 线性均衡和非线性均衡有什么区别？
11. 简述自适应均衡器的作用。
12. 简述均衡技术的应用。
13. 为什么智能天线技术能够抗衰落？
14. 简述智能天线的应用。

第 5 章

组网技术

移动通信在追求最大容量的同时，还要追求最大的覆盖面积，也就是无论移动用户移动到什么地方，移动通信系统都应覆盖到。而要实现移动用户在其覆盖范围内的良好通信，就必须有一个通信网支撑，这个网就是移动通信网。移动通信中，点到点的传输，必须保证传输路径的性能良好，整个网络才能正常运行；而要实现多个用户之间的通信，必须有很好的网络做支撑。点到点的传输路径相当于个人，整个网络相当于集体。我们每个人都做好自己的本职工作，为社会多做贡献，国家这个大集体才会越来越好；只有祖国繁荣昌盛，才有我们每个人的幸福生活。

辩证法认为，任何事物内部都存在着矛盾，事物内部矛盾是事物自我运动的源泉，同时任何事物又都与周围其他事物发生联系与交互影响，促进事物自身的变化发展。在第 1 章中，移动通信网络的发展历程表明通信技术在不断地更新换代，从 GSM 网络发展到如今的 5G 网络，将来还会有 6G 网络，甚至更新的网络出现，这是万物发展的必然规律。因此，我们需要掌握移动通信的组网，并学会用辩证思维看待技术的更新。本章主要介绍移动通信网的干扰、区域覆盖、信道配置、多址接入技术、蜂窝移动通信系统的容量分析、系统移动性管理等组网技术相关内容，为后续章节的学习打下基础。

5.1 移动通信网的基本概念

移动通信网是承载移动通信业务的网络，主要完成移动用户之间、移动用户与固定用户之间的信息交换。一般来说，移动通信网由空中网络和地面网络两部分组成。空中网络又称为无线网络，主要完成无线通信；地面网络又称为有线网络，主要完成有线通信。

1. 空中网络

空中网络是移动通信网的主要部分，主要包括：多址接入、频率复用和区域覆盖等。

（1）多址接入

移动通信是利用无线电波在空间传递信息的。多址接入要解决的问题是在给定的频率资源下如何共享，以使有限的资源能够传输更大容量的信息，它是移动通信系统的重要问题。由于采用何种多址接入方式直接影响到系统容量，所以它一直是人们关注的热点。

（2）频率复用和区域覆盖

频率复用主要解决频率资源限制的问题，而区域覆盖要解决的是服务区内要设置多少个基站的问题。采用蜂窝小区实现频率复用最早是由美国贝尔实验室提出的，通过蜂窝组网方法可以很好地解决区域覆盖问题。

蜂窝式组网理论的要点如下：

1）无线蜂窝式小区覆盖和小功率发射。蜂窝组网放弃了点对点传输和广播覆盖模式，将一个移动通信服务区划分成许多以正六边形为基本几何图形的覆盖区域。该覆盖区域称为蜂窝小区，一个较低功率的发射机服务一个蜂窝小区。

2）频率复用。频率复用是指相同的频率在相隔一定距离的另一小区重复使用，其依据的是无线电波的传播损耗能够提供足够的隔离度。采用频率复用大大地缓解了频率资源紧缺的矛盾，增加了用户数目或系统容量。但是频率复用会带来同频干扰的问题。

3）多信道共用和越区切换。多信道共用技术是解决网内大量用户如何有效共享若干无线信道的技术。其原理是利用信道占用的间断性，使许多用户能够任意地、合理地选择信道，以提高信道的使用效率，这与市话用户共同享有中继线类似。由于不是所有的呼叫都能在一个蜂窝小区内完成全部接续业务，所以，为了保证通话的连续性，当正在通话的移动台进入相邻无线小区时，移动通信系统必须具有自动转换到相邻小区基站的越区切换功能，即切换到新的信道上，从而不中断通信过程。

(3) 切换和位置更新

采用蜂窝式组网后，切换技术显得十分重要。多址接入方式不同，切换技术也不同。位置更新是移动通信所特有的（由于移动用户会在移动通信网中任意移动，网络需要在任何时刻联系到用户，以实现对移动用户的有效管理）。

2. 地面网络

地面网络部分主要包括：

1）服务区内各个基站的相互连接。
2）基站与固定网（PSTN、ISDN、数据网等）。

5.2 移动通信环境下的干扰

干扰是限制移动通信系统性能的主要因素。干扰来源包括相邻小区中正在进行通信、使用相同频率的其他基站和无意中渗入系统频带范围的任何干扰系统。话音信道上的干扰会导致串话，使用户听到背景干扰。信令信道上的干扰则会导致数字信号发送上的错误，而造成呼叫遗漏或阻塞。无线电干扰常见的有邻道干扰、同频干扰和互调干扰等。

5.1 移动通信环境下的干扰

5.2.1 邻道干扰

邻道干扰（Adjacent Channel Interference，ACI）是一种来自相邻或相近频道的干扰，即干扰台信号功率落入相邻或相近接收机接收频带内造成的干扰。相近频道可以相隔几个或几十个频道。邻道干扰有两个方面：一是由于工作频带紧随的若干频道的寄生边带功率、宽带噪声和杂散辐射等产生的干扰；二是移动通信网内，由一组空间离散的邻近工作频道引入的干扰。

解决邻道干扰的措施包括以下几个：

1）降低发射机落入相邻频道的干扰功率，即减少发射机带外辐射。
2）提高接收机的邻道选择性。
3）在网络设计中，避免相邻频道在同一小区或相邻小区内使用。

邻道干扰可以通过精确的滤波和信道分配而减到最小。

5.2.2 同频干扰

同频干扰亦称同道干扰（Co-Channel Interference，CCI）或共道干扰，是指所有落在接收机通带内的与有用信号频率相同的无用信号的干扰。恶劣的天气、过度拥挤的频谱或不合理的频率规划等都可能导致同频干扰。以上关于同频干扰的定义是针对频率域的，如果将信道的概率扩展到其他维度（如空间、时间等），同频干扰的定义也要有相应的改变。

移动通信系统中，频率复用意味着在一个给定的覆盖区域内，存在许多使用同一组频率的小区。这些小区叫作同频小区。频率复用带来的问题就是同频干扰。复用距离越近，同频干扰就越大；复用距离越远，同频干扰就越小，但频率利用率就会降低。总的来讲，只要在接收机输入端存在同频干扰，接收系统就无法滤除和抑制它，所以系统设计时要确保同频小区在物理上隔开一个最小的距离，以为电波传播提供充分的隔离。

为避免同频干扰和保证接收质量，必须使接收输入端的信号电平与同频干扰电平之比大于或等于射频保护比（Radio-Frequency Protection Ratio）。射频保护比是达到规定接收质量时所需的射频信号对同频无用射频信号的比值，它不仅取决于通信距离，还和调制方式、电波传播特性、通信可靠性、无线小区半径、选用的工作方式等因素有关。

为了提高频率利用率，在满足一定通信质量的条件下，允许使用相同频道的无线区域之间的最小距离称为同频道复用的最小安全距离，简称同频道复用距离或共道复用距离。其中，"安全"是指接收机输入端的有用信号与同频干扰的比值满足通信质量要求，即大于射频保护比。

图 5.1 给出了同频道复用距离的示意图。假设基站 A 和基站 B 使用相同的频道，移动台 M 正在接收基站 A 发射的信号，由于基站天线高度远高于移动台天线高度，因此移动台 M 处于小区边沿时，最易受到基站 B 发射的同频干扰。若输入到移动台接收机的有用信号与同频干扰比等于射频保护比，则 A、B 两基站之间的距离为同频道复用距离，记为 D。

图 5.1　同频道复用距离示意图

由图可知

$$D = D_I + D_S = D_I + r_0 \tag{5.1}$$

式中，D_I 为同频干扰源至被干扰接收机之间的距离；D_S 为有用信号的传播距离，即小区半径 r_0。

通常，定义同频复用系数（也称同频复用比）为

$$\alpha = \frac{D}{r_0} \tag{5.2}$$

由式（5.1）可得同频复用系数为

$$\alpha = \frac{D}{r_0} = 1 + \frac{D_I}{r_0} \tag{5.3}$$

假定各基站与移动台的设备参数相同，地形条件也理想，则同频道复用距离与下列因素有关：

1) 调制方式。为达到规定的接收信号质量，对于不同的调制方式，所需的射频保护比是不同的。

2) 电波传播特性。假定传播路径是光滑的地平面，路径损耗 L 可由式（5.4）近似确定

$$L = \frac{d^4}{h_t^2 h_r^2} \tag{5.4}$$

式中，d 是收发天线之间的距离；h_t 和 h_r 分别表示发射天线与接收天线的高度。如果 d 的单位是 km，h_t 和 h_r 的单位是 m，则

$$L = 120 + 40\lg d - 20\lg(h_t h_r) \tag{5.5}$$

3）基站覆盖范围或小区半径 r_0。
4）通信方式。可以分为同频单工通信和异频双工通信。
5）要求的可靠通信概率。

5.2.3　互调干扰

互调干扰是由传输设备中的非线性电路产生的。它指两个或多个信号作用在通信设备的非线性器件上，产生与有用信号频率相近的组合频率，从而对通信系统构成干扰的现象。

1. 产生互调干扰的基本条件

在专用网和小容量网中，互调干扰可能成为设台组网较为关心的问题。产生互调干扰的基本条件是：

1）几个干扰信号的频率（ω_A，ω_B，ω_C）与受干扰信号的频率（ω_S）之间满足 $2\omega_A - \omega_B = \omega_S$ 或 $\omega_A + \omega_B - \omega_C = \omega_S$ 的条件。
2）干扰信号的幅度足够大。
3）干扰（信号）站和受干扰的接收机都同时工作。

2. 互调干扰的分类

在移动通信系统中，互调干扰分为发射机互调干扰和接收机互调干扰。

（1）发射机互调干扰

一部发射机发射的信号进入了另一部发射机，并在其末级功放的非线性作用下与输出信号相互调制，产生不需要的组合干扰频率，从而对接收信号频率与这些组合频率相同的接收造成的干扰，称为发射机互调干扰。

减少发射机互调干扰的措施如下：
1）加大发射机天线之间的距离。
2）采用单向隔离器件和高品质因子的谐振腔。
3）提高发射机的互调转换衰耗。

（2）接收机互调干扰

当多个强干扰信号进入接收机前端电路时，在器件的非线性作用下，干扰信号互相混频后产生可落入接收机中频频带内的互调产物而造成的干扰，称为接收机互调干扰。

减少接收机互调干扰的措施如下：
1）提高接收机前端电路的线性度。
2）在接收机前端插入滤波器，提高选择性。
3）选用无三阶互调的频道组工作。

3. 在设台组网中对抗互调干扰的措施

1）对于蜂窝移动通信网而言，由于需要的频道多和采用空腔谐振式合成器，所以可采用互调最小的等间隔频道配置方式，并依靠具有优良互调抑制指标的设备来抑制互调干扰。
2）对于专用的小容量移动通信网而言，主要采用不等间隔排列的无三阶互调的频道配置方法来避免发生互调干扰。

5.2.4　阻塞干扰

当外界存在一个离接收机工作频率较远，但能进入接收机并作用于其前端电路的强干扰信

号时，由于接收机前端电路的非线性而造成对有用信号增益降低或噪声增高，使接收机灵敏度下降的现象，称为阻塞干扰。这种干扰与干扰信号的幅度有关，幅度越大，干扰越严重。当干扰电压幅度非常大时，可导致接收机收不到有用信号而使通信中断。

5.2.5 近端对远端的干扰

当基站同时接收从两个距离不同的移动台发来的信号时，距基站近的移动台 B（距离 d_2）到达基站的功率明显要大于距离基站远的移动台 A（距离 d_1，$d_2 \ll d_1$）的到达功率，若二者频率相近，则距基站近的移动台 B 就会造成对接收距离远的移动台 A 的有用信号的干扰或抑制，甚至将移动台 A 的有用信号淹没。这种现象称为近端对远端干扰，又称为远近效应。

克服近端对远端干扰的措施主要有两个：一是使两个移动台所用频道拉开必要间隔；二是移动台端自动（发射）功率控制（APC），使所有工作的移动台到达基站功率基本一致。由于频率资源紧张，几乎所有的移动通信系统的基站和移动终端都采用 APC 工作。

5.3 区域覆盖与信道配置

无线电波的传输损耗是随着距离的增加而增加的，并且受地形环境的影响，因此移动台和基站之间的有效通信距离是有限的。在大区制（单个基站覆盖一个服务区）的网络中可容纳的用户数有限，无法满足大容量的要求；而在小区制（每个基站仅覆盖一个小区）网络中，为了提高频率资源利用率，获得更高的系统容量，并将同频道干扰控制在一定范围内，需要将相同的频率在相隔一定距离的小区中重复使用来达到系统的要求。虽然目前对大区制的应用不多，但容量小、用户密度低的宏蜂窝小区等仍具有大区制移动通信网的特点，所以本节将分别对大区制和小区制的网络覆盖问题进行讨论，同时还将讨论移动通信中的信道分配问题。

5.3.1 区域覆盖

1. 大区制移动通信网络的区域覆盖

大区制移动通信通过增大基站覆盖范围，实现大区域内的移动通信。为了增大基站的覆盖区半径，在大区制的移动通信系统中，基站天线假设得很高，可达几十米甚至几百米；基站的发射功率很大，一般为 50~200W。实际覆盖半径达 30~50km。

大区制方式的优点是网络简单、成本低，一个大区制移动通信网络一般借助市话交换局设备（见图 5.2）和很高的天线，将基站的收发信设备与市话交换局连接起来，为一个大的服务区提供移动通信业务。一个大区制系统的频道数量有限，容量不大，可容纳的用户数一般只能达到几十个至几百个，不能满足用户数量日益增加的需要。

图 5.2 大区制移动通信

为了扩大覆盖范围，往往可将图 5.2 的无线系统重复配置，借助于控制中心接入市话交换局，如图 5.3 所示。但是控制中心的控制能力及多个控制中心的互联能力是有限的，因而这种系统的覆盖范围容量不大。这种大区制覆盖的移动通信方式只适用于中、小城市等业务量不大的地区或专用移动通信网。

图 5.3　借助控制中心的大区制移动通信

覆盖区域的划分取决于系统的容量、地形以及传播特性等。覆盖区域的半径由以下因素确定：

1）在正常的传播损耗时，地球的曲率半径限制了传输的极限范围。
2）地形环境影响，例如山丘、建筑物的阻挡，信号传播可能产生覆盖盲区。
3）多径、干扰等限制了传输距离。
4）基站发射功率受限导致覆盖范围有限。
5）移动台发射功率很小，上行（MS 至 BS）信号传输距离有限，限制了 BS 与 MS 的互通距离。

图 5.4 通过描述移动台与基站的不同相对位置，说明上、下行传输增益差是决定大区制系统覆盖区域大小的重要因素。解决上、下行传输增益差的问题，可采取相应的技术措施，如：

图 5.4　非对称的上、下行链路

1）设置分集接收台。在业务区内的适当地点设立分集接收台 R_d，如图 5.5 所示。位于远端移动台的发送信号可以由就近的 R_d 分集接收，放大后由有线或无线链路传至基站。

2）在大的覆盖范围内，用同频转发器（又称为直放站）扫除盲区，如图5.6所示。整个系统都能使用相同的频道，盲区中的移动台也不必转换频道，工作简单。

图 5.5　设置分集接收台　　　　　　　　图 5.6　用同频转发器扫除盲区

3）基站采用全向天线发射和定向天线接收，可以获得8~10dB的接收增益。
4）基站采用分集接收的天线配置方案，获得接收分集增益。
5）提高基站接收机的灵敏度，以接收微弱的移动台信号。

2. 小区制移动通信网络的区域覆盖

当用户数很多时，话务量相应增大，需要提供很多频道才能满足通话要求。为了增大服务区域，从频率复用的观点出发，可以将整个服务区划分成若干个半径为2~20km的小区，每个小区中设置基站，负责小区内移动用户的无线通信，这种方式称为小区制。小区制具有以下优点。

1）可以提高频率利用率。这是因为在一个很大的服务区内，同一组频率可以多次重复使用，因此增加了单位面积上可供使用的频道数，提高了服务区的容量密度和频率资源利用率。

5.2　小区制网络无线覆盖

2）具有组网的灵活性。小区制随着用户数的不断增长，每个覆盖区还可以继续划小，以不断适应用户数量增长的实际需要。

由以上特点可以看出，采用小区制能够有效地解决频道数有限和用户数量增大的矛盾。
下面针对不同的服务区来讨论小区的结构和频率的分配方案。

（1）带状网
带状网主要用于覆盖公路、铁路和海岸等，如图5.7所示。

a）全向天线辐射　　　　　　　　b）定向天线辐射

图 5.7　带状网

基站天线若用全向辐射，覆盖区形状是圆形（见图5.7a）。在一些区域，业务需求集中在狭长区域（如沙漠、戈壁中的公路、铁路），为了提高覆盖效率，宜采用定向天线，使每个小区呈扁圆形（见图5.7b）。

带状网可进行频率复用，若以采用不同信道的两个小区组成一个区群（在一个区群内，各小区使用不同的频率，不同的区群可使用相同的频率），如图5.7a所示，则称之为双频制。若以采用不同信道的三个小区组成一个区群，如图5.7b所示，则称之为三频制。从造价和频率资源的利用而言，双频制最好；但从抗同频干扰而言，双频制最差，还应考虑多频制。实际应用中往往采用多频制，如日本新干线列车无线电话系统采用三频制，我国及德国列车无线电话系统则采用四频制等。

设 n 频制的带状网如图5.8所示。每一个小区的半径为 r，相邻小区的交叠宽度为 a，第 $n+1$ 区与第1区为同频道小区，由此可以算出信号传输距离 D_S 与同频道干扰距离 D_I 之比。若取传输损耗近似与传输距离的4次方成正比，则可得到最差情况下相应的干扰信号比，见表5.1。由表5.1可知，双频制最多只能获得-19dB的同频干扰抑制比（$a=0$），这通常是不够的。

图5.8 带状网的同频干扰

表5.1 带状网的同频道干扰

方式		双频制	三频制	n 频制
D_S/D_I		$\dfrac{r}{3r-2a}$	$\dfrac{r}{5r-3a}$	$\dfrac{r}{(2n-1)r-na}$
I/S	$a=0$	-19dB	-28dB	$40\lg\dfrac{1}{2n-1}$
	$a=r$	0dB	-12dB	$40\lg\dfrac{1}{n-1}$

（2）蜂窝网

在平面区域划分小区，通常组成蜂窝式的网络，即蜂窝网。在带状网中，小区呈线状排列，区群的组成和同频小区距离的计算比较方便，而在平面分布的蜂窝网中，这是一个比较复杂的问题。

1）小区的形状。全向天线辐射的覆盖区是圆形。为了不留空隙地覆盖整个平面的服务区，一个个圆形辐射区之间一定含有很多的交叠。在考虑了交叠之后，每个辐射区的有效覆盖区是一个多边形。根据交叠情况不同，有效覆盖区可为正三角形、正方形或正六边形（见图5.9）：若在每个小区相间120°设置三个邻区，则有效覆盖区为正三角形；若在每个小区相间90°设置四个邻区，则有效覆盖区为正方形；若在每个小区相间60°设置六个邻区，则有效覆盖区为正六边形。理论证明，要用正多边形无空隙、无重叠地覆盖一个平面的区域，可取的形状只有正三角形、正方形或正六边形这三种。那么这三种形状哪一种最好呢？在辐射半径 r 相同的条件下，计算出三种形状小区的邻区距离、小区面积、交叠区宽度和交叠区面积，见表5.2。

图 5.9 小区的形状

表 5.2 三种形状小区的比较

小区形状	正三角形	正方形	正六边形
邻区距离	r	$\sqrt{2}r$	$\sqrt{3}r$
小区面积	$1.3r^2$	$2r^2$	$2.6r^2$
交叠区宽度	r	$0.59r$	$0.27r$
交叠区面积	$1.2\pi r^2$	$0.73\pi r^2$	$0.35\pi r^2$

由表 5.2 可见，在服务区面积一定的情况下，正六边形小区的形状最接近理想的圆形，用它覆盖整个服务区所需的基站数最少，也最经济。正六边形构成的网络形同蜂窝，因此将小区形状为六边形的小区制移动通信网称为蜂窝网。

2) 区群的组成。相邻小区显然不能用相同的信道。为了保证同信道小区之间有足够的距离，附近的若干小区都不能用相同的信道。这些不同信道的小区组成一个区群，只有不同区群的小区才能进行信道再用。

区群的组成满足两个条件：

① 若干个单位无线区群正六边形彼此邻接组成蜂窝式服务区。

② 邻接单位无线区群中的同频无线小区的中心间距相等。

满足上述条件的区群形状与区群内的小区数不是任意的。可以证明，区群内的小区数 N 应满足：

$$N = i^2 + ij + j^2 \tag{5.6}$$

式中，i、j 为正整数。N 的可能取值见表 5.3，相应的区群形状如图 5.10 所示。

表 5.3 区群小区数 N 的取值

i	j				
	0	1	2	3	4
1	1	3	7	13	21
2	4	7	12	19	28
3	9	13	19	27	37
4	16	21	28	37	48

3) 同频小区的距离。区群内小区数不同的情况下，可用下面的方法来确定同频小区的位置和距离。如图 5.11 所示，自某一小区 A 出发，沿边的垂线方向跨 j 个小区后，向左（或向右）转 60°，再跨 i 个小区，便到达同频道小区 A。在正六边形的六个方向上，可以找到六个相邻同信道小区，所有 A 小区之间的距离都相等。

N=3, j=1, i=1   N=4, j=2, i=0   N=7, j=2, i=1   N=9, j=3, i=0   N=12, j=2, i=2

N=13, j=3, i=1   N=16, j=4, i=0   N=19, j=3, i=2   N=21, j=4, i=1

图 5.10　区群的组成

假设小区的半径（即正六边形外接圆的半径）为 r，则可从图 5.11 中计算出相邻同频道小区中心之间的距离为

图 5.11　同频道小区的确定

$$D = \sqrt{3}\,r\sqrt{\left(j+\frac{i}{2}\right)^2+\left(\frac{\sqrt{3}\,i}{2}\right)^2} \\ = \sqrt{3(i^2+ij+j^2)}\cdot r = \sqrt{3N}\cdot r \tag{5.7}$$

可见，群内小区数 N 越大，同频小区的距离越远，抗同频干扰的性能就越好。例如，$N=3$，$D/r=3$；$N=7$，$D/r=4.6$。

4）基站激励方式。在每个小区中，基站可以设置在小区的中央，用全向天线形成圆形覆盖区，这种激励方式称为中心激励（见图 5.12a）。

基站也可以设置在小区的三个顶点上，每个基站采用三副 120°扇形辐射的定向天线，分别覆盖三个相邻小区的各三分之一区域，每个小区由三副 120°扇形天线共同覆盖，这种激励方式

称为顶点激励（如图 5.12b 所示）。采用 120°的定向天线后，一个小区内接收到的同频干扰功率仅为采用全向天线系统的 1/3，从而可以减少系统的同道干扰。此外，在不同地点采用多副定向天线也可以消除小区内障碍物产生的阴影区。

a) 中心激励　　　　　　b) 顶点激励

图 5.12　基站激励方式

以上讨论的整个服务区中的每个小区大小是相同的，这只能适应用户密度均匀的情况。事实上，服务区内的用户密度是不均匀的，例如城市中心商业区的用户密度高，居民区和郊区的用户密度低。为了适应这种情况，在用户密度高的市中心可以使小区的面积小一些，在用户密度低的郊区可以使小区的面积大一些，如图 5.13 所示。

图 5.13　用户密度不等时的小区结构

5.3.2 信道配置

信道配置又称频率配置,主要解决将给定的信道如何分配给在一个区群的各个小区的问题。信道配置主要针对 FDMA 和 TDMA 系统,而 CDMA 系统中,所有用户由于使用相同的工作频率而无须进行信道配置。

5.3 信道配置策略

频率配置是频率复用的前提。频率配置包含两个基本含义:一是频道分组,根据网络的需要将全部频道分成若干组;二是频道指配,以固定或动态分配的方法将频道指配给蜂窝网的用户使用。

频道分组需遵循以下原则:

1) 根据国家或行业标准选择双工方式、载频中心频率值、频道间隔、收发间隔等参数。
2) 确定无互调干扰或尽量减小互调干扰的分组方法。
3) 考虑有效利用频率资源、降低基站天线高度和发射功率,在满足业务质量射频保护比的前提下,尽量减小同频复用的距离,从而确定频道分组数。

频道指配时需注意以下问题:

1) 在同一频道组中不能有相邻序号的频道,以避免邻道干扰。
2) 相邻序号的频道不能指配给相邻小区或相邻扇区。
3) 应根据移动通信设备抗邻道干扰能力来设定相邻频道的最小频率及空间间隔。
4) 由规定的射频保护比建立频率复用的频道指配图案。
5) 频率参数、远期规划、新规划的网和重叠网频率指配的协调一致。

下面介绍固定频道指配的方法。主要讨论频道组数、每组的频道数以及频道的频率分配。

1. 带状网的固定频道分配

当同频复用比 D/r_0 确定后,就能确定相应的频道组数。

例如,若 $D/r_0=6$(或 8),至少应有三(或四)个频道组,如图 5.14 所示。当采用定向天线时(如铁路、公路上),根据通信线路的实际情况(如不是直线),若能利用天线的方向隔离度,还可以适当地减少使用的频道组数。

a) 三个频道组 b) 四个频道组

图 5.14 带状网的固定频道分配

2. 蜂窝状网的固定频道分配

由蜂窝状网的组成可知,根据同频复用系数 D/r_0 确定单位无线区群,若单位无线区群由 N 个无线区(即小区)组成,则需要 N 个频道组。每个频道组的频道数可由无线区的话务量确定。

应用于蜂窝网的固定频道分配方法有两种:分区分组分配法和等频距分配法。

(1) 分区分组分配法

分区分组配置法遵循三个原则:

1) 尽量减小占用的总频段,以提高频段的利用率。
2) 同一区群内不能使用相同的信道,以避免同频干扰。
3) 小区内采用无三阶互调的相容信道组,以避免互调干扰。

根据以上原则,下面举例说明。

假设给定的频段按照等间隔划分，各信道的编号分别为 1、2、3…；每个区群有七个小区，每个小区需六个信道，则采用分区分组配置法分配的结果如下：

第一组　1，5，14，20，34，36
第二组　2，9，13，18，21，31
第三组　3，8，19，25，33，40
第四组　4，12，16，22，37，39
第五组　6，10，27，30，32，41
第六组　7，11，24，26，29，35
第七组　15，17，23，28，38，42

每一组信道分配给区群内的一个小区。这里使用 42 个信道就占用了 42 个信道的频段，是最佳的分配方案。

以上分配的主要出发点是避免三阶互调，但未考虑同一信道组中的频率间隔，可能会出现较大的邻道干扰，这是这种配置方法的一个缺陷。

（2）等频距分配法

等频距分配法是按照等频率间隔来配置频道的，只要频距选得足够大，就可以有效避免邻道干扰。这样的频率配置可能正好满足产生互调的频率关系，但正因为频距大，干扰易于被接收机输入滤波器滤除而不易作用到非线性器件上，这也就避免了互调的产生。

等频距分配法根据区群内的小区数 N 来确定同一信道组内各信道之间的频率间隔。例如，第一组用（1，1+N，1+2N，1+3N，…），第二组用（2，2+N，2+2N，2+3N，…）等。若 $N=7$，则信道的配置如下：

第一组　1，8，15，22，29，…
第二组　2，9，16，23，30，…
第三组　3，10，17，24，31，…
第四组　4，11，18，25，32，…
第五组　5，12，19，26，33，…
第六组　6，13，20，27，34，…
第七组　7，14，21，28，35，…

由上可见，同一频道组内的频道最小间隔为 7 个频道，若信道间隔为 25kHz，则其最小频率间隔可达 175kHz，接收机的输入滤波器便可有效地抑制邻道干扰和互调干扰。

如果是定向天线进行顶点激励的小区制，每个基站应配置三组信道，向三个方向辐射，例如 $N=7$，每个区群就需要 21 个信道组。整个区群内各个基站信道组的分布如图 5.15 所示。

以上讨论的信道配置方法都是将某一组信道固定配置给某一基站，这只能适应移动台业务分布相对固定的情况。事实上，移动业务的地理分布是经常发生变化的，如早上从住宅向商业区移动，傍晚又反向移动，发生交通事故或集会时又向某处集中。此时，某一小区业务量增大，原来配置的信道可能不够用，而相邻小区业务量小，原来配置的信道可能有空闲，小区之间的信道又无法相互调剂，因此频率的利用率不高，这就是固定配置信道的缺陷。

为了提高频率利用率，使信道的配置能随移动通信业务量的变化而动态调整，有两种方法：一是动态配置法，即根据业务量的变化重新配置全部信道；二是柔性配置法，即准备若干个信道，根据需要动态提供给某个小区使用。第一种方法虽然能够将频率利用率提高 20% 以上，但需要及时计算出新的配置方案避免各类干扰，同时基站及天线共用器等设备也要与之适应，实现起来比较困难。第二种方法实现起来更简单，只需要预留部分频道资源，由多个基站共用，就可应对局部业务量的变化，是一种更实用的方法。

na 频道组$\{n: n+21, n+2\times21\}$
nb 频道组$\{n: n+7, n+7+21, n+7+2\times21\}$
nc 频道组$\{n: n+14, n+14+21, n+14+2\times21\}$
$n=1, 2, \cdots, 7$

图 5.15　三顶点激励的信道配置

5.4　多址接入技术

在无线通信环境中的电波覆盖区内，如何建立用户之间的无线信道的连接，这便是多址连接问题，也称多址接入问题。由于无线通信具有大面积无线电波覆盖和广播信道的特点，移动通信网内一个用户发射的信号其他用户均可以接收，为了使众多用户能够合理而方便地共享通信资源，有效地实现通信，需要有某种机制来决定资源的使用权，这就是多址接入控制技术。

本节主要介绍移动通信系统中的多址接入技术，如频分多址（FDMA）、时分多址（TDMA）、码分多址（CDMA）和空分多址（SDMA）。

对于数字式蜂窝移动通信网络，随着用户数和通信业务量的增加，一个突出的问题就是如何利用有限的通信资源来获得更高的系统容量。多址接入直接影响蜂窝通信系统的容量，因此不同的多址方式所获得的系统容量也是本节研究的内容。

5.4　多址技术的更迭

5.4.1　频分多址

1. 频分多址的原理

频分多址（Frequency Division Multiple Access，FDMA）是将给定的频带划分为若干个等间隔的频道（或信道），并将这些频道分配给不同的用户使用。从图5.16可以看出，在频分双工中，为了保证相邻频道之间不产生明显的干扰，要求这些频道互不交叠，并且引入保护频带。

由图5.16可见，FDMA用户占用不同的频带资源，因此能够同时进行通信。FDMA能有效避免用户之间的互调干扰和邻道干扰。当系统用户数较少，数量基本固定，并且每个用户的业务量都较大时（如电话交换网），FDMA是一种有效的分配方法。但是，当网络中用户数较多且数量经常变化，或者用户通信量具有突发性的特点时（如计算机数据通信），采用FDMA就会产生一些问题。显著的有两个问题：

1）当网络中的实际用户数少于已经划分的频道数时，宝贵的频率资源就白白浪费了。

2）当网络中的频段已经分配完毕时，即使这时已经分配到频道的用户没有进行通信，其他用户也不能够占用其他频道资源,从而导致一些用户由于无法获得信道资源而无法进行通信。

图 5.17 给出了双工通信方式下的频分多址。图中,在高低两个频段之间留有一段保护频带,其作用是防止同一用户的发射机对接收机产生干扰。具体做法是:当基站的发射机在高频段的某一频道中工作时,其接收机必须在低频段的某一频道中工作;与之对应,移动用户的接收机要在高频段相应的频道中接收来自基站的信号,而其发射机则要通过低频段相应的频道向基站发送信号。

图 5.16 频分多址

在 FDMA 系统中,收发频段是分开的。由于所有移动台均使用相同的接收和发送频段,因此移动台到移动台之间不能直接通信,而必须经过基站的转接。实际系统中,移动台在通信时所占用的频道并不是固定的,通常是在通信建立阶段由系统控制中心临时分配,通信结束后,移动台将退出它占用的频道,这些频道又可以重新分配给别的用户使用。

图 5.17 双工通信方式下的频分多址

2. FDMA 系统的特点

1)每信道占用一个载频,相邻载频之间的间隔应满足传输信号带宽的要求。为了在有限的频谱中增加信道数量,系统均希望间隔越窄越好。

2)符号时间远大于平均延迟扩展。这说明符号间的干扰的数量低,因此窄带 FDMA 系统中无须自适应均衡。

3)基站复杂庞大,重复设置收发信设备。基站有多少信道,就需要多少部收发信机,同时需用天线共用器,功率损耗大,易产生信道间的互调干扰。

4)FDMA 系统载波单个信道的设计,使得在接收设备中必须使用带通滤波器允许指定信道里的信号通过,滤除其他频率的信号,从而限制邻近信道间的相互干扰。

5)越区切换较为复杂和困难。因在 FDMA 系统中,分配好语音信道后,基站和移动台都是连续传输的,所以在越区切换时,必须瞬时中断传输数十至数百毫秒,以把通信从一频率切换到另一频率去。对于语音通信,瞬时中断问题不大,对于数据传输,则将带来数据的丢失。

5.4.2 时分多址

1. 时分多址的原理

时分多址(Time Division Multiple Access,TDMA)把时间分割成周期性的帧,每一帧再分割成若干个时隙,帧与帧(或时隙与时隙)之间都是互不重叠的。然后根据一定的时隙分配原则,使每个用户只能在指定的时隙内向基站发送信号,在满足定时和同步的条件下,基站能够分别在各时隙中接收到各移动台的信号而不混扰。基站发向各个移动台的信号都按顺序安排在预定的时隙中传输，各移动台只要在指定的时隙内接收，就能够从混合信号中将发给它的信号区分并接收下来。图 5.18 给出了 TDMA 时隙分配的示意图，由图可见，多个用户共享相同的频带资源，TDMA 帧以相同的结构沿着时间轴上不断重复。

图 5.18　TDMA 时隙分配

图 5.19 给出了 TDMA 系统的工作原理，其中图 5.19a 是基站向移动台传输，常称为正向传输或下行传输，图 5.19b 是移动台向基站传输，常称为反向传输或上行传输。在 TDMA 的系统中，用户在每一帧中占用固定时隙。如果用户在分配给自己的时隙上没有数据传输，则这段时间将被浪费。

a) 下行传输

b) 上行传输

图 5.19　TDMA 系统工作原理

时分多址（TDMA）应用在数字蜂窝电话系统通信中。例如，应用在北美数字式先进移动电话系统（D-AMPS），全球移动通信系统（GSM）和个人数字蜂窝系统（PDC）中。它将每个蜂窝信道划分为三个时隙，这样就可以增加信道上负载数据的总量。

2. TDMA 的帧结构

不同系统的帧长度和帧结构是不一样的，典型的帧长在几毫秒到几十毫秒之间。例如：GSM 系统的帧长为 4.6ms（每帧 8 个时隙），DECT 系统的帧长为 10ms（每帧 24 个时隙）。帧结构与通信系统的双工方式有关。移动通信系统的双工方式有频分双工（Frequency Division Duplex，FDD）和时分双工（Time Division Duplex，TDD）。

频分双工是指基站（或移动台）的收发设备工作在两个不同的频率上，并且这两个频率之间要有足够的保护间隔。如果基站在高频率发射和在低频率接收，则移动台必须相应的在低频率发射和在高频率接收。频分双工的帧结构如图 5.20 所示。

图 5.20 频分双工的帧结构

时分双工是基站（移动台）的收发设备工作在相同的频率上。通常将帧的时隙分成两部分，前一半的时隙用于基站向移动台发送（移动台接收），后一半的时隙用于移动台向基站发送（基站接收），如此交替转换，即可实现双工通信。时分双工的帧结构如图 5.21 所示。

图 5.21 时分双工的帧结构

不同系统所采用的时隙结构可能有很大的差异，即使在同一个系统中，不同传输方向（正向和反向）上的时隙结构也可能不尽相同。在 TDMA 系统中，每帧中的时隙结构的设计通常要考虑三个问题：一是控制和信令信息的传输；二是多径衰落信道的影响；三是系统的同步。

图 5.22 给出了一种时隙结构示意图，该图仅说明了时隙结构的基本形式，并没考虑不同通信系统在不同应用场景下的特殊要求。在移动通信中，信号的传播存在随机时延。由于移动台的位置在通信网内是随机分布的，也是经常变化的，移动台和基站之间的距离是一个随机变量。通信距离的不同，导致信号的传播时延也不同。因此，即使移动台与基站的时钟都非常精确，信号到达对方接收机时，也不可能完全准确地落入对方的检测时间窗。从图 5.22 中可以看到，为了防止不同时隙的信号由于时延不同而与相邻时隙的信号发生混叠，通常在时隙末尾（或开头）设置一定的保护时间。该保护时间对上行传输的时隙是不可缺少的，保护时间的大小可以根据最大通信距离估算，在保护时间内不发送信息。

3. TDMA 系统的特点

TDMA 系统与 FDMA 系统相比具有以下特点：

图 5.22 TDMA 系统的时隙结构

1) 基站复杂性减小。TDMA 系统中，N 个时分信道共用一个载波，占据相同的带宽，只需要一部收发信机，便可以避免 FDMA 系统由于多部不同频率的发射机同时工作而产生的互调干扰。

2) TDMA 系统不存在频率分配问题，对时隙的管理和分配通常要比对频率的管理和分配更简单、更经济。

3) 因为移动台只在指定的时隙中接收基站发给它的信息，因此在一帧的其他时隙中，可以测量其他基站发送的信号强度，或检测网络系统发送的广播信息和控制信息，这对于加强通信网络的控制功能和保证移动台的越区切换都是有利的。

4) TDMA 系统必须有精确的定时和同步，以保证各移动台发送的信号不会在基站发生重叠或混淆，并且移动台能够准确地在指定时隙中接收基站发给它的信号。

5) 发射信号速率随用户数的增大而提高，如果达到 100kbit/s 以上，码间干扰就将加大，必须采用自适应均衡，以补偿传输失真。

6) 抗干扰能力强，频率利用率高，系统容量大。

许多系统综合采用 FDMA 和 TDMA 技术，例如 GSM 数字蜂窝移动通信标准采用 200kHz 的 FDMA 信道，并将其再分成 8 个时隙，用于 TDMA 传输。

例 5.1 考虑每帧支持 8 个用户且数据速率为 270.833kbit/s 的 GSM TDMA 系统，试求：
1) 每一用户的原始数据速率。
2) 在保护时间、跳变时间和同步比特共占 10.1kbit/s 的情况下，每一用户的传输效率。

解：1) 每一用户的原始数据速率：$\frac{270.833\text{kbit/s}}{8} = 33.854\text{kbit/s}$。

2) 每一用户的传输效率：$(1-10.1/33.854) \times 100\% = 70.2\%$

例 5.2 假定某个系统是一个前向信道带宽为 50MHz 的 TDMA/FDD 系统，并且将 50MHz 分为若干个 200kHz 的无线信道。当一个无线信道支持 16 个语音信道，并且假设没有保护频隙时，试求出该系统所能同时支持的用户数。

解：在 GSM 中包含的同时用户数 N 为
$$N = (50000\text{kHz}/200\text{kHz}) \times 16 \text{ 个} = 4000 \text{ 个}$$
因此，该系统能同时支持 4000 个用户。

5.4.3 码分多址

1. 码分多址的原理

码分多址（Code Division Multiple Access，CDMA）是在数字技术的分支——扩频通信技术上发展起来的一种崭新而成熟的无线通信技术。在 CDMA 通信系统中，不同用户传输信息所用的信号不是靠频率的不同或时隙的不同来区分，而是用各自不同的码字来区分，或者说是靠信号的不同波形来区分，如图 5.23 所示。CDMA 蜂窝通信系统中的用户之间的信息传输也是由基站进行转发和控制的。为了实现双工通信，正向传输和反向传输各使用一个频率，即通常所说的频分双工。无论正向传输或反向传输，除了传输业务信息外，还必须传送相应的控制信息。为了传送不同的信息，需要设置相应的信道。但是，CDMA 蜂窝系统既不分频道又不分时隙，无论传送何种信息的信道都靠采用不同的码型来区分。

地址码的设计直接影响 CDMA 系统的性能，为提高抗干扰能力，地址码要用伪随机码（又称伪随机序列）。码分多址（CDMA）就是以扩频通信（Spread Spectrum Communication）为基础，利用不同码型实现不同用户信息的区分。因此，CDMA 是一种扩频多址数字式通信技术，通过独特的代码序列建立信道，可用于二代和三代无线通信中。此外，CDMA 还是一种多路方式，多路信号只占用一条信道，极大地提高了带宽使用率，可应用于 800MHz 和 1.9GHz 的超高频（UHF）移动电话系统。

图 5.23 码分多址

2. CDMA 蜂窝通信系统的多址干扰与功率控制

（1）CDMA 蜂窝通信系统的多址干扰

蜂窝通信系统无论采用何种多址方式都会存在各种各样的外部干扰以及系统本身产生的特定干扰。如果从频域或时域来观察，多个 CDMA 信号是互相重叠的。接收机用相关器可以在多个 CDMA 信号中选出其中使用预定码型的信号。其他使用不同码型的信号因为和接收机本地产生的码型不同而不能被解调。它们的存在类似于在信道中引入了噪声和干扰，通常称之为多址干扰。

CDMA 蜂窝通信系统的多址干扰都属于通信系统本身存在的内部干扰。在各种干扰中，对蜂窝系统的容量起主要制约作用的是系统本身存在的自身干扰。

CDMA 蜂窝通信系统的多址干扰分为两种情况：一是移动台在接收所属基站发送的信号时，会受到邻近小区基站发给其他移动台的信号的干扰；二是基站在接收某一特定移动台的信号时，会受到本蜂窝以及邻近蜂窝其他移动台发射信号的干扰。图 5.24 是两种多址干扰的示意图，其中图 5.24a 是移动台对基站产生的反向多址干扰，图 5.24b 是基站对移动台产生的正向多址干扰。

a) 移动台对基站产生的反向多址干扰　　b) 基站对移动台产生的正向多址干扰

图 5.24 CDMA 蜂窝系统的多址干扰

（2）CDMA 蜂窝通信系统的功率控制

在 CDMA 蜂窝移动通信系统中，由于许多电台共用一个频率发送信号或接收信号，因此近地强信号压制远地弱信号的情况会经常发生，这一现象称为"远近效应"。在 CDMA 蜂窝通信系统中，远近效应是一个非常突出的问题，主要发生在反向链路上。移动台在小区内的位置是随机分布，并且经常变化。如果移动台的发射功率按照最大通信距离设计，则当移动台靠近基站时，必然会产生过量而有害的功率辐射，导致对其他用户信号较强的干扰。解决这个问题的方法就是根据通信距离的不同，实时动态地调整发射机的辐射功率，即通常所说的功率控制。

功率控制需要遵循的原则是：当信道的传播条件突然改善时，功率控制应做出快速反应（如几微秒），以防止信号突然增强而对其他用户产生附加干扰；反之，当传播条件突然恶化时，功率调整的速度可以相对慢一些。

1）反向功率控制。反向功率控制也称上行链路功率控制，主要目的是实时调整各移动台的发射功率，使处于小区中任一位置的移动台的信号在到达基站的接收机时，具有相同的电平，而且恰好达到信干比门限要求。理想的反向功率控制既可以有效地防止远近效应，又可以最大限度地减少背景干扰。

进行反向功率控制的方法是移动台接收并检测基站发来的导频信号，根据此导频信号的强弱估计正向传输的损耗，并根据估计值调节移动台的反向发射功率。接收信号增强就降低移动台发射功率，接收信号减弱就增加其发射功率。

反向功率控制的方法简单、直接，不需要在移动台和基站之间交换控制信息，因此控制速度快并且开销小。但是此方法只对某些情况有效，例如车载移动台快速进入或离开地形起伏区或高大建筑物遮蔽区而引起的信号强度变化。而对于信号因多径传播引起的瑞利衰落导致的信号强度变化，此方法效果不好。

由于正向和反向传输使用的频率不同，通常两个频率的间隔大大超过了信道的相干带宽，因此不能认为移动台测得的正向信道上的衰落特性就等于反向信道上的衰落特性。为了解决这个问题，可以由基站检测来自移动台的信号强度，并根据检测结果，形成功率调整指令通知移动台，使移动台根据该指令调整其发射功率。实现这种方法的条件是传送、处理和执行功率调整指令的速度要快。一般情况，这种调整指令每毫秒发送一次即可。

为了保证反向功率控制的有效性和可靠性，以上两种方法可以结合使用。

2）正向功率控制。正向功率控制也称下行链路功率控制。目的是调整基站向移动台发射的功率，使处于小区中任一位置的移动台接收到的基站信号电平都恰好达到信干比门限要求。正向功率控制既可以避免当移动台靠近基站时，基站仍辐射过大的信号功率，又可以防止当移动台进入多径信号很强的位置时，因信号遭受衰落而发生通信质量下降。

与反向功率控制相似，正向功率控制可以由移动台检测其接收信号的强度，并不断比较信号电平和干扰电平。如果信干比超过了预设门限，移动台就向基站发出减小功率的请求。基站收到移动台的功率调整请求后，按一定的调整量改变相应的发射功率。

5.4.4 空分多址

空分多址（Space Division Multiple Access，SDMA）在中国第三代通信系统 TD-SCDMA 中引入，是智能天线技术的集中体现。该方式是通过空间的分割对不同的用户进行区分。移动通信中，能实现空间分割的基本技术就是采用自适应阵列天线，在不同的用户方向上形成不同的波束。SDMA 使用不同的天线波束为不同区域的用户提供接入，如图 5.25 所示。相同的频率（在 CDMA 系统中）或不同的频率（在 FDMA 系统中）用来服务于被天线波束覆盖的这些不同区域。在极限的情况下，自适应阵列天线具有极小的波束和无限快的跟踪速度（类似激光束），它可以实现最佳的 SDMA。此时，在每个小区内，每个波束可提供一个没有其他用户干扰的独立信道，尽管上述理想情况需要无限多个无线阵元，是不可实现的，但采用适当数目的阵元，也可以使系统性能获得较好的改善。同时处于同一波束覆盖范围的不同用户也容易通过与 FDMA、TDMA 和

CDMA 结合，以进一步提高系统容量。

图 5.25 SDMA

在 SDMA 系统中的所有用户，将能够用同一信道在同一时间内进行双向通信。而且一个完善的自适应阵列天线系统应能够为每个用户搜索其多个多径分量，并且以最理想的方式组合它们。由于完善的自适应阵列天线系统能收集从每个用户发来的所有有效信号能量，所以它有效地克服了多径干扰和同频干扰。尽管上述理想情况是不可实现的，它需要无限多个阵元，但采用适当数目的阵元，也可以获得较大的系统增益。

5.5 蜂窝移动通信系统的容量分析

频谱是一种十分宝贵的资源，而能分配给公用移动通信系统使用的频谱更是非常有限，因此，涉及多址方式争议的焦点之一是采用何种多址技术才能最大化频谱利用率，换句话说就是如何最大化系统容量。

系统容量用每个小区的可用信道数（ch/cell）即每小区允许同时工作的用户数（用户数/cell）来度量。此数值越大，系统的通信容量也越大。此外，还可以用每个小区的爱尔兰数（erl/cell）、每平方千米的用户数（用户数/km^2），或每平方千米小时的通话次数［通话次数/(h·km^2)］等进行度量。

蜂窝移动通信系统的无线容量可定义为

$$m_c = \frac{B_t}{B_c N} \tag{5.8}$$

式中，m_c 是无限容量大小；B_t 是分配给系统的总频谱宽度；B_c 是信道带宽；N 是区群中的小区数。

蜂窝移动通信系统由若干个小区（cell）构成。在蜂窝移动通信系统中，使用同一组频率的小区称为共道（或同道）小区，共道小区之间存在的相同频率上的相互干扰称为共道（或同道）干扰。区群的小区数越小，相邻区群的地理位置靠得越近，共道干扰就越强，这说明共道干扰是限制区群中小区个数的重要约束条件。

当蜂窝网络每个区群含七个小区，各基站均用全向天线时，其共道小区的分布如图 5.26 所

图 5.26 蜂窝网络的共道小区分布

示。由图可见,共道小区以某一小区为中心可分为许多层:第一层六个,第二层六个,第三层六个……因为在共道干扰中,来自第一层共道小区干扰最强,起主导作用,所以分析时,可以只考虑这六个共道小区所产生的干扰。令小区半径为 r,两个相邻共道小区之间的距离为 D,为了将共道干扰控制在允许的数值范围内而需要的 D/r 值称为共道干扰抑制因子,或共道再用因子,用 α 表示,即

$$\alpha = D/r \tag{5.9}$$

根据图 5.26,可得载干比的表达式

$$\frac{C}{I} = \frac{C}{\sum_{i=1}^{6} I_i + n} \tag{5.10}$$

式中,C 是信号的载波功率;n 是环境噪声功率(这里可忽略不计);I_i 是来自第 i 个通道小区的干扰功率。实际上,共道干扰分两种情况:一是基站受到的来自共道小区移动台的干扰,二是移动台受到的来自共道小区基站的干扰,如图 5.27 所示。

a) 基站所受共道干扰　　　　b) 移动台所受共道干扰

图 5.27 共道干扰

5.5.1 FDMA 和 TDMA 蜂窝系统容量

实际中通信容量的分析,无论对模拟系统还是数字系统,无论对 FDMA 系统还是 TDMA 系统,在原理上都是一样的。模拟蜂窝系统只能采用 FDMA 制式,数字蜂窝系统可以采用 FDMA、TDMA 或 CDMA 中任意一种制式。

对于模拟 FDMA 系统来说,如果采用频分复用的小区数为 N,根据对同频干扰和系统容量的

讨论可知，对于小区制蜂窝网

$$N = \sqrt{\frac{2}{3} \times \frac{C}{I}} \tag{5.11}$$

式中，C 是载波信号功率；I 是干扰信号功率。由此可求得 FDMA 的无线容量为

$$m_c = \frac{B_t}{B_c \sqrt{\frac{2}{3} \times \frac{C}{I}}} \tag{5.12}$$

对于数字 TDMA 系统来说，由于数字信道所要求的载干比可以是模拟制的 20%~25%（因为数字系统有纠错措施），因此频率复用距离可以再近一些。所以可以采用比 7 小的区群，例如一个区群内含三个小区的区群。则可求得 TDMA 的无线容量为

$$m_c = \frac{B_t}{B'_c \sqrt{\frac{2}{3} \times \frac{C}{I}}} \tag{5.13}$$

式中，B'_c 为等效带宽。若设载波间隔为 B_c，每载波共有 K 个时隙，则等效带宽为

$$B'_c = B_c / K \tag{5.14}$$

在现代数字 TDMA 通信系统中十分注意采用先进的技术措施，以提高系统的通信容量。其中最基本也是最有效的办法是采用先进的语音编码技术，这种编码技术不仅要降低语音编码的数据速率，而且要有效地进行差错防护。例如，在一个语音帧中，根据各个比特对差错敏感的程度进行分类，并分级进行编码保护，对差错不敏感的比特可以不进行编码保护。这样，采用先进语音编码的数字通信系统与模拟通信系统相比，在语音质量要求相同的情况下，可以适当降低所需的载干比（C/I），如从 18dB 降低到 10~12dB，其共道再用因子也可以减小，从而提高系统的通信容量。

5.5.2　CDMA 蜂窝系统容量

CDMA 系统的容量是干扰受限的，而 FDMA 和 TDMA 系统的容量是带宽受限的。因此，干扰的减少将导致 CDMA 容量的增加。这使得 CDMA 系统容量的计算比模拟 FDMA 系统和数字 TDMA 系统要复杂得多。

由于人们的讲话是有间歇的，在对话的过程中，通常是一方在说，另一方在听，如果利用语音激活技术，在语音的静默期压制或停止传输，则系统容量会由于背景干扰的减小而获得提高。此外，当通信系统采用扇区天线时，扇区的空间隔离作用也能减小背景干扰，从而提高系统容量。再者，对于 CDMA 蜂窝系统，所有小区都可以共用相同的频谱，这自然对提高其通信容量非常有利。因此，在使用相同频率资源的情况下，一般估计 CDMA 系统的通信容量有可能达到现有 FDMA 模拟系统的 20 倍，达到数字 TDMA 和 FDMA 系统的 4~6 倍。

决定 CDMA 蜂窝系统容量的主要参数是处理增益、E_b/N_0、语音负载周期、频率复用效率以及基站天线扇区数。

不考虑蜂窝系统的特点，只考虑一般扩频通信系统，接收信号的载干比是有用信号的功率与干扰功率的比值，可以写成

$$\frac{C}{I} = \frac{R_b F_b}{I_0 W} = \frac{E_b / I_0}{W / R_b} \tag{5.15}$$

式中，E_b 是信息的比特能量；R_b 是信息的比特率；I_0 是干扰的功率谱密度（单位 Hz 的干扰功率）；W 是总频段宽度（即 CDMA 信号所占的频谱宽度）；E_b/I_0 类似于通常所说的归一化信噪比

(E_b/N_0),其取值取决于系统对误比特率或语音质量的要求,并与系统的调制方式和编码方案有关;W/R_b是系统的处理增益。

若 N 个用户共用一个无线频道,显然每一个用户的信号都会受到其余 $N-1$ 个用户信号的干扰。假设到达一个接收机的信号强度和各个干扰强度都相等,则载干比为

$$\frac{C}{I}=\frac{1}{N-1} \tag{5.16}$$

或

$$N-1=\frac{W/R_b}{E_b/I_0} \tag{5.17}$$

若 $N \gg 1$,即 $\frac{C}{I} \approx \frac{1}{N}$,于是

$$N=\frac{W/R_b}{E_b/I_0} \tag{5.18}$$

例如,令语音编码速率 $R_b=8\text{kbit/s}$,扩频带宽为 1.25MHz。若 $E_b/I_0=6\text{dB}$,则 $N=26$,$C/I=0.038$;若 $E_b/I_0=4.5\text{dB}$,则 $N=35$,$C/I=0.029$。

结果说明,在误比特率一定的条件下,所需归一化信干比 E_b/I_0 越小,系统可以同时容纳的用户数越多。需要注意的是,以上讨论使用的假设条件是对单小区系统(没有邻近小区的干扰)而言,是指正向传输时,如果基站向各个移动台发送的信号不进行任何功率控制,移动台接收机接收到的信号和干扰就会满足这样的条件。但在反向传输中,各移动台向基站发送的信号必须进行理想的功率控制,才能使基站接收机收到的有用信号和干扰满足这样的条件。

CDMA 小区扇化有很好的容量扩充作用。利用 120°扇形覆盖的定向天线把一个蜂窝小区划分成三个扇区时,处于每个扇区中的移动用户是该蜂窝的三分之一,相应的各用户之间的多址干扰分量也就减少为原来的三分之一,从而系统的容量将增加约三倍。FDMA 和 TDMA 两种蜂窝系统如果利用扇形分区,同样可以减小来自共道小区的干扰,从而降低共道再用距离,提高系统容量。但是,倘若系统的共道再用距离不变,即区群的小区数不变,只将小区划分成扇区,通信容量也不会得到提高。因为各相邻扇区的信道不允许重复,而将每个小区的信道总数在几个扇区中平均分配,小区单位面积的信道数并未改变。也就是说,FDMA 和 TDMA 两种系统的容量虽然可以从降低共道再用距离方面获得好处,但不像 CDMA 系统那样,分成三个扇区,系统容量就会增大至原来的三倍。

令 G 为扇区数,CDMA 系统的容量公式可被修正为

$$N=\frac{(W/R_b)G}{(E_b/I_0)d} \tag{5.19}$$

式中,d 为语音的占空比。

5.6 系统移动性管理

当某个移动用户在随机接入信道上呼叫另一个移动用户或某个固定网用户时,或者某个固定网用户呼叫移动用户时,公共陆地移动网络(Public Land Mobile Network,PLMN)就开始了一系列操作。这些操作涉及基站、移动台、移动交换中心、各种数据库,以及网络的各个接口。这些操作将建立或释放控制信道和业务信道,进行设备和用户的识别,完成无线线路和地面线路的交换和连接,最终在主呼和被呼用户之间建立通信链路并提供服务。这个过程就是呼叫接续过程。

当移动用户从一个位置区漫游到另一个位置区时,也将引起网络各个功能单元的一系列操

作。这些操作将引起各种位置寄存器中移动台位置信息的登记、修改或删除，若移动台正在通话，则将引起越区切换。以上就是蜂窝系统的移动管理过程。

5.6.1 位置登记和更新

位置登记又称注册，指的是通信网为了跟踪移动台的位置变化而对其位置信息进行登记、删除和更新的过程。由于数字蜂窝网的用户密度大于模拟蜂窝网，因此位置登记过程必须更快、更精确。

5.5 位置登记和更新

以 GSM 系统为例，位置信息存储在归属位置寄存器（HLR）和访问位置寄存器（VLR）中。GSM 蜂窝通信系统把整个网络的覆盖区域划分为许多位置区，并以不同的位置区标志进行区别，如图 5.28 中的 LA_1、LA_2、LA_3、LA_4、…。

图 5.28 位置区划分

系统中某个移动用户首次入网时，必须通过移动交换中心（MSC）在相应的归属位置寄存器（HLR）中登记注册，把与它有关的参数（如移动用户识别码、移动台编号及业务类型等）全部存放在这个位置寄存器中。

移动台的不断运动将导致其位置的不断变化。它通过侦听广播信息得知自己的位置，如果自己位置改变，则上报自己所在的位置。这个过程称为"位置更新"。这种变动的位置信息由访问位置寄存器（VLR）进行登记。移动台可能远离其原籍地区而进入其他地区"访问"，该地区的 VLR 要对这种来访的移动台进行位置登记，并向该移动台的 HLR 查询其有关参数。此 HLR 要临时保存该 VLR 提供的位置信息，以便为其他用户（包括固定的市话网用户或另一个移动用户）呼叫此移动台提供所需的路由。VLR 所存储的位置信息不是永久性的，一旦移动台离开了它的服务区，该移动台的位置信息即被删除。

位置区的标志在广播控制信道（BCCH）中播送。移动台开机后，搜索此 BCCH，从中提取所在位置区的标志。如果移动台从 BCCH 中获得的位置区标志就是它原来用的（上次通信所用）位置区标志，则不需要进行位置更新；如果两者不同，则说明移动台已经进入新的位置区，必须进行位置更新。移动台将通过新位置区的基站发出位置更新的请求。

移动台可能在不同情况下申请位置更新。比如，在任一个地区中进行初始位置登记，而在同一个 VLR 服务区中进行越区位置登记；或者在不同的 VLR 服务区中进行越区位置登记等。不同情况下进行位置登记的具体过程会有所不同，但基本方法都是一样的。图 5.29 给出的是使用 MS 的 IMSI 请求在不同的 VLR 服务区中进行位置登记的过程，其他情况可以此类推。

当移动台进入某个访问区需要进行位置登记时，它就向该区的 MSC 发出"位置登记请求（LR）"。若 LR 中携带的是"国际移动用户识别码（IMSI）"，新的访问位置寄存器（VLR）$_n$ 在收到MSC"更新位置登记"的指令后，可根据IMSI直接判断出该移动台（MS）的归属位置寄存器（HLR）。$(VLR)_n$给该MS分配漫游号码（MSRN），并向该HLR查询"MS的有关参数"，获得成功后，再通过MSC和BS向MS发送"更新位置登记"的确认信息。HLR要对该MS原来的移动参数进行修改，还要向原来的访问位置寄存器（VLR）$_0$发送"位置信息注销"指令。

图 5.29 位置登记过程举例

移动台可能处于开机状态，也可能处于关机状态。移动台的开机状态又称为激活状态，关机状态又称为非激活状态。移动台由开机状态转入关机状态时，要在有关的VLR和HLR中设置一个特定的标志，使系统拒绝对该用户进行呼叫，以避免在无线链路上发送无效的寻呼信号，这种功能称为IMSI分离。移动台由关机状态转入开机状态时，移动台取消IMSI分离标志，恢复正常工作，这种功能称为IMSI附着。IMSI分离和IMSI附着统称为IMSI分离/附着。

如果MS向系统发送IMSI附着信息时，无线网链路质量很差，则有可能产生传输差错，导致系统认为MS仍处于分离状态。如果MS向系统发送IMSI分离信息时，无线网链路质量很差，则有可能产生传输差错，导致系统认为MS仍处于附着状态。

为了解决上述问题，系统还采用周期性登记方式，要求移动台每隔一段时间登记一次。如果系统没有收到移动台的周期登记信息，则VLR就以分离作标志，称为"隐分离"。

5.6.2 越区切换

越区切换（Handover或Handoff）是指将当前正在进行的移动台与基站之间的通信链路从当前基站转移到另一个基站的过程，又称为自动链路转移（Automatic Link Transfer，ALT）。越区切换分为硬切换和软切换两大类。硬切换是指在新的连接建立以前，先中断旧的连接；软切换是指既维持旧的连接，又同时建立新的连接，并利用新旧链路的分集合并来改善通信质量，当与新基站建立可靠连接之后再中断旧链路。

越区切换的研究包括以下几个方面的内容：①越区切换的原因，即为何要进行越区切换；②越区切换的准则，即何时需要进行越区切换；③越区切换如何控制，包括同一类型小区之间的切换控制以及不同类型小区之间的切换控制；④越区切换时的信道分配。评价越区切换的主要性能指标有越区切换的失败概率、因越区切换失败而使通信中断的概率、越区切换的速率、越区切换引起的通信中断的时间间隔、越区切换发生的时延等。

1. 越区切换的原因

1）当一个正在通话或有数据连接（例如，正在通过GPRS上网）的移动台从一个小区进入另一个小区时，为避免掉话或数据断开，需要进行越区切换。

2）在一个小区中，当连接一个新的通话的能力达到上限时，并且发起这个新的通话的移动台在另一个小区的覆盖范围时，为了均衡负载，需要进行越区切换。

3）在非码分多址接入系统中，某一移动台使用的信道可能会与相仿小区的某一移动台使用的信道相干扰，在这种情况下，需要将该移动台的通信信道切换到同一小区的不同信道或相邻小区的不同信道，以降低干扰。

4）在码分多址接入系统中，为了减小对相邻小区的干扰，需要进行软切换。

2. 越区切换的准则

通常可是根据移动台处接收的平均信号强度来决定何时需要进行越区切换，也可根据移动台的信噪比（或信号干扰比）、误比特率等参数来决定，如图 5.30 所示。下面介绍越区切换准则。

图 5.30 越区切换

1）相对信号强度准则（准则1）：在任何时间都选择具有最强接收信号的基站。如图 5.30 中的 A 处将发生越区切换。此准则的缺点是，在原基站的信号强度仍满足要求的情况下，会引发太多不必要的越区切换。

2）具有门限规定的相对信号强度准则（准则2）：仅允许移动用户在当前基站的信号足够弱（低于某一门限），并且新基站的信号强于本基站的信号情况下，才可以进行越区切换。如图 5.30 所示，当门限为 Th_2 时，在 B 点将会发生越区切换。

该准则中，门限选择非常重要。如图 5.30 所示，当门限过高（取为 Th_1）时，该准则与准则 1 相同；当门限过低（取为 Th_3）时，则会引起较大的越区时延。此时，可能因链路质量太差而导致通信中断，也会产生对同道用户的额外干扰。

3）具有滞后余量的相对信号强度准则（准则3）：仅允许移动用户在新基站的信号强度比原基站信号强很多（即大于滞后余量）的情况下进行越区切换。如图 5.30 中的 C 处将发生越区切换。该准则可以防止由于信号波动导致的移动台在两个基站之间来回重复切换，即"乒乓效应"。

4）具有滞后余量和门限规定的相对信号强度准则（准则4）：仅允许移动用户在当前基站的信号电平低于规定门限，并且新基站的信号强度高于当前基站某一给定滞后余量时进行越区切换。

当然还有其他类型的准则，例如通过预测技术（即预测未来信号电平的强弱）来决定是否需要切换，还可以考虑人或车辆的运动方向和路线等。

3. 越区切换的控制策略

越区切换的控制包括两个方面：参数控制和过程控制。参数控制上面已经提到，此处主要讨论过程控制。在移动通信系统中，过程控制主要有三种：

1）移动台控制的越区切换。采用该方式，移动台连续监测当前基站和几个越区候选基站的信号强度和质量。当满足某种越区切换准则时，移动台选择具有可用业务信道的最佳候选基站，并发送越区切换请求。

2）网络控制的越区切换。在该方式中，基站监测来自移动台的信号强度和质量，当信号低于某个门限时，网络开始安排向另一个基站的切换。网络要求移动台周围的所有基站都监测该移动台的信号，并将测量结果报告给网络。网络从这些基站中选择一个基站作为越区切换的新基站，并把结果通过旧基站通知移动台和新基站。

3）移动台辅助的越区切换。采用该方式，网络要求移动台测量其周围基站的信号并把结果报告给旧基站，网络根据测量结果决定何时进行越区切换以及切换到哪一个基站。

4. 越区切换的信道分配

越区切换时的信道分配是解决当呼叫要转换到新小区时，新小区是如何分配信道的。越区切换时信道分配的目的是使得越区失败的概率尽量小，常用的做法是在每个小区预留部分信道专门用于越区切换。采用该策略，由于新呼叫的可用信道数的减少，会增加呼损率，但通信被中断的概率降低，符合人们使用习惯。

5. 越区切换的案例分析

切换失败是影响网络服务质量的最大问题。因此分析切换失败的原因，加强整改力度，对改善移动通信网络服务质量至关重要，以下结合 GSM-R 网络覆盖异常导致切换失败的案例进行分析。根据 GSM-R 无线网络覆盖要求，覆盖合格标准为：220km/h 以下的高速铁路满足接收电平为−95dBm 的概率应达到 95% 以上；220～280km/h 之间的线路满足接收电平在［−95dBm，−92dBm］的概率为 95% 以上；280km/h 以上的线路满足接收电平为−92dBm 的概率应达到 95% 以上。无线网络覆盖异常主要存在弱覆盖和过覆盖两种情况，都会对越区切换产生影响。弱覆盖是指网络覆盖未满足要求，主要原因为设备故障、设备参数设置不合理等；过覆盖问题更为常见，是指基站覆盖范围过大，甚至超过其他基站的覆盖范围，在切换过程中可能引发孤岛效应，造成切换失败。

如图 5.31 所示为某线路下行的通信服务质量测试曲线图，由图中可见在 K1959+150 处发生切换失败。MY-HM02 基站的信号（1009 频点）过强，一直到 HM-JMC03 基站均有较强覆盖。在

图 5.31　某线路下行 K1959+150 处切换失败检测

HM-JMC01 和 HM-JMC02 之间存在乒乓切换的现象,从 1005 频点切换到了错误的 1009 频点,又由 1009 频点切回 1005 频点,最后由 1005 频点切至正确频点 1010。在 HM-JMC02 切换至 HM-JMC03 过程中,由于话音质差,从 1010 频点切换到错误频点 1000,又从频点 1000 切换 1009 频点。由于 1009 频点和正确的 1001 频点没有邻区关系,所以无法回切至 HM-JMC03 小区,最终导致切换失败和掉话。后续通过调整 MY-HM02 基站功率及天线俯仰角,降低下行方向覆盖范围,可使该问题得到解决。

思考与练习题

1. 说明大区制和小区制的概念,指出小区制的主要优点。
2. 要解决大区制系统上、下行传输增益差的问题,可采取哪些技术措施?
3. 什么是同频干扰?它是如何产生,如何减少的?
4. 什么是同频道复用距离?它会带来什么影响?
5. 什么是邻道干扰?它是如何产生,如何减少的?
6. 什么是互调干扰?它是如何产生,如何减少的?
7. 为何蜂窝小区要采用正六边形,而不采用其他形状?
8. 在面状覆盖区中,用六边形表示一个小区,每一个簇的小区数量 N 应该满足的关系式是什么?
9. 某小区制移动通信网,无线区群小区个数 $N=7$,小区半径 $r=3$km,试计算同频道小区的中心距离。
10. 什么是中心激励?什么是顶点激励?采用顶点激励方式有什么好处?
11. 蜂窝状网的固定频道分配有哪两种方法?各有什么特点?
12. 某小区制移动通信网中,每个区群有四个小区,每个小区有五个信道。试用等频距指配法完成群内小区的信道配置。
13. 时分多址系统与频分多址系统相比较有何特点?
14. CDMA 蜂窝系统中,功率控制的原则是什么?
15. 什么是位置登记?什么情况下需要进行位置登记?
16. 什么是位置更新?什么情况下需要进行位置更新?
17. 什么是越区切换?为何要进行切换?
18. 软切换和硬切换的区别是什么?
19. 越区切换有哪些准则?

第 6 章 2G/B2G移动通信系统

第一代蜂窝移动通信网也称模拟蜂窝网,尽管在刚推出时用户迅速增长,但有很多不足之处,例如:不能实现国际漫游;信号质量差,设备价格高;用户容量受到限制,系统扩容困难;保密性差、安全性差等。20世纪90年代初,各个国家开始致力于开发新的第二代移动通信技术。但各国的技术标准不统一,每个国家的手机只能在本国使用。这种技术上的不合理制约了资讯的共享和发展,限制了消费者的选择和权利,不利于技术的推广和发展。为了解决全欧移动电话自动漫游的问题,采用统一的制式得到了欧洲邮电主管部门会议成员国的一致赞成。为了推动这项工作的进行,于1982年成立了移动通信特别小组(Group Special Mobile,GSM),着手进行泛欧蜂窝状移动通信系统的标准制定工作,以便在不同国家之间能够实现无缝连接。经过6年的研究和探讨,GSM小组开发出了一种可以在全球范围内通用的第二代移动通信技术标准——GSM标准。

GSM技术的推出,使得各个国家之间的手机可以彼此认可,公民可以自由地使用移动电话进行通信,极大地方便了人们的生活,并提高了社会的效率和发展。同时,这一技术的共享和传播,也向全世界展示了当国际合作取得成功时,技术创新能够起飞的潜力。开发和推广国际技术标准对促进科技创新、打破技术封锁,实现国家间的合作交流和技术发展的共享创造了条件。通过多学科领域间的交流合作,吸引优秀人才、建立团队合作和研究规划,加强与社会和公众组织的合作沟通,能够激发创新意识,提高团队协作能力和创新能力,促进现代科技的进步。

本章主要介绍第二代移动通信系统GSM系统、IS-95 CDMA系统,以及2G向3G过渡的GPRS系统、EDGE系统、CDMA2000 1x 三大系统。

6.1 GSM 系统概述

全球移动通信(Global System For Mobile Communications,GSM)系统是泛欧数字蜂窝移动通信网的简称。它具有数字传输的种种优点,并克服了模拟系统的很多缺陷,话音质量、保密性能获得很大的提高,而且可以进行省内、省际自动漫游。自20世纪90年代初期投入商用以来,得到了迅猛的发展,被全球上百个国家采用。我国拥有世界上最大的GSM网络。

数字蜂窝移动通信系统之所以能迅速发展,其基本原因有两个:

1)采用多信道共用和频率复用技术,频率利用率高。
2)系统功能完善,具有越区切换、全球漫游等功能,与市话网互连,可以直拨市话、长话、国际长途,计费功能齐全,用户使用方便。

1987年,就泛欧数字蜂窝移动通信采用时分多址(TDMA)、规则脉冲激励—长期线性预测编码(RPE-LTP)、高斯滤波最小频移键控(GMSK)等技术,取得一致意见,并提出了如下主要参数:

频段:935~960MHz(基站发,移动台收);890~915MHz(移动台发,基站收)。

频带宽度：25MHz。

通信方式：全双工。

载频间隔：200kHz。

信道分配：每载频 8 时隙；全速信道 8 个，半速信道 16 个（TDMA）。

信道总速率：270.8kbit/s。

调制方式：GMSK，$B_bT_b=0.3$。

话音编码：13kbit/s，规则脉冲激励-长期线性预测编码。

数据速率：9.6kbit/s。

抗干扰技术：跳频技术（217 跳/s），分集接收技术，交织信道编码，自适应均衡技术。

6.1.1　GSM 系统的特点

GSM 数字移动通信系统最主要的特点可简述如下：

1）漫游功能。GSM 的移动台具有漫游功能，可以实现国际漫游。

2）提供多种业务。除了能提供话音业务外，还可以开放各种承载业务，补充业务等与 ISDN 相关的业务，可与 ISDN 兼容。GSM 提供的新业务，包括 300~9600bit/s 双工异步数据、1200~9600bit/s 双工同步数据、分组数据和话音数字信号、可视图文以及对 ISDN 终端的支持等。

3）较好的抗干扰能力和保密功能。GSM 可向用户提供以下两种主要的保密功能：①对移动台识别码加密，使窃听者无法确定用户的移动台电话号码，起到对用户位置保密的作用；②将用户的话音、信令数据和识别码加密，使非法窃听者无法收到通信的具体内容。

4）越区切换功能。在无缝覆盖的蜂窝移动通信网中，要确保通话不因用户的位置改变而中断，越区切换是必不可少的功能。GSM 采取移动台参与越区切换的策略。移动台在通话期间，不断向所在工作小区基站报告本小区和相邻小区无线信号测量的详细数据。当基站根据收到的测量数据，判断需要进行越区切换时，基站控制器向切换的目标小区发出启动空闲信道的命令，待目标小区确认信道激活后，基站向移动台发出越区切换命令，目标小区根据来自移动台的接入请求，确认移动台已切换完成，并使移动台在该信道上继续通信。同时基站将通知原通话小区释放原占用信道。

5）GSM 系统容量大、通话音质好。

6）具有灵活和方便的组网结构。

6.1.2　GSM 系统网络结构

一个完整的 GSM 系统主要由网络子系统（NSS）和基站子系统（BSS）组成［在 R99 版本以后已相应改称为核心网（CN）和无线接入网（RAN）］，此外还有大量移动台（MS），是用户接入移动通信网的用户设备。网络运营部门为管理整个移动通信系统还需配置专门的操作支持子系统（OSS），如图 6.1 所示。

6.1　GSM 系统的网络结构剖析

GSM 系统的各子系统之间和子系统内部各功能实体之间存在大量的接口。为保证各厂商的设备能够实现互连，在 GSM 技术规范中对它做了详细的规定。基站子系统（BSS）在移动台（MS）和网络子系统（NSS）之间提供管理传输通路，包括 MS 与 GSM 系统功能实体之间的无线接口管理。NSS 负责管理和控制通信业务，保证 MS 与 MS 之间、MS 与相关的公用通信网或与其他通信网之间建立通信，即 NSS 不直接与 MS 连接，BSS 也不直接与公用通信网连接。MS、BSS 和 NSS 组成 GSM 系统的实体部分。操作支持子系统（OSS）负责系统中各网元的集中管理与维护功能。

第 6 章 2G/B2G 移动通信系统

OSS—操作支持子系统　BSS—基站子系统　NSS—网络子系统　NMC—网络管理中心　DPPS—数据库处理系统
PCS—用户识别卡个人化中心　SEMC—安全性管理中心　OMC—操作维护中心　MSC—移动交换中心
VLR—访问位置寄存器　HLR—归属位置寄存器　AUC—鉴权中心　EIR—移动设备识别寄存器
BSC—基站控制器　BTS—基站收发信台　PSTN—公用电话网　ISDN—综合业务数字网
PDN—公用数据网　MS—移动台

图 6.1　GSM 系统网络结构

1. 移动台（MS）

移动台是公用 GSM 移动通信网中用户使用的设备，是整个 GSM 系统中用户能够直接接触的唯一设备。移动台的类型有车载台、便携台和手持台。

移动台能通过无线方式接入通信网络，为主叫和被叫用户提供通信所需的各种控制和处理。移动台还具备与使用者之间的接口，如完成通话呼叫所需要的话筒、扬声器、显示屏和按键，或者提供与其他一些终端设备之间的接口，如与个人计算机或传真机之间的接口，或同时提供这两种接口。因此，根据用户应用情况，移动台可以是单独的移动终端（MT），也可以由移动终端（MT）与终端设备（TE）传真机相连接而构成，或者可以由移动终端（TE）通过相关终端适配器（TA）与终端设备（TE）相连接而构成。

移动台的主要功能有：

1) 通过无线接入通信网络，完成各种控制和处理以提供主叫或被叫通信。

2) 具备与使用者之间的人机接口，例如要实现话音通信必须要有送、受话器，键盘以及显示屏幕等，或者与其他终端设备相连接的适配器，或两者兼有。

移动台的另一个重要组成部分是用户识别模块（Subscriber Identify Module，SIM），它是用户身份的体现。SIM 以存储磁卡的形式出现，移动台上只配有读卡装置，SIM 上存储有用户相关信息，其中包括鉴权和加密信息，移动台中必须插入 SIM 卡才能工作，只有在处理异常的紧急呼叫时，可在没有 SIM 卡的情况下操作。SIM 卡的应用使移动台并非固定地束缚于一个用户，因为 GSM 系统是通过 SIM 卡来识别移动电话用户的，无论在什么地方，用户只要将其 SIM 卡插入其他移动台设备，同样可以获得用户自己所注册的各种通信服务。SIM 卡的使用，为用户提供了一种非常灵活的使用方式，这为将来发展个人通信打下了基础。

移动台还涉及用户注册与管理。移动台依靠无线接入，不存在固定的线路，移动台本身必须具备用户的识别号码，这些用于识别用户的数据资料是用户在与运营商签约时一次性写入标志该用户身份的 SIM 卡上的。

2. 基站子系统（BSS）

广义地讲，基站子系统（BSS）包含了 GSM 系统中无线通信部分的所有地面基础设施，它通过无线接口直接与移动台相连，负责无线发送、接收和无线资源控制与管理。此外，BSS 通过接口与移动交换中心（MSC）相连，并受移动交换中心（MSC）控制，处理与交换业务中心的接口信令，完成移动用户之间或移动用户与固定用户之间的通信连接，传送系统控制信号和用户信息等。因此 BSS 可视作移动台与交换机之间的桥梁。BSS 还建立与操作支持子系统（OSS）之间的通信连接，为维护人员提供一个操作维护接口，使系统运行时有良好的维护手段，BSS 部分结构如图 6.2 所示。

图 6.2 BSS 部分结构

BSS 可分为两部分，即基站收发信台（BTS）和基站控制器（BSC）。

（1）基站收发信台（BTS）

BTS 是通过无线接口与移动台一侧相连的基站收发信台，主要负责无线传输；BSC 一侧与 BTS 接口相连，另一侧与交换机相连，负责整个无线资源的控制和管理。BTS 包括无线传输所需要的各种硬件和软件，如发射机、接收机、支持各种小区结构所需要的天线、连接基站控制器的接口电路以及收发信台本身所需要的检测和控制装置等。BTS 可以直接与 BSC 相连接，也可以通过基站接口设备（BIE）采用远端控制的连接方式与 BSC 相连接。BTS 的天线通常安装在几十米外的天线铁塔上，通过馈线电缆与收发信机架相连接。

（2）基站控制器（BSC）

BSC 是基站收发信台和移动交换中心之间的连接点，也为基站收发信台和操作维护中心之间交换信息提供接口。一个基站控制器通常可控制大量的基站收发信台，其主要功能是进行无线信道控制与管理，实行呼叫和通信链路的建立和拆除，并对本控制区内移动台的越区切换进行控制等。在 GSM 系统结构中，BSC 还有一个重要的功能部件称为码型转换器/速率适配器（TC），它使 GSM 系统空中接口上的低速率信号（全速 16kbit/s 或半速 8kbit/s）与 PCM 传输线路中标准的 64kbit/s 信号速率相适配。TC 大多数场合都实现于 BSC 内，以提高 BTS 与 BSC 之间传输线路的效率。

3. 网络子系统（NSS）

NSS 具有系统交换功能和数据库功能，数据库中存有用户数据及移动性、安全性管理所需的数据，在系统中起着管理作用。NSS 内各功能实体之间和 NSS 与 BSS 之间通过七号信令协议经七号信令网络相互通信。

NSS 由移动交换中心（MSC）、归属位置寄存器（HLR）、访问位置寄存器（VLR）、鉴权中心（AUC）、移动设备识别寄存器（EIR）和操作维护中心（OMC）等基本功能实体构成。

（1）移动交换中心（MSC）

MSC 是蜂窝通信网络的核心，其主要功能是对于本 MSC 控制区域内的移动用户进行通信控制与管理。例如：①信道的管理与分配；②呼叫的处理和控制；③越区切换和漫游的控制；④用户位置登记与管理；⑤用户号码和移动设备号码的登记与管理；⑥服务类型的控制；⑦对用户实施鉴权与加密；⑧为系统与其他网络连接提供接口，例如与其他 MSC、公用通信网络［如公用电话网（PSTN）、综合业务数字网（ISDN）、其他运营商的蜂窝移动通信网络（PLMN）和公用数据网（PDN）］等连接提供接口，保证用户在移动或漫游过程中实现无中断的服务。

MSC 可从 HLR、VLR 和 AUC 三种数据库中获取处理用户位置登记和呼叫请求所需的全部数据，反之，MSC 也根据它所获取的最新信息请求更新数据库中的部分数据。

大容量移动通信网中的 NSS 可包括若干个 MSC、VLR 和 HLR。当其他通信网的用户呼叫 GSM 移动网用户时，首先将呼叫接入到关口移动交换中心，称为 GMSC，由关口交换机负责向用户归属的 HLR 获取位置信息，并把呼叫转接到可对该移动用户提供即时服务的 MSC（即移动用户当前所在的 MSC），亦称为被访 MSC（VMSC）。GMSC 具有其他通信网与 NSS 实体互通的接口，其功能可在 MSC 中实现，也可用独立节点实现。当 GSM 的用户要呼叫其他通信网的用户时，汇接 MSC（TMSC）用作 GSM 系统与其他通信网络之间的转接接口。TMSC 的功能与 PSTN 网络的汇接局相似，可与 GMSC 合并实现于同一物理实体中。

（2）归属位置寄存器（HLR）

HLR 是一种用来存储本地用户信息的数据库。在蜂窝通信网中，通常设置若干个 HLR，每个用户都必须在某个 HLR 中登记。登记的内容分为两类：①永久性的参数，如用户号码、移动设备号码、接入的优先等级、预定的业务类型以及鉴权加密参数等；②暂时性的需要随时更新的参数，即用户当前所处 MSC 的位置有关参数。这样做的目的是保证当呼叫任一个移动用户时，无论他在何处，均可由该移动用户的归属位置寄存器获知它当时处于哪一个 MSC 的服务区，进而建立起通信链路。

（3）访问位置寄存器（VLR）

VLR 是一种用于存储来访用户位置信息的数据库。一个 VLR 通常与一个 MSC 合并实现于同一个物理设备中，表示为 MSC/VLR，用于存储活动在该 MSC 服务区的所有用户的业务数据与位置数据。当移动用户漫游到新的 MSC 控制区时，它必须向该区的 VLR 申请登记。VLR 要从该用户的 HLR 查询与它有关的参数，通知其 HLR 修改其中存储的用户所在的 MSC 服务区的位置信息，准备为其他用户呼叫此移动用户时提供路由信息。当移动用户由一个 MSC/VLR 服务区移动到另一个 MSC/VLR 服务区时，HLR 在修改该用户的位置信息后，还要通知原来的 VLR，删除此移动用户的位置信息。

（4）鉴权中心（AUC）

AUC 的作用是可靠地识别用户的身份，只允许有权用户接入网络并获得服务。GSM 系统采取了特别的安全措施，例如，用户鉴权，对无线接口上的话音和数据信息进行加密等。因此，AUC 存储着鉴权信息和加密密钥，用来防止无权用户进入系统和保证通过无线接口的移动用户通信的安全。AUC 通常与 HLR 物理上合并实现，视作 HLR 的功能单元之一，专用于 GSM 系统的安全性管理。

(5) 移动设备识别寄存器（EIR）

EIR 存储着移动设备的国际移动设备识别码（IMEI），用于对移动设备的鉴别和监视，并拒绝非法移动台入网。EIR 通过核查白色清单、灰色清单或黑色清单这三种表格，在表格中分别列出了准许使用的、出现故障需监视的和失窃不准使用的移动设备的 IMEI，使得运营部门对于网络中非正常运行的 MS 设备，都能采取及时的防范措施，以确保网络内所使用的移动设备的唯一性和安全性。但由于此功能的开通既会增加用户与网络运营商使用的负担，也不利于手机的更新换代，我国的移动业务运营商均未向普通用户提供此功能。

(6) 操作维护中心（OMC）

OMC 的任务是对全网进行监控和操作，例如，系统的自检、报警与备用设备的激活，系统的故障诊断与处理，话务量的统计和计费数据的记录与传递，以及各种资料的收集、分析与显示等。

从电信管理网（TMN）的发展角度考虑，OMC 应具备与高层次的 TMN 进行通信的接口功能，以保证 GSM 网络能与其他电信网络一起进入先进、统一的电信管理网络中进行集中操作与维护管理。

4. 操作支持子系统（OSS）

OSS 的主要功能是移动用户管理、移动设备管理以及网络操作和维护。移动用户管理包括用户数据管理和呼叫计费。用户数据管理一般由 HLR 来完成，用户数据可从营业部门的人机接口设备通过网络传到 HLR 上，SIM 卡的管理也是用户数据管理的一部分，但须用专门的 SIM 个人化设备来完成。呼叫计费由移动用户所访问的各个 MSC 或 GMSC 分别实时生成通话详单后，经与后台计费中心之间的数据接口直接送到该计费中心，集中处理计费数据。在移动通信环境下，计费管理要比固定网复杂得多。计费设备要为网内的每个移动用户收集来自各方面的计费信息。网络操作与维护实现对 BSS 和 NSS 的操作与维护管理任务。

总之，OSS 是一个相对独立的管理和服务中心，它主要包括网络管理中心（NMC）、安全性管理中心（SEMC）、用于用户设备卡管理的个人化中心（PCS）、用于集中计费管理的数据库处理系统（DPPS）等功能实体。

6.2 GSM 移动通信网络接口

6.2.1 GSM 系统的主要接口

为了保证网络运营部门能在充满竞争的市场条件下，灵活选择不同供应商提供的数字蜂窝移动通信设备，GSM 系统在制定技术规范时就对其子系统间及各功能实体间的接口和协议作了详细的定义，使不同供应商提供的 GSM 系统设备均符合统一的 GSM 规范，而达到互通、组网的目的。GSM 系统各接口采用的分层协议结构是符合开放系统互连（OSI）参考模型的，分层的目的是允许隔离各组信令协议功能，按连续的独立层描述协议，每层协议在明确的服务接入点对上层协议提供它自己特定的通信服务。本节主要介绍 GSM 移动通信网中的接口类型及位置。

系统的主要接口是指 A 接口、Abis 接口、Um 接口、Sm 接口和网络子系统的各种内部接口，如图 6.3 所示。这五类接口的定义和标准化能保证不同供应商生产的移动台、基站子系统和网络子系统设备能融入同一个 GSM 数字移动通信网运行和使用。

1. A 接口

A 接口定义为网络子系统 NSS 与基站子系统 BSS 间的通信接口，从系统的功能实体来说，就是 MSC 与 BSC 间的互连接口，其物理链接通过采用标准的 2.048Mbit/s PCM 数字传输链路来实现。此接口传递的信息包括移动台管理、基站管理、移动性管理和接续管理等。

图 6.3　GSM 系统中的接口

2. Abis 接口

Abis 接口定义为基站子系统的两个功能实体即基站控制器（BSC）和基站收发信台（BTS）间的通信接口，用于 BTS（不与 BSC 并置）与 BSC 间的远端互连，物理链接通过采用标准的 2.048Mbit/s 或 64kbit/sPCM 数字传输链路来实现。作为 Abis 接口的一种特例，也可用于与 BSC 并置的 BTS 与 BSC 间的直接互连，此时 BSC 与 BTS 间的距离小于 10m。此接口支持所有向用户提供的服务，并支持对 BTS 无线设备的控制和无线频率的分配。然而，由于该接口在 GSM 中未提供统一规范，致使目前的 GSM 网络组网中，BSC 与其下连接的所有 BTS 必须为同一厂家的设备。

3. 空中接口（Um 接口）

Um 接口定义为移动台（MS）与基站收发信台（BTS）间的通信接口，用于移动台与 GSM 系统设备间的互通，其物理链接通过无线链路实现。此接口传递的信息包括无线资源管理、移动性管理和接续管理等。

4. 用户与网络间的接口（Sm 接口）

Sm 接口指用户与网络间的接口，主要包括用户对移动终端进行操作，移动终端向用户提供显示、信号音等，此接口还包括用户识别卡（SIM）与移动设备（ME）间接口。

5. 网络子系统内部接口

网络子系统由 MSC、VLR、HLR/AUC 及 EIR 等功能实体组成。因此，GSM 技术规范定义了不同的接口以保证各功能实体间接口的标准化。

在网络子系统 NSS 内部，各功能实体间已定义了 B、C、D、E、F 和 G 接口。这些接口的通信（包括 MSC 与 BSS 间的通信）全部由七号信令系统支持，GSM 系统与 PSTN 间的通信目前亦采用七号信令的综合业务数字网用户部分（ISUP）协议。与移动性相关的信令是采用七号信令的移动应用部分（MAP）协议，用于 NSS 内部接口间的通信；与呼叫相关的信令则采用 ISUP。ISUP 信令必须符合国家制定的相应技术规范，MAP 信令则必须符合 GSM 技术规范。

(1) B 接口

B 接口定义为 VLR 与 MSC 间的内部接口，用于 MSC 向 VLR 询问有关移动台当前的位置信息或者通知 VLR 有关移动台的位置更新信息等。由于目前 MSC 与 VLR 均以同一物理节点的方式配置，故此接口已成为同一物理设备内部的接口。

(2) C 接口

C 接口定义为 HLR 与 MSC 间的接口，用于传递路由选择和管理信息。当需要建立一个至移动用户的呼叫时，GMSC 应向被叫用户所归属的 HLR 询问被叫移动台当前所活动的 MSC 的地址，然后经此接口与该 MSC 利用七号信令进行联络，请求此 MSC 提供临时的呼叫连接号码，即移动用户漫游号码（MSRN）。C 接口的物理链接方式与 D 接口相同。

（3）D 接口

D 接口定义为 HLR 与 VLR 间的接口，用于交换有关移动台位置和用户管理的信息，保证移动台在整个 GSM 的服务区内建立和接收呼叫。GSM 系统中一般把 VLR 综合于 MSC 中，而把 HLR 与 AUC 综合在同一物理实体内。因此，D 接口的物理链接是通过 MSC 与 HLR 间标准的 2.048Mbit/s PCM 数字传输链路所提供的七号信令通道来实现的。

（4）E 接口

E 接口定义为相邻区域的不同 MSC 间的接口，当移动台在一个呼叫进行过程中，从一个 MSC 控制的区域移动到相邻的另一个 MSC 控制的区域时，为不中断通信需完成越区切换，此接口用于切换过程中交换有关切换信息以启动和完成切换。E 接口的物理链接方式是通过 MSC 间的 2.048Mbit/s PCM 数字传输链路所提供的七号信令通道实现的。

（5）F 接口

F 接口定义为 MSC 与 EIR 间的接口，用于交换相关的 IMEI 管理信息。目前 GSM 系统中一般把 EIR 综合于 MSC 中实现，该接口亦称为设备内部接口。

（6）G 接口

G 接口定义为 VLR 间的接口。当采用 TMSI 的 MS 进入新的 MSC/VLR 服务区域时，此接口用于向分配 TMSI 的 VLR 询问此移动用户的 IMSI 信息。G 接口的物理链接方式与 E 接口相同。在目前的 MSC 池的组网方式下，此接口成为重要的必备接口。

6.2.2 GSM 系统与其他公用电信网的接口

其他公用电信网主要是指公用电话网（PSTN）、综合业务数字网（ISDN）、分组交换公用数据网（PSPDN）和电路交换公用数据网（CSPDN）等。GSM 系统通过 MSC 与这些公用电信网互连，其接口必须满足 ITU 的有关接口和信令标准及各个国家通信运营部门制定的与这些电信网有关的接口和信令标准。

根据我国现有 PSTN 的发展现状和 ISDN 的发展前景，GSM 系统与 PSTN 和 ISDN 网的互连方式采用七号信令系统接口。其物理链接方式是通过 MSC 与 PSTN 或 ISDN 交换机之间标准 2.048Mbit/s 的 PCM 数字传输链路实现的。

6.2.3 无线接口

无线接口是移动台与基站收发信台之间接口的统称，是移动通信实现的关键，是不同系统的区别所在。GSM 系统使用了 TDMA 时分多址的概念，每帧包括八个时隙（TS），从 BTS 到 MS 为下行信道，相反的方向为上行信道。本节主要介绍 GSM 系统无线接口中信道的类型、数据格式、逻辑信道与物理信道的映射、MS 的测试过程、移动用户的接续处理过程。

1. 信道的定义

（1）物理信道

GSM 系统中，一个载频上的 TDMA 帧的一个时隙为一个物理信道，它相当于 FDMA 系统中的一个频道。因此，GSM 中每个载频分为八个时隙，有八个物理信道，即信道 0~7（对应时隙 TS_0~TS_7），每个用户占用一个时隙用于传递信息，在一个 TS 中发送的信息称为一个突发脉冲序列。

（2）逻辑信道

大量的实现不同功能的信息传递于 BTS 与 MS 间，GSM 中根据传递信息的种类定义了不同的逻辑信道。逻辑信道是一种人为的定义，在传输过程中要被映射到某个物理信道上才能实现信息的物理传输。逻辑信道可分为两类，即业务信道和控制信道。

2. 逻辑信道的分类

（1）业务信道（TCH）

业务信道，亦称为话音信道，用于传送编码后的用户语音或用户数据。

（2）控制信道（CCH）

为了建立呼叫，GSM 设置了多种控制信道，除了与模拟蜂窝系统相对应的广播控制信道、寻呼信道和随机接入信道外，数字蜂窝系统为了加强网络控制能力，增加了慢速随路控制信道和快速随路控制信道等。控制信道用于传递信令或同步数据，根据其实现的具体控制功能不同，可分为三类：广播信道、公共控制信道及专用控制信道。

1）广播信道（BCH）：可分为频率校正信道（FCCH）、同步信道（SCH）和广播控制信道（BCCH）三种，全为下行信道。

① FCCH：此信道用于传送校正 MS 频率的信息。

② SCH：此信道用于传送发给 MS 的帧同步（TDMA 帧号）和 BTS 的识别码（BSIC）的信息。

③ BCCH：此信道广播每个 BTS 小区特定的通用信息，包括基站的位置区信息，周期性登记的周期等通用信息，共计八大类。

2）公共控制信道（CCCH）是基站与移动台间的点到多点的双向信道，可分为：寻呼信道（PCH）、随机接入信道（RACH）和允许接入信道（AGCH）三种。

① PCH：此信道用于寻呼（搜索）该区域内活动的 MS，是下行信道。

② RACH：用于 MS 在寻呼响应或主动接入系统时向系统申请分配独立专用控制信道（SDCCH），是上行信道。

③ AGCH：此信道用于为 MS 分配一个 SDCCH，是下行信道。

3）专用控制信道（DCCH）可分为：独立专用控制信道（SDCCH）、慢速随路控制信道（SACCH）和快速随路控制信道（FACCH）。

① SDCCH：用于在分配 TCH 前的呼叫建立过程中传送 Um 接口的大量信令。例如，登记和鉴权、主叫发起呼叫的拨号数字信息以及连接到被叫时，送给被叫的所有呼叫连接信息，均在此信道上进行。

② SACCH：与一个业务信道（TCH）或一个独立专用控制信道 SDCCH 相关（实为周期性地借用上述两类信道），用以传送相关控制信息的信道，如传送移动台接收到的关于服务及邻近小区的信号强度测试报告、MS 的功率管理和时间的调整等。SACCH 是上、下行双向，点对点（移动对移动）信道。

③ FACCH：与一个业务信道（TCH）相关，在语音传输期间，如果突然需要以比 SACCH 所能处理的高得多的速率传送信令信息，则借用 20ms 的语音（数据）突发脉冲序列来传送信令，这种情况通常在切换时使用。由于语音解码器会重复最后 20ms 的语音，所以这种中断不易被用户察觉。

GSM 系统空中接口逻辑信道配置如图 6.4 所示。

3. 突发脉冲序列

系统中有不同的逻辑信道，这些逻辑信道以某种方式映射到物理信道，为了了解上面提到的映射关系，首先介绍突发脉冲序列的概念。

图 6.4　GSM 空中接口逻辑信道配置图

TDMA 信道上一个时隙中的信息格式称为突发脉冲序列，也就是说信道以固定的时间间隔（TDMA 信道上每八个时隙中的一个）发送某种信息的突发脉冲序列，每个突发脉冲序列共156.25bit，占时 0.577ms。突发脉冲序列共有以下五种类型。

（1）普通突发脉冲序列（NB）

NB 用于携带业务信道以及除 RACH、SCH 和 FCCH 以外的控制信道上的信息。NB 结构如图 6.5 所示。

TB (3bit)	加密比特 (57bit)	1bit	训练序列 (26bit)	1bit	加密比特 (57bit)	TB (3bit)	GP (8.25bit)
0.577ms(156.25bit)							

图 6.5 普通突发脉冲序列（NB）

加密比特是 57bit 的加密数据或编码后的语音。1bit 为"借用标志"，表示这个突发脉冲序列是否被 FACCH 信令借用。训练序列共 26bit，是一串已知比特，供均衡器用于产生信道模型以消除时间色散。训练比特可以用不同的序列，分配给小区中使用相同频率的前向信道，以克服它们间的干扰。尾比特 TB 总是 000，帮助均衡器知道起始位和停止位，因均衡器中使用的方法需要一个固定的起始和停止点。

8.25bit 为保护间隔 GP，是一个空白间隔，不发送任何信息。由于每个频道最多有 8 个用户，因此必须保证他们使用各时隙发射时不互相重叠。由于移动台在呼叫时不断移动，在实际中很难使每个突发脉冲序列精确同步，来自不同移动台的突发脉冲序列彼此间仍会有小的"滑动"，或在送到基站时由于移动台到基站的距离不同而具有不同的时延。为了保证它们间各自使用的时隙不至造成重叠，故而采用 8.25bit 的保护间隔，8.25bit 相当于大约 30μs 的时间。GP 可使发射机在 GSM 建议的技术要求许可范围内上下波动。

（2）频率校正突发脉冲序列（FB）

FB 用于构成 FCCH，使 MS 获得频率上的同步。FB 结构如图 6.6 所示。图中 142bit 为固定比特，使调制器发送一个频偏为 67.5kHz 的全"0"比特。

TB (3bit)	固定比特 (142bit)	TB (3bit)	GP (8.25bit)
0.577ms(156.25bit)			

图 6.6 频率校正突发脉冲序列（FB）

（3）同步突发脉冲序列（SB）

SB 用于构成 SCH，使移动台获得与系统的时间同步。SB 包括一个易被检测的长同步序列，及携带有 TDMA 帧号和基站识别码（BSIC）信息的加密信息，其结构如图 6.7 所示。

TB (3bit)	加密比特 (39bit)	同步序列 (64bit)	加密比特 (39bit)	TB (3bit)	GP (8.25bit)
0.577ms(156.25bit)					

图 6.7 同步突发脉冲序列（SB）

图 6.7 中，39bit 的加密比特包含 25bit 的信息位、10bit 的奇偶校验和 4bit 的尾比特，再经 1:2 卷积编码，得到总比特数 78bit，分成两个 39bit 的编码段填入。其中 25bit 信息位由两部分组

成：6bit 基站识别码（BSIC）信息，19bit TDMA 帧号。

TDMA 帧号：GSM 的特性之一是用户信息的保密性，这是通过在发送信息前对信息进行加密实现的。加密序列的算法中，TDMA 帧号为一个输入参数，因此，每一帧都必须有一帧号。帧号是以 2715648 个 TDMA 帧为周期循环的，有了 TDMA 帧号，移动台就可根据这个帧号判断控制信道 TS_0 上传送的是哪一类逻辑信道。

当移动台进行信号强度测量时，用 BSIC 检测进行基站的识别，以防止在同频小区上测量。

（4）接入突发脉冲序列（AB）

AB 用于 MS 主呼或寻呼响应时随机接入，它有一个较长的保护时间间隔（68.25bit）。这是因为移动台的首次接入或切换到一个新的基站后不知道时间提前量，移动台可能远离基站，这意味着初始突发脉冲序列会迟一些到达，由于第一个突发脉冲序列没有时间提前，为了不与正常到达的下一个时隙中的突发脉冲序列重叠，此突发脉冲序列必须要短一些，保护间隔长一些。AB 结构如图 6.8 所示。

TB (3bit)	同步序列 (41bit)	加密比特 (36bit)	TB (3bit)	GP (68.25bit)

0.577ms(156.25bit)

图 6.8　接入突发脉冲序列（AB）

图 6.8 中 36bit 为加密比特，包含 8bit 的信息位、6bit 的奇偶校验和 4bit 的尾比特，共 18bit，经 1∶2 的卷积编码得到 36bit 后填入。8bit 的信息位中，3bit 为接入原因，用于表明紧急呼叫等；5bit 为随机鉴别器，用于检查确定碰撞后的重发时间。

（5）空闲突发脉冲序列（DB）

当用户无信息传输时，用 DB 代替 NB 在 TDMA 时隙中传送。DB 不携带任何信息，不发送给任何移动台，格式与普通突发脉冲序列相同，只是其中加密比特改为具有一定的比特模型的混合比特。

4. 逻辑信道到物理信道的映射

传递各种信息的信道，在传输过程中要放在不同载频的某个时隙上，才能实现信息的传送。假设一个基站有 n 个载频，由 C_0、C_1、C_2、…、C_n 表示，每个载频有八个时隙。一个系统的不同小区使用的 C_0 不一定是同一载波，C_n 表示小区内的不同载波。

（1）TS_0 上的映射

图 6.9 给出了广播信道 BCH 和公共控制信道 CCCH 在一个小区内的 TS_0 上的复用。

图 6.9　BCH 与 CCCH 在 TS_0 上的复用

广播信道和公共控制信道以 51 个时隙的帧重复，但是从所占的时隙来看只用了 TDMA 帧的 TS_0，在空闲帧之后从 F、S 开始。图 6.9 中，F 表示 FCCH，用于移动台的频率同步；S 表示

SCH，移动台据此读取 TDMA 帧号和 BSIC，获得时间上的同步；B 表示 BCCH，移动台由此读取有关小区的通用信息；I 表示 IDLE，为空闲帧，不发送任何信息。

当没有呼叫时，基站也总在发射，使移动台能够测试基站的信号强度，以确定使用哪个小区更合适，即当移动台开机、越区切换时，FCCH、SCH 及 BCCH 总在发射。C_0 的 $TS_1 \sim TS_7$ 时隙也一样常发，如果没有信息传送，则用空闲突发脉冲序列代替。

对上行链路，C_0 上的 TS_0 不包含上述信道，TS_0 用作移动台的接入，如图 6.10 所示，这里只给出了 51 个连续 TDMA 帧的 TS_0。图中 R 表示 RACH。

图 6.10　RACH 在 TS_0 上的复用

BCCH、FCCH、SCH、PCH、AGCH 和 RACH 均映射到 TS_0，RACH 映射到上行链路，其余信道映射到下行链路。

（2）TS_1 上的映射

SDCCH 和 SACCH 下行链路在 TS_1 上的复用如图 6.11 所示，C_0 上的 TS_1 用来将专用控制信道映射到物理信道，共 102 个时隙重复一次。由于呼叫建立和登记时的比特率相当低，可在一个 TS（TS_1）上放八个专用控制信道，使时隙的利用率提高。

图 6.11　SDCCH 和 SACCH（下行链路）在 TS_1 上的复用

SDCCH 和 SACCH 上行链路在 TS_1 上的复用与下行链路类似，102 个时隙构成一个时分复用帧，如图 6.12 所示。

图 6.12　SDCCH 和 SACCH（上行链路）在 TS_1 上的复用

SDCCH 用 D_X 表示，只在移动台建立呼叫时用，移动台转到 TCH 上开始通话或登记结束后释放，即可提供给其他移动台使用。

在传输建立阶段（也可能是切换时），必须交换控制信令，如功率调整、无线测量数据等，移动台的这些信令在 SACCH 上由 A_x 传送。

在载频 C_0 上 TS_1 时隙的上行链路结构与下行链路相同，只是时间上有一个偏移，偏移 3TS，使 MS 可进行双向接续，如图 6.12 所示。

（3）TCH 的映射

C_0 上的上、下行信道的 TS_0、TS_1 由控制信道使用，TS_2~TS_7 则分给业务信道使用。

业务信道（TCH）的物理信道的映射如图 6.13 所示，在 TS_2 上的信息构成了一个业务信道。业务信道（TCH）上、下行链路共 26 个 TS，包含 24 个信息帧、一个控制帧和一个空闲帧。在空闲帧后序列从头开始，图 6.13 中，T 表示 TCH，包括编码语音或数据，用于通话和低速数据传送；A 表示随路信道（SACCH 或 FACCH），用于传送控制信息，如命令调整输出功率。若某 MS 分配到 TS_2，每个 TDMA 帧的每个 TS_2 包含了此移动台的信息，直到该 MS 通信结束。只有空闲帧是个例外，它不含任何信息，移动台以一定方式使用它，空闲帧后，序列从头开始。

上行 TCH 的结构与下行 TCH 一样，但也有 3TS 的偏移，时间偏移是 3 个 TS，也就是说上、下行的 TS_2 不同时出现，这意味着移动台不必收发同时进行，如图 6.14 所示。

C_0 上的全部时隙如下：

TS_0：逻辑控制信道，重复周期 51 个 TS。

TS_1：逻辑控制信道，重复周期 102 个 TS。

TS_2~TS_7：逻辑业务信道，重复周期 26 个 TS。

图 6.13 TCH 的复用

图 6.14 TCH 上下行偏移

6.3 GSM 的主要业务

GSM 系统可提供功能完备的业务，从信息类型分，包括语音业务和数据业务，从业务的提供方式可分为基本业务和补充业务。本节简单介绍 GSM 系统提供的各类业务。

6.3.1 GSM 的基本业务

GSM 的基本业务包括：电话业务、紧急呼叫业务、短消息业务、语言信箱业务、传真和数据通信业务等。

1. 电话业务

电话业务是 GSM 系统提供的最基本的业务，可提供移动用户与固定网用户间的实时双向通话，也可提供两个移动用户间的实时双向通话。

2. 紧急呼叫业务

在紧急情况下，移动用户可拨打紧急服务中心的号码获得服务。紧急呼叫业务优先于其他业务，在移动用户没有插入 SIM 卡时也可使用。

3. 短消息业务

短消息业务就是用户可以在移动电话上直接发送和接收文字或数字消息，因传送的文字信息短而称为短消息业务。短消息业务包括移动台间点对点的短消息业务，以及小区广播式短消息业务。

点对点的短消息业务由短消息中心完成存储和前转功能。点对点短消息业务的收发在呼叫状态或待机状态下均可进行，系统中由控制信道传送短消息业务，其消息量限制在 160 个英文/数字字符或 70 个中文字符。短消息中心是与 GSM 系统相分离的独立实体，与 HLR 相似，通常设置于用户的归属地，并且无论用户移动到哪里，该用户所发出的短消息均由该短消息中心负责存储并成功转发至指定的接收短消息的用户手机上。

小区广播式短消息业务是 GSM 网络以有规则的间隔向移动台广播具有通用意义的短消息，如天气预报等。移动台在开机状态下即可接收显示广播消息，消息量限制在 92 个英文/数字字符或 41 个中文字符。

4. 语音信箱业务

语音信箱业务是有线电话服务中派生出来的一项业务。语音信箱是存储声音信息的设备，按声音信息归属于某用户来存储声音信息的，用户可根据自己的需要随时提取。在其他用户呼叫 GSM 移动用户而不能接通时，可将声音信息存入此用户的语音信箱，或直接拨打该用户的语音信箱留言。

语音信箱业务有三种操作，分别是用户留言、用户以自己的 GSM 移动电话提取留言、用户以其他电话提取留言。

5. 传真和数据通信业务

全球通移动传真与数据通信服务可使用户在户外或外出途中收发传真、阅读电子邮件、访问 Internet、登录远程服务器等。

用户可以在 GSM 移动电话上连接一个计算机的 PCM-CIA 插卡，然后将此插卡插入个人计算机，这样就可以发送和接收传真、数据。

6.3.2　GSM 的补充业务

补充业务是对基本业务的改进和补充，它不能单独向用户提供，而必须与基本业务一起提供，同一补充业务可应用到若干个基本业务中，补充业务的大部分功能和服务不是 GSM 系统所特有的，也不是移动电话所特有的，而是直接继承固定电话网的，但也有少部分是为适应用户的移动性而开发的。

用户在使用补充业务前，应在归属局申请使用手续，在获得某项补充业务的使用权后才能使用。系统按用户的选择提供补充业务，用户可随时通过移动电话通知系统为自己提供或删除某项具体的补充业务。用户在移动电话上对补充业务的操作有：激活补充业务（从现在开始本移动电话使用某项补充业务）、删除补充业务（从现在开始本移动电话暂不使用原已激活的某项补充业务）、查询补充业务。

GSM 的主要补充业务如下。

1. 号码识别类补充业务

1）主叫号码识别显示：向被叫方提供主叫方的 ISDN 号码，即来电显示业务。

2）主叫号码识别限制：限制将主叫方的 ISDN 号码提供给被叫方。

3）被叫号码识别显示：将被叫方的 ISDN 号码提供给主叫方，通常用于有呼叫转移的业务情况。

4) 被叫号码识别限制：限制将被叫方的 ISDN 号码提供给主叫方。

2. 呼叫提供类补充业务

1) 无条件呼叫转移：被服务的用户可以使网络将呼叫他的所有入局呼叫连接到另一号码。
2) 遇忙呼叫转移：当遇到被叫移动用户忙时，将入局呼叫接到另一个号码。
3) 无应答呼叫转移：当遇到被叫移动用户无应答时，将入局呼叫接到另一号码。
4) 不可及呼叫转移：当移动用户未登记、没有 SIM 卡、无线链路阻塞或移动用户离开无线覆盖区域而无法找到时，网络可将入局呼叫接到另一号码。

3. 呼叫限制类补充业务

1) 闭锁所有出呼叫：不允许有呼出。
2) 闭锁所有国际出呼叫：阻止移动用户进行所有出局国际呼叫，仅可与当地的 PLMN 或 PSTN 建立出局呼叫，不管此 PLMN 是否为归属的 PLMN。
3) 闭锁除归属 PLMN 国家外所有国际出呼叫：仅可与当地的 PLMN 或 PSTN 用户，及归属 PLMN 国家的 PLMN 或 PSTN 用户建立出局呼叫。
4) 闭锁所有入呼叫：该用户无法接收任何入局呼叫。
5) 当漫游出归属 PLMN 国家后，闭锁入呼叫：当用户漫游出归属 PLMN 国家后，闭锁所有入局呼叫。

4. 呼叫完成类补充业务

1) 呼叫等待：可以通知处于忙状态的被叫移动用户有来话时呼叫等待，然后由被叫选择接受还是拒绝这一等待中的呼叫。
2) 呼叫保持：允许移动用户在现有呼叫连接上暂时中断通话，让对方听录音通知，而在随后需要时，重新恢复通话。
3) 至忙用户的呼叫完成：主叫移动用户遇被叫用户忙时，可在被叫空闲时获得通知，如主叫用户接受回叫，网络可自动向被叫发起呼叫。

5. 多方通信类补充业务

多方通话：允许一个用户和多个用户同时通话，并且这些用户间也能相互通话。也可以根据需要，暂时将与其他方的通话置于保持状态而只与某一方单独通话，任何一方可以独立退出多方通话。

6. 集团类补充业务

移动虚拟网 VPN：一些用户构成用户群，群内用户相互通信可采用短号码，用另一种方式计费；与群外用户通信，则按常规方式拨号和计费。

7. 计费类补充业务

计费通知：该业务可以将呼叫的计费信息实时地通知应付费的移动用户。

6.4 GSM 无线网络规划

GSM 网络规划一般侧重两个问题：第一个问题是针对一般性的电信系统，涉及交换设备和传输链路的规划；第二个问题是无线网络规划，这是蜂窝无线通信系统的特殊问题，涉及无线覆盖和频率规划等。

6.2 网络规划

GSM 无线网络规划设计目标是指导工程以最低的成本建造成符合近期和远期话务的需求，具有一定服务等级的移动通信网络。具体地讲就是要最大限度地达到服务区内时间、地点的无线覆盖，满足所要求的通信概率；在有限的带宽内通过频率复用，提供尽可能大的系统容量；尽可能减少干扰，达到所要求的服务质量；在满足容量要求的前提下，尽量减少系统设备单元，降低成本等。当然上面的目标有些是互相冲突的,所以实际的系统实现常常是上述目标折中解决的产物。

GSM 无线网络规划与优化是一个阶梯式循环往复的过程。对于一个 GSM 网络来说,移动用户在不断地增长,无线环境在不断地变化,话务分布情况也在变化之中,因此,GSM 网络是在循环往复的网络规划与优化的过程中不断发展壮大起来的。无线网络规划与优化的总体流程如图 6.15 所示。

图 6.15　无线网络规划与优化的总体流程

网络规划主要包括以下基本过程和内容。

1. 网络规划资料收集与调查分析

为了使所设计的网络尽可能达到运营商要求,适应当地通信环境及用户发展需求,必须进行网络设计前的调查分析工作。调查分析工作要求做到尽可能的详细,充分了解运营商需求,了解当地通信业务发展情况以及地形、地物、地貌和经济发展等信息。调研工作包括以下几个部分:

1) 了解运营商对将要建设的网络的无线覆盖、服务质量和系统容量等要求。
2) 了解服务区内地形、地物和地貌特征,调查经济发展水平、人均收入和消费习惯。
3) 调查服务区内话务需求分布情况。
4) 了解服务区内运营商现有网络设备性能及运营情况。
5) 了解运营商通信业务发展计划、可用频率资源,并对规划期内的用户发展做出合理预测。
6) 收集服务区的街道图、地形高度图,如有必要,需购买电子地图。

2. 勘察、选址和传播模型校正

基站的勘察、选址工作由运营商与网络规划工程师共同完成,网络规划工程师提出选址建议,由运营商与业主协商房屋或地皮租用事宜,委托设计院进行工程可行性勘察,并完成机房、铁塔设计。网络规划工程师通过勘察、选址工作,了解每个站点周围电波传播环境和用户密度分布情况,并得到站点的具体经纬度。

为了更准确地了解无线规划区内电波传播特性,规划工程师可将几类具有代表性的地形、地物、地貌特征区域内指定频段的测试数据或现有网络测试数据(已建网络)整理以后,输入网络规划软件进行传播模型的校正,供下一步规划计算使用。

3. 网络容量规划

根据对规划区内的调研工作,综合所收集到的信息,结合运营商的具体要求,在对规划区内用户发展正确预测的基础上,根据运营商确定的服务等级,从而确定整个区域内重要部分的话务分布和布站策略、站点数目和投资规模等,充分考虑当地高层建筑、楼房和高塔的分布,基本确定站点分布及数目。对于站点的位置及覆盖半径,必须考虑到话务需求量、传播环境、上下行信号平衡等对基站覆盖半径的限制,及建站的综合成本等诸方面的因素。对网络进行初步容量规划,得出:

1) 满足规划区内话务需求所需的基站数。
2) 每个基站的站型及配置。
3) 每个扇区提供的业务信道数、话务量及用户数。
4) 每个基站提供的业务信道数、话务量及用户数。
5) 整个网络提供的业务信道数、话务量及用户数。

此步骤的规划是初步规划，通过无线覆盖规划和分析，可能要增加或减少一些基站，经过反复的过程，最终确定基站数目和站点位置。

4. 无线覆盖设计及覆盖预测

无线覆盖规划最终目标是在满足网络容量及服务质量的前提下，以最少的造价对指定的服务区提供所要求的无线覆盖。无线覆盖规划工作有以下几个部分：

初步确定工程参数，如基站发射功率、天线选型（增益、方向图等）、天线挂高和馈线损耗等。进行上下行信号功率平衡分析、计算。通过功率平衡计算得出最大允许路径损耗，初步估算出规划区内在典型传播环境中，不同高度基站的覆盖半径。

将数字化地图、基站名称、站点位置以及工程参数网络规划软件进行覆盖预测分析，并反复调整有关工程参数、站点位置，必要时要增加或减少一些基站，直至达到运营商提出的无线覆盖要求为止。

5. 频率规划及干扰分析

频率规划决定了系统最大用户容量，也是减少系统干扰的主要手段。网络规划工程师运用规划软件进行频率规划，并通过同频、邻频干扰预测分析，反复调整相关工程参数和频点，直至达到所要求的同、邻频干扰指标。

6. 无线资源参数设计

合理地设置基站子系统的无线资源参数，保证整个网络的运行质量。从无线资源参数所实现的功能上来分，需要设置的参数有如下几类：

1) 网络识别参数。
2) 系统控制参数。
3) 小区选择参数。
4) 网络功能参数。

无线资源参数通过操作维护台子系统配置。网络规划工程师根据运营商的具体情况和要求，并结合一般开局的经验来设置，其中有些参数要在网络优化阶段根据网络运行情况做适当调整。无线网络规划工作由于技术性强，涉及的因素复杂且众多，所以它需要专业的网络规划软件来完成。规划工程师利用网络规划软件对网络进行系统的分析、预测及优化，从而初步得出最优的站点分布、基站高度、站型配置、频率规划和其他网络参数。网络规划软件在整个网络规划过程中起着至关重要的作用，它在很大程度上决定了网络规划与优化的质量。

6.5 窄带 CDMA 移动通信系统

CDMA 移动通信网由扩频、多址接入、蜂窝组网和频率再用等几种技术结合而成，它用相互正交的编码来区分不同的用户、基站和信道。相比于其他系统，CDMA 系统具有较大的优势，其特点如下：

1) CDMA 系统的许多用户使用同一频率、占用相同带宽，各个用户可同时发送或接收信号。CDMA 系统中各用户发射的信号共同使用整个频带，发射时间是任意的，所以，各用户的发射信号在时间上、频率上都可能互相重叠，信号的区分只是所用地址码不同。因此，采用传统的滤波器或选通门是不能分离信号的,对某用户发送的信号,只有与它相匹配的接收机通过相关检测才能正确接收。

2) CDMA 通信容量大。CDMA 系统容量的大小主要取决于使用编码的数量和系统中干扰的大小,采用语音激活技术也可增大系统容量。CDMA 系统的容量约是 TDMA 系统的 4~6 倍,FDMA 系统的 20 倍左右。

3) CDMA 系统具有软容量特性。CDMA 是干扰受限系统,任何干扰的减少都直接转化为系统容量的提高。CDMA 系统多增加一个用户只会使通信质量略有下降,不会出现阻塞现象。而 TDMA 中同时可接入的用户数是固定的,无法再多接入任何一个用户。也就是说,CDMA 系统容量与用户数间存在一种"软"关系,在业务高峰期,系统可在一定程度上降低系统的误码性能,以适当增多可用信道数。当某小区的用户数增加到一定程度时,可适当降低该小区的导频信号的强度,使小区边缘用户切换到周边业务量较小的区域。

4) CDMA 系统可采用"软切换"技术。CDMA 系统的软容量特性可支持过载切换的用户,直到切换成功。当然,在切换过程中其他用户的通信质量可能受些影响。软切换指用户在越区切换时先不中断与原基站间的通信,而是在与目标基站取得可靠通信后,再中断与原基站的联系。在 CDMA 系统中切换时只需改变码型,不用改变频率与时间,其管理与控制相对比较简单。

5) 具有良好的抗干扰、抗衰落性能和保密性能。由于信号被扩展在一较宽的频谱上,频谱宽度比信号的相关带宽大,则固有的频率分集具有减小多径衰落的作用。同时,由于地址码的正交性和在发送端将频谱进行了扩展,在接收端进行逆处理时可很好地抑制干扰信号。非法用户在未知某用户地址码的情况下,不能解调接收该用户的信息,信息的保密性较好。

6.5.1 IS-95 CDMA 系统概述

IS-95 CDMA 系统是由美国高通公司设计并于 1995 年投入运营的窄带 CDMA 系统,美国通信工业协会(TIA)基于该窄带 CDMA 系统颁布了 IS-95 CDMA 标准系统,因此,它与 GSM 都是第二代移动通信的主要系统。

IS-95 标准全称是"双模式宽带扩频蜂窝系统的移动台-基站兼容标准",IS-95 标准提出了"双模系统",该系统可以兼容模拟和数字操作,从而易于模拟蜂窝系统和数字系统之间的转换。

IS-95 CDMA 系统由三个独立的子系统组成,即移动台(MS)、基站子系统(BSS)和网络交换子系统(NSS),如图 6.16 所示。总体来看,其网络结构与 GSM 系统相近。

移动台是双模移动台,与 AMPS 模拟 FDMA 系统兼容。基站子系统是设于某一地点、服务于一个或几个蜂窝小区的全部无线设备及无线信道控制设备的总称,主要包括集中基站控制器(CBSC)和若干个基站收发信台(BTS),CBSC 由码转换器(XC)和移动管理器(MM)组成。

网络交换子系统包括移动交换中心(MSC)、归属位置寄存器(HLR)、访问位置寄存器(VLR)、鉴权中心(AUC)、消息中心(MC)、短消息实体(SME)和操作维护中心(OMC)。MSC 是完成对位于它所服务区域中的移动台进行控制、交换的功能实体,也是蜂窝网与其他公用交换网或其他 MSC 之间的用户话务的自动设备。VLR 是 MSC

图 6.16 IS-95 CDMA 系统网络结构

作为检索信息用的位置登记器，例如：它可以处理发至或来自一个访问用户的呼叫信息。HLR 是为了记录注册用户身份特征的位置登记器，登记的内容是用户信息，例如 ESN、DN、IMSI（MIN）、服务项目信息、当前位置和批准有效时间段等。AUC 是一个管理与移动台相关的鉴权信息的功能实体。MC 是一个存储和传送信息的实体。SME 是一个合成和分解短消息的实体。

该系统是一种直接序列扩频 CDMA 系统，它允许同一小区内的用户使用相同的无线信道，完全取消了对频率规划的要求。工作频段为 1.2288MHz，可提供 64 个码道。为了克服多径效应，采用 Rake 接收、交织和天线分集技术。CDMA 系统具有频率资源共享的特点，具有越区软切换能力。为了减少远近效应，采用严格的功率控制技术。前向链路和反向链路采用不同的调制扩频技术，在前向链路上，基站通过采用不同的扩频序列同时发送小区内全部用户的用户数据，同时还要发送一个导频码，使得所有移动台在估计信道条件时，可以使用相干载波检测；在反向链路上，所有移动台以异步方式响应，并且由于基站的功率控制，理想情况下，每个移动台具有相同的信号电平值。

IS-95 CDMA 蜂窝系统开发的声码器采用码激励线性预测（CELP）编码算法，也称为 QCELP 算法，其基本速率是 8kbit/s，但是可随输入语音消息的特征而动态地分为四种，即 8kbit/s、4kbit/s、2kbit/s、1kbit/s，可以 9.6kbit/s、4.8kbit/s、2.4kbit/s、1.2kbit/s 的信道速率分别传输。

在数字蜂窝通信系统中，全网必须具有统一的时间基准，这种统一而精确的时间基准对 CDMA 蜂窝系统来说尤为重要。

CDMA 蜂窝系统利用全球定位系统（GPS）的时标，GPS 的时间和世界协调时间（UTC）是同步的，二者之差是秒的整倍数。

各基站都配有 GPS 接收机，保持系统中各基站有统一的时间基准，称为 CDMA 系统的公共时间基准。移动台通常利用最先到达并用于解调的多径信号分量建立时间基准。如果另一条多径分量变成了最先到达并用于解调的多径分量，则移动台的时间基准要跟踪到这个新的多径分量。

6.5.2　IS-95 CDMA 系统的无线传输方式

在窄带 CDMA 系统中，通常采用 FDMA/CDMA 的混合多址传输方式，即将可使用的频段分成许多 1.25MHz 间隔的频道，一个蜂窝小区占用一个频道或同时使用多个频道。在一个工作频道上，CDMA 再以码分多址的方式分为许多个信道，这样的信道称为逻辑信道。

由于正、反向链路传输的要求不同，因此正、反向链路上信道的种类及作用也不同。如图 6.17 所示是 IS-95 CDMA 蜂窝系统的传输信道，分为基站到移动台的正向传输逻辑信道和移动台到基站的反向传输逻辑信道。

1. 正向传输逻辑信道

IS-95 CDMA 蜂窝系统的一个正向传输信道，以 64 维的 Walsh 码划分成 64 个逻辑信道。典型的配置方式包括 4 种传输信道，分别是 1 个导频信道、1 个同步信道、7 个寻呼信道（允许的最多信道数）和 55 个正向业务信道。但正向传输逻辑信道配置并不是固定的，其中导频信道必须有，而同步信道和寻呼信道在需要的情况下可以改作业务信道。在业务最繁忙时，逻辑信道的配置可以是 1 个导频信道、0 个同步信道、0 个寻呼信道和 63 个业务信道。4 种传输信道的功能如下：

1）导频信道（Pilot Channel）：导频信道传输由基站连续发送的导频信号，导频信号是一种无调制的直接序列扩频信号，使移动台可迅速而精确地捕获信道的定时信息，并提取相干载波进行信号的解调。移动台通过对周围不同基站的导频信号进行检测与比较，可以决定什么时候

图 6.17　IS-95 CDMA 蜂窝系统的传输信道

需要进行越区切换。

2）同步信道（Sync Channel）：同步信道主要传输同步信息，在同步期间，移动台利用此同步信息进行同步调整。一旦同步完成，它通常不再使用同步信道，但当设备关机重新开机时，还需重新进行同步。当通信业务量很多，所有业务信道均被占用而不够用时，此同步信道也可临时改作业务信道使用。

3）寻呼信道（Paging Channel）：寻呼信道在呼叫接续阶段传输寻呼移动台的信息。移动台通常在建立同步后，接着就选择一个寻呼信道来监听系统发出的寻呼信息和其他指令。在需要时，寻呼信道可以改作业务信道使用，直至全部用完。

4）正向业务信道（Forward Traffic Channel）：正向业务信道共有 4 种传输速率（9600bit/s、4800bit/s、2400bit/s、1200bit/s）。业务速率可以逐帧（20ms）改变，以动态地适应通信者的语音特征。例如，发音时传输速率提高，停顿时传输速率降低，这样做有利于减少 CDMA 系统的多址干扰，以提高系统容量。在业务信道中，还要插入其他的控制信息，如链路功率控制和越区切换指令等。

2. 反向传输逻辑信道

反向传输逻辑信道由两种信道组成，即接入信道和业务信道。业务信道与正向业务信道相同。接入信道与正向传输的寻呼信道相对应，传输指令、应答和其他有关信息，被移动台用来初始化呼叫等。CDMA 反向传输信道与正向传输信道相似，只是具体参数有所不同。

接入信道（Access Channel）：当移动台没有使用业务信道时，接入信道提供移动台到基站的传输通路，在其中发起呼叫，对寻呼进行响应以及传送登记注册等短消息。接入信道和正向传输中的寻呼信道相对应，以相互传送指令、应答和其他有关的消息。在反向信道中，最少有 1 个，最多有 32 个接入信道。

反向业务信道（Traffic Channel）：与正向业务信道相对应。用于在呼叫建立期间传输用户业务信息和指令信息。

6.5.3　功率控制

1. 功率控制功能

CDMA 系统中所有的移动台在相同的频段工作，所以其中任意一个用户的通信信号对其他用户的通信都是一个干扰。通话的用户数越多，互相之间的干扰就越大，解调器输入端的信噪比就越低。当干扰达到一定的限度时，系统就不能正常工作了，就 CDMA 系统的容量来说是干扰受限系统

6.3　IS-95 CDMA 系统的控制功能

（FDMA 和 TDMA 是频率受限系统）。为了获得大容量、高质量的通信，CDMA 移动通信系统必须具有功率控制功能。

功率控制包括反向链路的功率控制和正向链路的功率控制，反向链路的功率控制是分布式控制，用来控制移动台的发射功率大小，使得基站接收到的所有移动台发射到基站的信号功率基本相等。反向链路的功率控制使得各个用户之间相互干扰最小，并能达到克服"远近效应"（指当基站同时接收两个距离不同而发射功率相同的移动台发来的信号时，由于距离基站较近的移动台信号较强，距离较远的移动台信号较弱，则距离基站近的移动台的强信号将对另一移动台信号产生严重的干扰）的目的。正向链路功率控制是调整基站向移动台发射的功率，是集中式功率控制，使任意移动台无论处于蜂窝小区中的任何位置上，收到基站发来的信号电平都恰好达到信干比所要求的门限值。做到这一点，就可以避免基站向距离近的移动台辐射过大的信号功率，也可以防止或减小由于移动台进入传播条件恶劣或背景干扰过强的地区而发生误码率增大或通信质量下降的现象。

2. 反向功率控制方法

进行反向功率控制的方法可以是在移动台接收并测量基站发来的信号强度，并估计正向传输损耗，然后根据这一估计来调节移动台的反向发射功率。如果接收信号增强，就降低其发射功率；若接收信号减弱，就增加其发射功率。

功率控制的原则是：当信道的传播条件突然改善时，功率控制应做出快速反应，以防止信号突然增强而对其他用户产生附加干扰；相反，当传播条件突然变坏时，功率调整的速度可以相对慢一些。也就是说，宁可单个用户的信号质量短时间恶化，也要防止许多用户的背景干扰增大。

这种功率控制方式也称开环功率控制法，其优点是方法简单、直接，不需要在移动台和基站之间交换控制信息，因此控制速度快并且节省开销。这种方法对于某些情况，例如车载移动台快速驶入（或驶出）地形起伏区或高大建筑物遮蔽区所引起的信号变化是十分有效的，但是对于信号因多径传播而引起的瑞利衰落变化则效果不好。这是由于正向传输和反向传输使用的频率不同，通常两个频率的间隔大大超过信道的相干带宽，因此不能认为移动台在正向信道上测得的衰落特性就等于反向信道上的衰落特性。为了解决这个问题，可采用闭环功率控制法，即由基站检测来自移动台的信号强度，并根据测得的结果形成功率调整指令，通知移动台，使移动台根据此调整指令来调节其发射功率。

为了使反向功率控制有效而可靠，开环功率控制法和闭环功率控制法可以结合使用。

3. 正向功率控制方法

和反向功率控制的方法类似，正向功率控制可以由移动台检测其接收信号的强度，并不断比较信号电平和干扰电平的比值。如果此比值小于预定的门限值，移动台就向基站发出增加功率的请求；如果此比值超过了预定的门限值，移动台就向基站发出减小功率的请求。基站收到调整功率的请求后，即按一定的调整量改变相应的发射功率。同样，正向功率控制也可在基站检测来自移动台的信号强度，以估计反向传输的损耗并相应调整其发射功率。

6.5.4 呼叫处理

CDMA 的呼叫处理包括移动台的呼叫处理和基站的呼叫处理两方面。

1. 移动台的呼叫处理

移动台的呼叫处理由移动台初始化、移动台空闲、系统接入和业务信道四个状态组成，如图 6.18 所示（图中未列出所有状态的转变）。

1）移动台初始化状态。移动台开机后，就进入初始化状态，初始化状态中，移动台先进行系统的选择，首先扫描基本信道，如不成功，再扫描辅助信道。进入 CDMA 系统后，不断检测周围基站发来的导频信号，比较导频信号的强度，判断自己所处的小区。移动台在选择基站后，在同步信道上检测出所需的同步信息，在获得系统的同步信息后，把自己相应的时间参数进行调整，与该基站同步。

2）移动台空闲状态。移动台在完成同步和定时后，由初始化状态进入空闲状态。在空闲状态，移动台监测寻呼信道以接收外来呼叫，也可发起呼叫或进行注册登记。注册是移动台向基站报告其位置、状态、身份标志、时隙周期和其他特征的过程，基站中存储的这些内容需不断更新。注册是移动通信系统中操作、控制不可缺少的功能，不同类型的注册，所更新的信息不同。

3）系统接入状态。在此状态，移动台在接入信道上发送信息，即接入尝试。只有当移动台收到基站证实后，接入尝试才结束，进入业务信道状态。

4）业务信道状态。在此状态，移动台确认收到前向业务信道信息后，开始在反向业务信道上发送信息，等待基站的指令和信息提示，等待用户应答，与基站交换基本业务数据包，并进行长码的转换（语音加密、去加密）、业务选择协商及呼叫释放（由于通话结束或其他原因造成）。

图 6.18 移动台呼叫处理状态

2. 基站的呼叫处理

基站的呼叫处理与移动台相对应，包含以下四个过程：

1）导频和同步信道处理。在此处理中，基站在导频信道和同步信道上发射导频和同步信息，以便移动台在其初始化状态时捕获，与 CDMA 系统同步。

2）寻呼信道处理。在此处理中，基站发射寻呼信息，以便移动台在空闲状态或系统接入状态监听寻呼信道信息。

3）接入信道处理。在此处理中，基站监听移动台在系统接入状态时，发往基站的接入信道信息。

4）业务信道处理。在此处理中，基站使用前向业务信道和反向业务信道与同处于业务信道状态的移动台进行通信，交换业务信息和控制信息。

基站的处理与移动台的不同在于：基站的各种处理过程可能同时存在，因为它要与不同状态的移动台同时进行联系。而移动台的状态在某一时刻是唯一的。

3. IS-95 CDMA 用户之间通信流程案例

假设有两个用户，分别是用户 A 和用户 B，他们在 IS-95 CDMA 系统中的通信过程可以分为以下几个阶段：

（1）呼叫建立阶段

用户 A 希望拨打用户 B 的电话号码，用户 A 的手机将该呼叫请求发送给所在基站。基站接收到呼叫请求，并将它发送到移动交换中心（MSC）。

(2) 寻呼阶段

MSC 收到呼叫请求后，开始寻找用户 B 所在的位置。MSC 向用户 B 所在区域内的所有基站发送一个寻呼信号。

用户 B 的手机接收到寻呼信号，并向基站回复。

(3) 呼叫确认阶段

用户 B 的手机发送一个确认信号给 MSC，表示已接收到寻呼信号。MSC 收到确认信号后，向用户 A 所在的基站发送呼叫确认信息。

(4) 基站分配通道

用户 A 所在的基站根据可用资源，为用户 A 和用户 B 分配一个共享通道（例如，调制解调器通道）。基站将此信息传达给用户 A 和用户 B 的手机。

(5) 通话建立

用户 A 和用户 B 的手机在分配的共享通道上进行通信。用户 A 和用户 B 可以开始进行语音通话。

(6) 通话结束

用户 A 或用户 B 中的任一方结束通话。用户的手机将通话结束信息发送给所在基站。基站通知 MSC 通话已结束。

6.6 第二代移动分组数据业务系统

移动通信在语音业务继续保持发展的同时，对 IP 和高速数据类承载业务的支持已经成为 2G 移动通信系统演进的主要方向。这里有个故事，杰克是一家通信公司的工程师，负责开发新一代移动通信系统。当时，移动电话市场正蓬勃发展，人们对更快速、更可靠的数据传输有着高需求。在研发过程中，杰克注意到为了实现更高速的数据传输，需要一种能够在 2G 网络上实现数据包交换的系统。于是，他开始了通用分组无线业务（General Packet Radio Service，GPRS）系统的研发。杰克对 GPRS 系统进行了大量的实验和测试，他熬夜工作，不断优化算法，解决技术难题。经过数月的努力，他终于成功地实现了 GPRS 系统的原型。

GPRS 的标准化开始于 1994 年，并在 1997 年取得重大进展，欧洲电信标准组织（ETSI）发布了 GPRS Phase1 业务描述，并于 1999 年年底完成了 GPRS Phase2 的工作。GPRS 系统的发布引起了轰动。它提供了实时的数据传输，用户可以通过手机发送和接收电子邮件、浏览互联网、进行即时通信等。它让人们可以随时随地获取信息，打破了传统通信的限制。

杰克的刻苦钻研为移动通信行业带来了革命性的改变。人们逐渐习惯了随时连接网络的便利，办公和生活方式也发生了巨大变化。GPRS 成了后来 3G 和 4G 等更高级别移动通信技术的基础。杰克因为他的卓越贡献和突出的工程技术成就得到了公司的高度赞扬和奖励。同时也使他在通信领域取得了崇高的地位，被誉为移动通信技术的先驱之一。这个故事展示了一个工程师为实现科技强国，通过不懈的努力和自主创新，最终推动通信技术的发展和进步的过程。

6.6.1 GPRS 系统

在 GSM 系统中，为了满足用户日益增加的数据通信的需求，在早期是以电路交换方式，将 1~4 个 TCH 组合来实现数据信息的传输，数据传输速率受到极大限制，并且专用信道的工作方式也使信道利用率极低。与此同时，随着 Internet 应用的日益普及，分组数据业务需求猛增，GPRS 系统就是人们顺应通信发展的需求，在 GSM 系统中实现移动分组数据业务

6.4 GPRS 系统

的首个解决方案。GPRS 主要的应用领域有：E-mail 电子邮件、互联网浏览、WAP 业务、电子商务、信息查询和远程监控等。

1. GPRS 的基本功能和业务

GPRS 的基本功能就是基于分组数据包传输的方式，借助于原有 GSM 网络的功能实现架构，通过增加少量的特殊功能节点，为 GSM 网络的移动用户在原有 GSM 业务实现的同时，提供直接访问外部分组数据网络的功能。GPRS 网络能够提供以下的主要业务：

1）在数字蜂窝网络中有效地传输分组数据。
2）有效而合理地使用匮乏的无线资源。
3）可实现基于内容、流量或者通信时长的预付费或者后付费等多种灵活的业务。
4）快速建立和接入数据网络。
5）无任何相互干扰的同时提供电路域业务（CS）和分组域业务（PS）。
6）采用 IP 的方式，与外部的分组数据网络（PDN）实现互联。

在 GPRS 系统中，为了实现用户端到端分组数据的收发，GPRS 定义了点对点和点对多点两类承载业务。GPRS 提供的业务具有以下特点：

1）适用于不连续、突发的较小数据量传输。由于 GPRS 系统基于原有 GSM 系统构建，GSM 系统又以提供语音业务为主，其语音电话用户密度高，业务量大，信道占用率已经较高。一旦需要提供大数据量的业务，则需要占用较多信道资源，因此在一个小区内不可能有多个信道用于 GPRS 业务。

2）无线信道的数据速率低。GPRS 共推荐了四种信道编码方案，即 CS-1、CS-2、CS-3 和 CS-4，其数据速率见表 6.1。前两种编码方案虽然速率较低，但是在实现小区 90%以上的覆盖时，能够满足同频干扰 $C/I<9\text{dB}$ 的要求，对无线信道具有较强的适应能力，所以是 GPRS 中最早也是最广泛采用的编码方案。后两种编码方案虽然速率较高，但是以减少或者取消纠错比特为代价的，因此要求有较高的 C/I 为使用前提。

表 6.1 GPRS 编码模式

编码模式	最大信息比特数	每时隙最大传输速率/kbit·s^{-1}	目标载干比（C/I）/dB
CS-1	181	9.05	6
CS-2	268	13.4	9
CS-3	312	15.6	12
CS-4	428	21.4	17

在 GPRS 系统中，对于大数据量的应用业务，例如：互联网浏览、数据库的查询以及 FTP 文件传输等，可采用多时隙共用的信道方式来提供，然而在语音为主要业务的情况下，多时隙信道数量极其有限，故对于大数据量的应用业务必须加以限制，仅允许每小时出现几次。

在 GSM 业务与 GPRS 业务共享信道时，采用动态分配信道的方式，而语音具有较高优先级，即在通话间隙可传输 GPRS 分组数据。此种方式下，分组数据的传输是没有时间保障的。另一种信道分配的方式是为 GPRS 业务配置专用的分组信道（PDCH），这样就可以实现本小区内多个 GPRS 用户共享此信道（即多个逻辑信道可以复用到一个物理信道）。因此，GPRS 适用于突发数据的应用，同时也提高了信道的利用率。

2. GPRS 的系统组成及其各节点功能

GPRS 网络是在 GSM 网络的基础之上形成的，所以其系统组成结构与 GSM 网络结构密切相关。GPRS 网络由以下几个部分组成：

1）无线网络：提供移动用户连接到分组数据网络（PDN）的接入网络的功能。

2）GPRS 骨干网：连接 GPRS 的服务支持节点（SGSNs）以及网关 GPRS 支持节点（GGSNs）的 IP 连接网络。

3）操作维护（O&M）网络：提供 O&M 系统功能的网络。

4）业务网络：是提供互联网业务的主机与终端用户之间的网络。例如：公共的域名服务系统（DNS），电子邮件系统（E-mail）以及 WWW 业务等。

图 6.19 给出了完整的 GPRS 网络组成结构和与之有关的其他通信网络之间相互关系的网络结构示意图。

图 6.19　GPRS 网络结构图

图中的以下节点：MSC/VLR、GMSC、HLR、AUC、EIR、SMS 以及 BSC 等为 GSM 系统的主要节点，完成语音通信为主的各项电路域业务；而 SGSN 和 GGSN 则是 GPRS 网络为提供移动用户的分组数据功能特别增设的新节点，他们与 GSM 系统原有的节点 HLR、EIR、SMS 以及 BSC 相配合，完成 2G 数字蜂窝移动通信网内的分组数据传输功能。图中的 RNC 则示意出了 3G 网络的 GPRS 实现方案。由图可以看出 GPRS 系统在两代数字蜂窝移动通信系统中性能实现上的差异，主要源于无线接入网的技术实现差异。

GPRS 网络的各主要节点功能如下：

（1）GPRS MS

GPRS MS 为 GPRS 的用户终端设备，它可以由终端设备（Teminal Equipment，TE）、移动终端（Mobile Teminal，MT）或者移动台（Mobile Station，MS）来实现。

TE 是终端用户操作和使用的计算机终端设备，在 GPRS 系统中用于发送和接收终端用户的分组数据。TE 可以是独立的台式计算机，也可以将 TE 的功能集成到手持移动终端设备上，同 MT 集成在同一物理设备中。GPRS 网络的功能就是一个提供分组数据承载通道的功能，即在 TE 与 GPRS 网络之外的其他外部分组数据网络之间建立和提供分组数据的转送功能。

MT 在与 TE 通信的同时，通过空中接口同 BTS 通信，以建立到 SGSN 的逻辑链路。在 MT 中必须配置 GPRS 功能软件方可支持 GPRS 系统业务。在数据通信中，MT 相当于一个将 TE 连接到 GPRS 系统的调制解调器（Modem）。

GPRS 系统中的 MS 可看作 MT 和 TE 的合成实体，其功能是以上两部分功能之和。通常具有 GPRS 的手机就是其典型的设备。

(2) BSC

在 GPRS 系统中，BSC 的功能与 GSM 系统所实现的功能有所不同。一个新增的功能部件分组控制单元（Packet Control Unit，PCU）被设置在 BSC 实体内部，主要完成 BSS 侧的分组业务数据的处理和分组无线信道资源的管理等功能。也就是说，当 GPRS 业务引入后，BSC 既要负责处理原有 GSM 的电路域业务功能，还要借助于新增的功能部件 PCU 实现对分组数据业务的处理。目前 PCU 组网结构有以下三种，分别集成在基站、BSC 或者以独立设备存在，如图 6.20 所示。例如爱立信的 GPRS 采用 B 种组网方式，而华为 GPRS 采用 C 种组网方式。

图 6.20 PCU 组网方式

(3) SGSN

SGSN 是 GPRS 网络的基本组成网元，是为了提供分组数据业务功能而在 GSM 网络中引入的全新设备。其主要功能是为本 SGSN 服务区域的 MS 转发输入/输出的分组数据包，其地位等同于 GSM 电路域的 MSC/VLR 节点。SGSN 提供以下功能：

1) 为本 SGSN 服务区域内的 MS 提供分组数据的路由与转发功能。
2) 对用户提供加密与鉴权功能。
3) 用户的移动性管理功能。
4) 逻辑链路管理功能。
5) 与相关节点的接口功能。

6）通信详细话单的产生与输出功能。

此外，在 SGSN 中还提供了 VLR 的功能，其作用与 GSM 中的 VLR 相似，当 MS 移动到该 SGSN 服务区时，该 MS 的相关业务数据以及位置数据在位置更新业务实现的过程中从 HLR 利用七号信令的 MAP 消息传到 SGSN，存于 VLR 中。

（4）GGSN

GGSN 与 SGSN 类似，也是为 GPRS 分组业务的实现而引入的新节点。GGSN 为分组数据提供在 GPRS 网络与外部数据网络之间的路由和封装，也被称作 GPRS 的路由器。用户选择哪个 GGSN 作为网关，取决于用户请求的接入外部网络是什么［即接入点名（Access Point Name，APN）］。GGSN 主要提供的功能有：

1）提供与外部 IP 分组数据网络的接口功能，它提供 MS 接入外部分组网络的网关功能，GGSN 对于外部分组数据网，则是一个可寻址 GPRS 网络内部所有用户的 IP 路由器。

2）GPRS 会话管理，完成 MS 与外部分组数据网络的通信建立过程。

3）将需要送达 MS 的分组数据发往正确的 SGSN。

4）通信详细话单的产生与输出功能，体现用户对外部网络的使用情况。

（5）HLR/AUC

与 GSM 网络中的作用类似，GPRS 网络中的用户永久数据库 HLR/AUC，采用与 GSM 系统共享同一节点的方式实现，即在 GSM 的 HLR 中增加储存 GPRS 用户相关的分组数据业务、位置信息等数据，并在 MS 移动到某个 SGSN 服务区时，通过位置更新业务过程，经 HLR 与 SGSN 之间的 Gr 接口，利用七号信令的 MAP 消息完成对 GPRS MS 的鉴权认证、业务管理与位置管理功能。

（6）SMS

此功能与 GSM 电路域的 SMS 功能类似，只是利用分组数据的传输方式来实现而已。彩信业务就是其典型代表。

（7）DNS

GPRS 网络的域名系统（Domain Name System，DNS）的作用与 IP 网络中的类似，由接入点的域名（APN）解析出转发数据包的转发节点或者目的节点的 IP 地址，从而实现 IP 网络的寻址功能。在 GPRS 网络中有两种 DNS：

1）实现于 SGSN 中的 DNS，为一个内部 DNS，负责在 PDP 上下文激活过程中根据确定的 APN 解析出适当的 GGSN 的 IP 地址。

2）实现于 GGSN 中的 DNS，为一个外部 DNS，其作用类似于互联网中的普通 DNS，实现对外部数据网络的域名与其对应的 IP 地址的解析功能。

（8）CG

计费网关（Charging Gateway，CG）主要完成从各 GSN（SGSN 和 GGSN 的统称）的话单收集、合并和预处理工作，并完成同计费中心之间的通信接口。在 GSM 原有网络中并没有这样一个设备，GPRS 用户一次上网过程的话单会从多个网元实体中产生，而且每一个网元设备中都会产生多张话单。引入 CG 的目的就在话单送往计费中心之前对话单进行合并与预处理，以减少计费中心的负担；同时 SGSN、GGSN 这样的网元设备也不需要实现同计费中心的接口功能。

3. GPRS 的主要接口与协议

为了确保 GPRS 系统的分组数据业务的可靠传递，同时也方便不同设备供货商的节点设备能够灵活配置，GPRS 的规范对各功能实体之间的接口与协议进行了严格的定义。GPRS 系统的主要接口如图 6.21 所示。

（1）主要网络接口

1）Um 接口：是 GPRS MS 与 GPRS 网络之间的无线接口。通过此接口，MS 实现与 GPRS 网

图 6.21 GPRS 系统的主要接口

络的通信，在此接口上利用相应的协议完成分组数据的双向传送、移动性管理、会话管理和无线资源管理等多方面的功能。

2) Gb 接口：是 SGSN 与 BSC 之间的接口。在此接口上，定义了 BSSGP 协议实现 SGSN、BSC 和 MS 之间的通信，从而完成分组数据传送、移动性管理和会话管理等功能。Gb 接口是 GPRS 的新增且必备接口。在实现初期，采用帧中继作为底层的传输协议，在后期已经采用 IP 取代了帧中继的方式。

3) Gi 接口：是 GPRS 系统与外部分组数据网络之间的接口。通过该接口，GPRS 系统与各种分组数据网实现互联，在 Gi 接口上进行协议的封装与解封装、地址转换（私网与公网 IP 地址的转换）、用户接入时的鉴权与认证等操作。

4) Gn 接口：是 SGSN 与 SGSN 或者 GGSN 之间的接口。此接口采用 TCP/IP 协议之上承载 GTP（GPRS 隧道协议）的方式进行通信，以实现 GPRS 网络与外部网络之间的分组数据传送逻辑通道的建立与分组数据包的传送。

5) Gs 接口：是 SGSN 与 MSC/VLR 之间的接口。该接口采用七号信令的 BSSAP+协议，实现与 MSC/VLR 联合的位置更新等操作，以减轻 HLR 以及无线信道上的信令负荷。借助于此接口，也可实现 SMS 业务的负荷分流。

6) Gr 接口：是 SGSN 与 HLR 之间的接口。该接口采用七号信令的 MAP 协议，使 SGSN 从 HLR 获得关于 MS 的相关签约业务数据。HLR 保存有 GPRS 的用户数据和路由信息。MS 在不同的 SGSN 之间移动时，HLR 将更新它记录的 SGSN 的信息，以便于系统能够时刻跟踪 MS 的位置。

(2) GPRS 系统的数据传输协议栈

GPRS 系统的数据传输协议栈如图 6.22 所示。

GPRS 的数据传输协议栈是确保各节点能可靠通信的关键。其中各主要接口上的重要协议及其基本功能如下：

1) Gn 接口的协议。

① GPRS 隧道协议（GPRS Tunnel Protocol，GTP）：该协议在 GPRS 的核心网部分（SGSN 和 GGSN 之间）采用隧道的方式建立逻辑信道，以传输用户的数据和控制信令。所有的用户数据与信令均采用 PDP 的分组数据单元，并以 GTP 来进行封装，然后传输。

② UDP/TCP：传输层协议，用来建立端到端的可靠连接链路。UDP 和 TCP 实现的功能与普

图 6.22 GPRS 系统的数据传输协议栈

通互联网中的功能相同。

③ IP/L2/L1：IP 层与互联网功能相似，实现 GPRS 核心网（骨干网）的网络层功能，即完成用户数据和控制信令的路由选择。L2/L1 实现数据链路层以及物理层功能。L2 常采用以太网协议实现。

2）Gb 接口的协议 BSSGP。

BSS GPRS 协议（BSS GPRS Protocol，BSSGP）。它的主要功能是提供与无线相关的数据、QoS 和选路信息，以满足在 BSS 和 SGSN 之间传输用户数据时的需要。在 BSS 中，它用作 LLC 帧和 RLC/MAC 块之间的接口；在 SGSN 中，它形成一个源于 RLC/MAC 的信息和 LLC 帧之间的接口。在 SGSN 和 BSS 之间的 BSSGP 协议具有一一对应关系，如果一个 SGSN 处理多个 BSS，这个 SGSN 对于每一个 BSS 都必须有一个 BSSGP 协议机制。BSSGP 协议的功能归纳如下：

① 在 SGSN 和 BSS 之间提供一个无连接的链路。
② 在 SGSN 和 BSS 之间非确认的传输数据。
③ 在 SGSN 和 BSS 之间提供数据流量双向控制工具。
④ 处理从 SGSN 到 BSS 的寻呼请求。
⑤ 支持在 BSS 上旧信息的刷新。
⑥ 支持在 SGSN 和 BSS 之间的多层链路。

3）Um 接口的协议。

① 子网汇聚协议（Sub-Network Dependent Convergence Protocol，SNDCP）：该传输功能将网络层特性映射成低层网络特性，执行用户数据的分段、压缩功能等。

② 逻辑链路控制（Logical Link Control，LLC）：为传输层协议，提供端到端的可靠无差错的逻辑数据链路。

③ RLC：无线链路控制子层，属于链路层和网络层协议，提供与无线解决方案有关的可靠链路。

④ MAC：媒质接入控制层，属于链路层协议，控制无线信道的信令接入过程以及将 LLC 的帧映射成 GSM 的物理信道。

4. GPRS 的基本业务实现

在 GPRS 系统中，为了可靠地提供分组数据传送功能，首先需要解决的就是 MS 的移动性管理问题。此外，在 MS 发出接入外部数据网络的请求时，系统则必须根据用户所请求接入的 APN（接入点域名，即外部数据网网址），建立一条数据连接通道，以实现分组数据传送。

(1) GPRS MS 的附着

该过程实现 GPRS 系统对 MS 的移动性管理。图 6.23 描述了一个 MS 在两个 SGSN 之间实现位置改变所进行的附着业务处理过程（即 MS 在新的 SGSN 完成登记）。

图 6.23 GPRS MS 的附着业务处理过程

1) MS 在新的 SGSN 区域发送附着请求消息（Attach_Request）。其中包括旧的路由区标识（RAI）、旧的分组域临时移动用户身份标识（P_TMSI）等。

2) 新的 SGSN 利用旧的 RAI 确认旧的 SGSN，然后向旧的 SGSN 请求 MS 的 IMSI 号码。

3) 如果旧的 SGSN 知道该 MS，则发送 MS 的 IMSI 以及鉴权三参数组给新的 SGSN。

4) 如果 MS 在旧的 SGSN 中未知，则新的 SGSN 将命令 MS 发送自己的 IMSI 到新的 SGSN。

5) 新的 SGSN 利用 IMSI 从 HLR 中获得鉴权三参数组。

6) 新的 SGSN 对 MS 进行鉴权。

7) 新的 SGSN 发送一个位置更新消息（Update_Location）（包括 IMSI，新 SGSN 地址等信息），通知 HLR 该 MS 已经改变了 SGSN。

8) HLR 发送一个取消位置（Cancel_Location）的消息给旧的 SGSN，便于它清除有关于此 MS 的相关数据。

9) HLR 发送用户数据给新的 SGSN。用户数据包括签约的 QoS，允许的接入网络等。

10) 如果需要，SGSN 可为 MS 分配新的临时标识（P_TMSI 和 TLLI）。

(2) GPRS 的 PDP 上下文激活

该业务的功能是在 MS 与外部分组数据网络之间建立端到端的分组数据传送通道。该过程涉及在 MS、SGSN 以及 GGSN 之间建立路由信息。

为了理解该过程，首先要了解 APN 的概念。APN 代表一个连接到 GPRS 网络的外部分组数据网络的业务提供者。同时，它也标识了现有 GPRS 网络中的一个连接点，即某个特定的 GGSN。每个业务提供者在 GSM GPRS 网络中都用特定的 APN 来表示。APN 由 APN 的网络标识以及默认的该 APN 的运营商标识号来表示。其中 APN 的网络标识就是该业务提供者的互联网域名，例如：www.baidu.com。而默认的该 APN 的运营商标识通常由 GSM GPRS 运营商的移动国家码（Mobile Country Code，MCC）以及移动网络码（Mobile Network Code，MNC）组成。格式为：mncMNC. mccMCC. gprs。

例如：mcc460. mnc00. gprs 就是我国（MCC=460）的一个有效的默认 APN 的运营商的标识。

以下例子就是某网站的完整 APN 标识：

www.baidu.com.mcc460.mnc00.gprs

当 MS 在手机上发起了对某个 APN 的接入请求之后，GPRS PDP 上下文激活的过程如图 6.24 所示。

图 6.24　GPRS PDP 上下文激活的过程

下面以 MS 访问某网站为例，说明 GPRS 的 MS 是如何接入到外部分组数据网的。

1）MS 在完成位置登记后，通过 BTS 和 BSC，将请求 PDP 上下文激活（PDP Context Activation）的信令传到 SGSN，其中包含网站的 APN，即 www.baidu.com.mnc460.mcc00.gprs。在 SGSN 中，根据该 APN，在内部 DNS 中确定连接到网站服务器的 GGSN，并获得该 GGSN 的 IP 地址，该地址为 GPRS 网内部有效的地址。

2）将此 GGSN 的 IP 地址送回 SGSN。

3）SGSN 立即利用此 IP 地址将请求 PDP 上下文激活的信令转发到该 GGSN。

4）当 GGSN 收到此请求后，提取出其中的 APN 网络标识（即 www.baidu.com），并将它送到外部 DNS 进行解析，即可获得该网站服务器的互联网 IP 地址。

5）GGSN 收到返回的 IP 地址后，就可以按照互联网通用的 IP 寻址方式，将与网站服务器建立数据连接的请求发到网站服务器，当该服务器收到此请求，并确认建立连接之后，MS 就可以正常访问网站了。

6.6.2　EDGE 系统

相对于在 GSM 中以电路交换的方式来传输的非语音数据服务而言，GPRS 大大地提高了频谱的利用和开发，是一种重要的移动数据服务手段，然而却仍然存在一些限制。

6.5　EDGE 系统

（1）实际传输速率比理论低得多

在 GPRS 系统中，要达到理论上的最高传输速率 172.2kbit/s 的条件是：仅单一用户占用全部八个时隙，并且没有任何错误保护程序。在实际网络运行的情况下，营运商不可能允许单个 GPRS 用户占用全部时隙。此外，GPRS 终端的时隙支持能力也受到很大局限。因此，理论上最大速率要考虑到现实环境的约束而重新检验，通常仅可达到几十 kbit/s。

（2）终端不支持无线终止功能

启用 GPRS 服务时，一旦用户确认就服务内容的流量支付费用，则用户就要为不想收取的垃圾内容付费。GPRS 终端是否支持无线终止，直接威胁到 GPRS 的应用和市场开拓。

（3）传输延迟

GPRS 分组通过不同的方向发送数据，最终到达相同的目的地，那么数据在通过无线链路传输的过程中就可能发生一个或几个分组数据丢失或出错的情况。

（4）调制方式不是最优

GPRS 采用 GMSK（Gaussian Minimum-Shift Keying）的调制技术。而新提出来的 EDGE 的解

决方案则是基于一种新的调制方法 8PSK（Eight-Phase-Shift Keying），它允许无线接口有更高的比特率。8PSK 也用于 UMTS（3G）。

正因为上述原因，新开发的 EDGE 技术，迅速取代了 2.5G 的 GPRS 技术，将 2G 的移动通信技术推进到了 2.75G。

1. EDGE 的技术特点

EDGE（Enhanced Data Rate for GSM Evolution）是一种基于 GSM/GPRS 网络的数据增强型移动通信技术，它是由第三代移动通信合作伙伴项目（3GPP）负责制定的。根据相关规范的定义，EDGE 是一种能够增强高速电路交换数据业务（HSCSD）和通用分组交换无线数据业务（GPRS）的单位时隙内数据吞吐量的技术。将增强型高速电路交换数据业务称为 ECSD（Enhanced Circuit-Switched Data），将增强型通用分组交换无线数据业务称为 EGPRS（Enhanced GPRS）。目前国内所采用的 EDGE 主要是 EGPRS。

EDGE 是一种从 GSM 到 3G 的过渡技术，它主要是在 GSM 系统中采用了一种新的调制方法，即最先进的多时隙操作和 8PSK 调制技术。EDGE 技术主要影响现有 GSM 网络的无线接入部分，即基站收发信台（BTS）和 GSM 中的基站控制器（BSC），而对基于电路交换和分组交换的应用和接口并没有太大的影响。因此，网络运营商可最大限度地利用现有的无线网络设备，只需少量的投资就可以部署 EDGE，并且通过移动交换中心（MSC）和服务 GPRS 支持节点（SGSN）还可以保留使用现有的网络接口。事实上，EDGE 改进了这些现有 GSM 应用的性能和效率，并且为将来的宽带服务提供了可能。EDGE 技术有效地提高了 GPRS 信道编码效率及其高速移动数据标准，它的最高速率可达 384kbit/s，在一定程度上节约了网络投资，可以充分满足未来无线多媒体应用的带宽需求。

EDGE 是一种能够进一步提高移动数据业务传输速率和从 GSM 向 3G 过渡中的重要技术。它在接入业务和网络建设方面具有以下特点：

1）可以平滑过渡到 WCDMA。
2）提供接近 3G 的应用和用户感受。
3）与 GPRS 可以共用核心网络。
4）不需要重新进行无线小区频率规划。
5）完全兼容现有 GPRS 网络，任何 GPRS 业务均可稳定高效地在 EDGE 网络上运行。
6）可以提供三倍于 GPRS 的数据传输速率。
7）成倍增加 GPRS 网络的容量。
8）提高了无线频谱的利用率（数据传输速率<100kbit/s）。
9）可以和 GPRS 语音业务共享信道和无线频谱。

2. EDGE 的基本原理

EDGE 技术的先进性主要体现在全新的调制技术、灵活的编码方案和先进的数据重发机制三个方面。

（1）全新的调制技术

EDGE 的"高速数据吞吐率"主要得益于采用了 8PSK（八相键控）调制技术。GPRS 系统中系统采用 GMSK 相位调制技术（高斯最小移频键控，为两相键控），而 8PSK 技术则是在 2π 调制周期内定义八个均分的不同相位来区分每个传送符号，八种不同相位则可表示 3bit 的信息量（000~111），而 GMSK 采用 1bit 表示一个符号，因此 8PSK 调制效率提高到 GMSK 的三倍。

EDGE 和 GPRS 调制技术的比较如图 6.25 所示。

（2）灵活的编码方案

结合不同检错与纠错能力的信道编码方案，EDGE 共提供了九种不同的"调制编码方案"，见表 6.2。

图 6.25　EDGE 和 GPRS 调制技术的比较

表 6.2　EDGE 的调制编码方案

方案	编码速率	调制方式	一个无线分组包括的 RLC 分组数	类别	头部编码速率/kbit·s^{-1}	数据速率/kbit·s^{-1}
MCS-1	0.53	GMSK	1	C	0.53	8.8
MCS-2	0.66	GMSK	1	B	0.53	11.2
MCS-3	0.85	GMSK	1	A	0.53	14.8
MCS-4	1.0	GMSK	1	C	0.53	17.6
MCS-5	0.37	8PSK	1	B	1/3	22.4
MCS-6	0.49	8PSK	1	A	1/3	29.6
MCS-7	0.76	8PSK	2	B	0.36	44.8
MCS-8	0.92	8PSK	2	A	0.36	56.4
MCS-9	1.0	8PSK	2	A	0.36	59.2

较之使用单一调制技术的 GPRS 提供的四种"编码方案",EDGE 可以适应更恶劣、更广泛的无线传播环境。在相同带宽内,EDGE 最高可以提供六倍于 GPRS 的数据速率。九种 MCS 根据相互之间的相关特性被分为三组,即 Family A(MCS-3、MCS-6、MCS-8、MCS-9),Family B(MCS-2、MCS-5、MCS-7)和 Family C(MCS-1、MCS-4)。各组内的几种编码方案的结构之间具有相互包含或被包含的关系,更易于实现编码速率的转换。其中 MCS-1~MCS-4 采用 GMSK 高斯最小相移键控调制方法,这时容错保护能力强,数据吞吐量就相对低;MCS-5~MCS-9 采用 8PSK 调制方法,数据吞吐能力较强。

与 GMSK 方式下的恒定调制功率包络不同,8PSK 调制功率包络是变化的,平均值小于峰值,而移动台测量的网络电平以平均功率为准,降低的测量功率会缩减小区的有效业务半径,从而影响系统的综合容量。因此,为了保证网络吞吐率达到理想水平,必须将功率放大器的峰值指标提高至少 3dB 以抬高平均值。

图 6.26 为 EDGE 编码方案示意图。

(3)先进的数据重发机制

EDGE 在数据发送和重发机制上采用了链路适配(Link Adaptation)和增量冗余(Incremental Redundancy)功能,数据重发成功率较 GPRS 平均提高 10%~20%。

链路适配功能是根据精确的无线链路质量及时调整最适合的 MCS 方案。正常数据块传输正

图 6.26　EDGE 编码方案

确情况下，转换可以在九种数据速率之间进行，从而获得传输质量与吞吐率的最佳平衡。当无线环境恶化而导致数据块错传而需重传时，编码速率可在同一组内的具有包含关系的几种 MCS 之间互相转换，前后数据块所携带的冗余信息因此具有足够的相关性以便于解调；而 GPRS 没有链路状况适配机制，因此重发成功的概率依赖于无线环境的变化，在多数情况下只会加重网络的负担、浪费网络资源，且无法改善传输质量而导致不断重发、系统效率急剧恶化。

增量冗余结合了简单的前向纠错（FEC）机制和自动重发（ARQ）机制两种技术，在重发信息中加入更多的冗余信息，从而提高接收端正确解调的概率。当接收端检测到故障帧时，GPRS 会删除收到的故障数据块，并要求发送端再次重发相同的数据块，属于简单的混合自动重发请求。而 EDGE 采用的重发机制实际上就是全增量混合重发请求，即在前后相继的若干个数据块中加入的冗余纠错比特具有部分相关性，因此 EDGE 会在接收端存储故障数据块而不是删除。当发送端重发一个使用同组内不同 MCS 数据块，接收端会综合前次故障数据块中的信息比特、冗余信息，本次信息比特、冗余信息等多方信息来进行综合检错纠错分析后作相关解调接收，以冗余的信息量提高接收成功率。图 6.27 描述了 EDGE 先进的数据重发机制。

图 6.27　EDGE 先进的数据重发机制

3. EDGE 在 GSM 网络中的部署

由于 EDGE 是从 GPRS 改进发展而来的，大量的设备在部署 EDGE 时均可以平滑过渡，从而确保对 GSM 网络的其他业务影响降到最小。

一般提供 EDGE 设备的公司，均将 EDGE 网络部署架构在 GPRS 网络之上，以使运营商系统升级费用低、风险小。通常 EDGE 应该和话音、GPRS 共载频，同时支持话音、GPRS 和 EDGE 手机的接入，支持 EDGE 的所有编码方式（MCS-1~9），动态链路适应（Link Adaptation）及 IR（Incremental Redundancy）功能，同时采用先进的动态算法，能根据无线条件尽可能地采用高编码方式。和 CS3/4 相比，EDGE 需要更高的 C/I。

无线网络的优化是实施 EDGE 的重要前提。因此在部署 EDGE 时，还需要在 GSM 话音优化的基础上对 GPRS/EDGE 数据业务进行优化。

在 EDGE 部署时，需要考虑如下几个方面的问题：

1）软件部分：EDGE 功能的引入，必将涉及相应软件功能的修改与新增，故原有的相关软件在升级后，经运营商网络现场测试通过后，方可正式进入商用。

2）核心网部分：应将软件版本升级到可支持 EDGE 的版本。

3）BSC 部分：通常硬件无须改动，只需软件升级，即增加相应可选择 EDGE 功能的选项。

4）PCU 部分：功能不变，故硬件无须改动，只需软件升级。

5）基站部分：多数厂家的 EDGE 设备变化都仅出现在此部分。例如：爱立信公司升级基站软件，并利用全新的载频板替换原有 GPRS 的载频板；而摩托罗拉公司则是对原有基站进行软件升级并在现有机柜插入新型的载频板来实现。

6）手机终端部分：此时需要用户更新手机终端为可支持 EDGE 相关技术的终端，方可正常使用 EDGE 功能。

6.6.3 CDMA2000 1x 系统

CDMA2000 虽然是 3G 的主流标准之一，但 CDMA2000 1x 系统的性能与 3G 标准相比还有一定的差距，所以，人们通常将它归类为 2.5G 系统。

1. CDMA2000 1x 系统的技术特点

CDMA2000 1x 系统是在 IS-95B 系统的基础上发展而来的，因此在系统的许多方面，如同步方式、帧结构、扩频方式和码片速率等都与 IS-95B 系统有许多类似之处。但为灵活支持多种业务、提供可靠的服务质量和更高的系统容量，CDMA2000 1x 系统也采用了许多新技术和性能更优异的信号处理方式，总体来说，其技术特点可概括如下：

1）在提高系统性能和容量上有明显的优势。主要措施有：①基于导频相干解调的反向空中接口链路；②连续的反向空中接口链路；③快速的前向和反向空中接口功率控制；④采用辅助导频来支持波束赋形应用和增加容量；⑤前向链路提供发送分集。从理论上讲，传送语音，CDMA2000 1x 是 IS-95 容量的两倍；传送数据，CDMA2000 1x 是 IS-95 容量的 3.2 倍。

2）增强的 MAC 功能以支持高效率的高速分组业务。

3）为支持 MAC 对物理层进行了优化：①采用专用控制信道（DCCH）；②采用灵活的帧长，CDMA2000 1x 支持 5ms、20ms 等多种帧长，一般来说，较短帧可以减少时延，但解调性能较低，较长帧可降低对发射功率的要求，CDMA2000 1x 根据不同信道的链路要求来使用不同的帧长；③为支持快速分组数据业务的接入控制采用增强的寻呼信道和接入信道。

4）为支持多种更高传送速率和增加系统容量采用 Turbo 码。Turbo 码的性能优越，但时延较大，因此只用于高速数据的传送。

5）为支持多速率传输，采用了可变扩频比的正交码。

6）独立的数据信道。

CDMA2000 1x 系统在反向链路和前向链路中均提供称作基本信道和补充信道的两种物理数据信道，每种信道均可以独立地编码、交织，设置不同的发射功率电平和误帧率要求以适应特殊的业务要求。

2. CDMA2000 1x 网络结构

（1）CDMA2000 1x 系统网络组成

基于 ANSI-41 核心网的 CDMA2000 1x 系统网络结构如图 6.28 所示，由移动台、无线网络、网络交换系统和操作维护系统四个部分组成，本节将重点介绍与分组域相关的模块及接口的功能。

```
BTS：基站收发信台       PDSN：分组数据服务器
BSC：基站控制器         MSC/VLR：移动交换中心/访问位置寄存器
PCF：分组控制功能       HLR：归属位置寄存器
HA：归属代理            AAA：鉴权、授权和结算
```

图 6.28　CDMA2000 1x 系统的网络结构

1）移动台（Mobile Station, MS），通过空中接口为用户提供服务的设备，按照不同的射频能力，移动台可以分为车载台、手提式及手机三种类型。

2）无线网络（Radio Network, RN），为移动用户提供服务的无线接入点，实现无线信息传输到有线信息传输的互换，完成无线资源的管理和控制，并与网络交换系统交换信息，包括 BTS、BSC 和分组控制功能（Packet Control Function, PCF）。

3）网络交换系统（Network Switching System, NSS），分为电路域和分组域两部分，为移动用户提供基于电路交换和分组交换的业务，所有的业务都在无线网络中分流。

核心网电路域与 IS-95 一样，包括 BTS、BSC、MSC/VLR 和 HLR/AUC 等网元。网络结构中核心网分组域新增的网元为分组数据服务器（Packet Data Serving Node, PDSN）、归属代理（Home Agent, HA）、鉴权、授权和结算（Authentication Authorization and Accounting, AAA）服务器。

4）操作维护系统（Operation and Maintenance System, OMS），提供在远端操作、管理和维护 CDMA 网络的能力，包括网络管理中心（Network Manage Center, NMC）和操作维护中心（Operation and Maintenance Center, OMC）两部分。

（2）新增模块及功能

相对于 IS-95 网络，CDMA2000 1x 网络中新增模块及功能如下。

1）PCF。PCF 通常作为无线网络设备设置于 BSC 内，也可以与 BSC 同址外置。作为实现分组业务所必备的功能单元，PCF 主要用来建立、保持和终结至 PDSN 的连接，与 PDSN 之间进行互操作，支持休眠切换，用来保持无线资源状态（如激活、休眠等），缓存和转发由 PDSN 到达的分组数据，请求无线资源管理等。

2）PDSN。PDSN 是连接 RN 和分组数据网的接入网关，主要功能是提供移动 IP 服务，使用户可以访问公共数据网或专有数据网。PDSN 可以为每一个用户终端建立、终止点对点协议（Point to Point Protocol，PPP）连接，向用户提供分组数据业务。PDSN 与 RADIUS 服务器配合向分组数据用户提供鉴权、授权和结算功能。PDSN 从 AAA 服务器接收用户的特性参数，从而区分不同业务和不同安全机制。

3）HA。HA 提供用户漫游时的 IP 地址分配、路由选择和数据加密等功能，主要负责用户分组数据业务的移动管理和注册认证，包括鉴别来自移动台的移动 IP 的注册信息，将来自外部网络的分组数据包发送到外地代理（Foreign Agent，FA），通过加密服务建立、保持或终止 FA 与 PDSN 之间的通信，接收从 AAA 服务器得到的用户身份信息，为移动用户分配动态或静态的归属 IP 地址等。

4）AAA。AAA 服务器主要负责管理分组交换网的移动用户的权限、开通的业务，提供身份认证、授权以及记账服务。因为 AAA 服务器主要采用的协议为 RADIUS，所以 AAA 服务器有时也被称为 RADIUS 服务器。

3. CDMA2000 1x 接口简介

IS-2000 是 CDMA2000 技术的接口标准或规范，定义了 MS 和 BSC 之间的接口。IS-2000 物理层规范定义了无线传输部分的内容，包括频率参数、扩频参数、系统定时、射频调制、差错控制及物理信道的配置参数等。IS-2001 是第三代移动通信系统采用的互操作性规范，定义了无线网络与网络交换系统的接口，如 BSC 与 MSC、PCF 与 PDSN 及 BSC 与 PCF 的接口等。

MSC/VLR 与 HLR/AUC 之间的接口基于 ANSI-41 协议。BTS 在小区建立无线覆盖区域用于移动台通信，移动台可以是基于 IS-95 或 CDMA2000 1x 制式的手机。BSC 可对多个 BTS 进行控制，Abis 接口用于连接 BTS 和 BSC，A1 接口用于传输 MSC 与 BSC 之间的信令信息，A2 接口用于传输 MSC 与 BSC 之间的语音信息，A3 接口用于传输 BSC 与业务数据单元（Service Data Unit，SDU）之间的用户业务（包括语音和数据）和信令，A7 接口用于传输 BSC 之间的信令，支持 BSC 之间的软切换。电路域完成用户基于电路交换技术的传统服务，如语音业务、低速的电路数据业务等，同时提供这些服务所需的呼叫控制、移动性管理和用户管理等功能。

PCF 用于转发无线子系统和 PDSN 分组控制单元之间的信息，PDSN 节点为 CDMA2000 1x 接入 Internet 的接口模块。A8 接口用于传输 BSC 和 PCF 之间的用户业务，A9 接口用于传输 BSC 和 PCF 之间的信令信息，A10 和 A11 接口都是无线接入网和分组核心网之间的开放接口，A10 接口用于传输 PCF 和 PDSN 之间的用户业务，A11 接口用于传输 PCF 和 PDSN 之间的信令信息。PCF 和 PDSN 通过支持移动 IP 的 A10、A11 接口互连，可以支持分组数据业务传输。

思考与练习题

1. 简述 GSM 数字移动通信系统的优点。
2. 画出 GSM 系统的组成框图，并简述各组成部分的作用。
3. GSM 系统中有哪些重要的数据库？存储何种信息？

4. 在 GSM 系统中采用何种多址技术?
5. 什么叫物理信道? 什么是逻辑信道?
6. 简述 GSM 系统中逻辑信道是如何分类的, 各类信道分别起什么作用。
7. 什么是突发脉冲序列? 在 GSM 中有几种? 分别在什么信道中应用?
8. 画出普通突发脉冲序列 (NB) 的结构, 并简述各部分的作用。
9. 简述逻辑信道是如何映射到物理信道上的。
10. SIM 卡有哪些功能? 存储哪些信息?
11. 简述 GSM 无线网络规划与优化工作的总体流程。
12. 什么是 CDMA? CDMA 多址方式有哪些特点?
13. 简述地址码在 IS-95 CDMA 系统中的应用。
14. 简述 CDMA 中地址同步过程。
15. 分集技术和合并技术有哪几种? 在 CDMA 中采用了哪些分集技术和合并技术?
16. 在 IS-95 CDMA 系统中采用了何种语音编码技术? 其数据速率如何选择?
17. 在前向链路和反向链路中信号是如何进行处理的?
18. 说明 CDMA 蜂窝系统比 TDMA 蜂窝系统获得更大容量的原因。
19. CDMA 系统为什么采用功率控制技术? 按照技术特点功率控制技术如何分类?
20. 在 CDMA 系统中移动台的呼叫处理包含哪些状态?
21. 简述 CDMA 系统中基站的呼叫处理过程。
22. 画出 GPRS 系统的组成框图, 并简述各组成部分的作用。
23. 简述 MS 是怎样通过 GPRS 网络接入外部数据网络的。
24. 简述 EDGE 特点, 并说明 EDGE 与 GPRS 的异同。
25. CDMA2000 1x 系统相较于 IS-95 CDMA 系统, 网络结构有哪些变化?

第 7 章

3G 移动通信系统

20 世纪 80 年代末到 90 年代初，第二代数字移动通信系统刚刚出现，第一代模拟移动通信还在大规模发展。当时第一代移动通信系统制式繁多，第二代移动通信系统也只实现了区域内制式的统一。用户希望通信界能在短期内实现一种能够提供真正意义的全球覆盖，提供带宽更宽、更灵活的业务，并且使终端能够在不同的网络间无缝漫游的系统，以取代第一代和第二代移动通信系统。为此国际电信联盟（ITU）提出了 IMT-2000（International Mobile Telecommunications-2000）的技术方案，即第三代移动通信系统（3G）。IMT-2000 包括地面系统和卫星系统，其终端既可连接到基于地面的网络，也可连接到卫星通信的网络。3G 包含三种主流标准：WCDMA、CDMA2000 和 TD-SCDMA。

有这样一个故事：在某个贫困山区的小村庄里，学校唯一的一位老师因家庭原因离开了，村里的孩子们一直没有老师授课，无法接受良好的教育。幸运的是，在该地区的山顶上，一家移动通信公司修了一座新的基站。一个 12 岁的男孩张磊，每天用自己的手机连接着 3G 网络，通过一位志愿教师发给他的课程录音进行学习。3G 移动通信技术提供了跨越时空障碍的方法，拓宽了贫困地区的孩子们接受教育的渠道，缓解了"山沟沟里读书难"的问题。我国在移动通信行业的进步，对社会带来的影响是巨大的。特别是我国提出的 TD-SCDMA 技术标准，让我们在移动通信行业有了一席之地，科技创新在为人们提供便利的同时，也带来了重要的社会效益。同时，这个故事也让我们认识到教育数字化的潜力和价值。

7.1 概述

1. 3G 发展背景

1985 年，ITU 着手进行未来移动通信网络技术的研究，并将它命名为 FPLMTS，首要目标是实现全球的无缝漫游。与此同时，欧洲电信标准组织（European Telecommunications Standards Institute，ETSI）也开始研究 GSM 系统发展的替代者，ETSI 将这一未来的通信系统称为通用移动通信系统（Universal Mobile Telecommunications System，UMTS）。1991 年，ITU 正式成立 TG8/1 任务组，负责 FPLMTS 标准的制定。1992 年，ITU 召开世界无线通信系统会议，将第三代移动通信系统使用的核心频段进行了划分。考虑到该系统的核心工作频段在 2000MHz，最高业务速率为 2000kbit/s，而且将在 2000 年左右商用，于是 ITU 在 1996 年将第三代移动通信系统正式命名为 IMT-2000，并定义了 3G 系统应该实现的一些重要性能指标。1997 年初，ITU 向世界各国发出通函，要求各国在 1998 年 7 月之前提交 IMT-2000 的技术方案。1998 年 1 月，ETSI 选择了两个无线传输技术作为向 ITU 提交的 UMTS 地面无线接入技术。我国的标准组织也提交了具有中国自主知识产权的 TD-SCDMA 提案，并被采纳。

1998 年底，第三代合作伙伴计划（3rd Generation Partnership Project，3GPP）和 3GPP2 成立，

专门进行 3G 技术规范标准化的工作。3GPP 的主要工作是研究制定并推广基于演进的 GSM 核心网络的 3G 标准，目标是将 IMT-2000 中多个基于宽带 CDMA 技术的 3G 技术提案进行融合，并进行统一标准化。3GPP2 的主要工作是制定以 ANSI/IS-41 为核心网、CDMA2000 为无线接口的 3G 标准。

最终，欧洲提出的宽带码分多址（WCDMA）标准、美国提出的多载波码分多址（CDMA2000）标准和中国提出的时分同步码分多址（TD-SCDMA）标准成为事实上的 3G 技术主流。

2. 3G 的特征

3G 系统是首个以"全球标准"为目标的移动通信系统，旨在提供比 2G 更大的系统容量、更高的传输速率、更优良的通信质量和更丰富的业务类型。总体而言，第三代移动通信系统具有如下特征。

1) 全球化：3G 的目标是在全球采用统一标准、统一频段和统一大市场。IMT-2000 是一个全球性的系统，各个地区多种系统组成了一个 IMT-2000 家族，各系统设计上具有很好的通用性。与此同时，3G 业务与固定网的业务也具有很好的兼容性；ITU 划分了 3G 的公共频段；全球各地区和国家在实际运用时基本上能遵从 ITU 的规定；全球 3G 运营商之间签署了广泛的协议，基本形成了大一统的市场。基于以上条件，3G 用户能在全球实现无缝漫游。

2) 多媒体化：支持高质量的多媒体业务，可同时提供语音、分组数据、移动视频和高清晰图像等多种业务，实现多种信息的一体化。

3) 综合化：多环境、灵活性，能把现存的无绳、蜂窝（宏蜂窝、微蜂窝、微微蜂窝）和卫星移动等通信系统综合在统一的系统中（具有从小于 50m 的微微小区到大于 500km 的卫星小区），与不同网络互通，提供无缝漫游和业务一致性；网络终端具有多样性；采用平滑过渡和渐进式演进方式，即能与第二代移动通信系统共存和互通，采用开放式结构，易于引入新技术；3G 的无线传输技术满足三种传输速率，即室外车载环境下为 144kbit/s，室外步行环境下为 384kbit/s，室内环境下为 2Mbit/s。

4) 智能化：主要表现在优化网络结构方面（引入智能网概念）和收发信机的软件无线电化。

5) 多样化：终端类型多种多样。3G 系统的终端包括普通语音终端、与笔记本计算机相结合的终端、病人的身体监测终端、儿童的位置跟踪及其他各种形式的多媒体终端等。

6) 个人化：用户可用唯一个人电信号码（PTN）在任何终端上获取所需要的电信业务，这就超越了传统的终端移动性，也需要足够的系统容量来支撑。

第三代移动通信系统除了具有上述基本特征之外，还具有高频谱效率、低成本、优质服务质量、高保密性、良好的安全性能及收费制度更合理等特点。

3. IMT-2000 系统结构

（1）系统组成

IMT-2000 系统主要由四个功能子系统构成：核心网（CN）、无线接入网（RAN）、移动终端（MT）和用户识别模块（UIM），如图 7.1 所示。

图 7.1　IMT-2000 系统的功能模型

1）核心网（CN）：提供信息的交换和传输，可采用分组交换或 ATM 网络，最终将过渡到全 IP 网络，并与 2G 系统核心网兼容。

2）无线接入网（RAN）：实现无线传输功能。

3）移动终端（MT）：为移动用户提供服务的设备，它与无线接入网之间的通信链路为无线链路。

4）用户识别模块（UIM）：存储接入网络系统的标识。

（2）系统标准接口

由于 3G 的标准统一非常困难，IMT-2000 放弃了在空中接口、网络技术等方面一致性的努力，而致力于制定网络接口的标准和互通方案。ITU 定义了四个标准接口。

1）网络与网络之间的接口（NNI）：ITU 在网络部分采用了"家族概念"，此接口是指不同家庭成员之间的标准接口，是保证互通和漫游的关键接口。

2）无线接入网与核心网之间的接口（RAN-CN 接口）。

3）无线接口（UNI）：移动通信系统中最重要的接口。

4）用户识别模块和移动台之间的接口（UIM-MT 接口）。

（3）3G 无线接口的分层结构

3G 系统无线接口的设计通常采用三层结构。由于 3G 需要同时支持电路型业务和分组业务，并支持不同质量、不同速率业务，因此其具体协议组成相较于 2G 系统要复杂得多。

3G 系统无线接口各层的主要功能如下：

1）物理层：由一系列下行物理信道和上行物理信道组成。

2）链路层：由媒体接入控制（MAC）子层和链路接入控制（LAC）子层组成。MAC 子层根据 LAC 子层的不同业务实体的要求对物理层资源进行管理与控制，并负责提供 LAC 子层的业务实体所需的 QoS 级别。LAC 子层采用与物理层相对独立的链路管理与控制，并负责提供 MAC 子层所不能提供的更高级别的 QoS 控制，这种控制可以通过 ARQ 等方式来实现，以满足来自更高层业务实体的传输可靠性。

3）高层：集 OSI 模型中的网络层、传输层、会话层、表示层和应用层为一体。高层实体主要负责各种业务的呼叫信令处理，语音业务（包括电路类型和分组类型）和数据业务（包括 IP 业务、电路和分组数据、短消息等）的控制与处理等。

4. 2G 向 3G 的演进

出于对已建成网络投资的保护以及网络演进方案平滑过渡的考虑，3G 系统必须和 2G 系统保持兼容。从 2G 系统到 3G 的演进方案主要包括三个层面：无线接口技术的演进、网络体系结构的演进和业务方面的演进。

无线接口技术的演进主要体现在网络设备与移动终端之间传输数据能力的提高，可以说，数据速率能力的提高是整个网络业务应用得以改进的前提条件。

网络体系结构的演进一方面体现在网络拓扑结构的变化和改进上，另一方面也体现在系统采用的传输技术的改进上。移动通信网络结构的发展趋势是全 IP 化，以便更好地完成与 Internet 等其他网络的互通与融合。3G 系统的网络体系结构如图 7.2 所示。

图 7.2　3G 系统的网络体系结构

从技术层面而言，无线接口技术的发展是 3G 技术的最显著特征。根据 2G 时代的主流技术（GSM、IS-95、北美的 TDMA 以及日本的 PDC），可以清晰地看到 3G 技术演进的路线，如图 7.3 所示。

图 7.3　3G 技术演进路线

从 GSM 的演进路线来看，GPRS 技术和 EDGE 技术是在 GSM 系统基础上进行的改进和提高。GPRS 在 GSM 系统中引入了对分组交换功能的支持，充分考虑了分组业务突发传输的特性。EDGE 技术则是在 GPRS 基础上的改进，EDGE 系统在无线接口上采用新的调制技术，从而有效地提高了无线接口的数据传输速率。

WCDMA 系统由 GSM 系统演进而来，它将最大限度地兼容 GSM 系统原有的核心网结构，但是由于 WCDMA 系统使用基于 CDMA 的无线接口技术，而 GSM 系统使用基于 TDMA 的无线接口技术，所以 WCDMA 的接入网相对于 GSM 原有的接入网是一个全新的网络。而且由于使用的无线接口技术不同，WCDMA 也不能使用与 GSM 系统相同的频谱，必须为 WCDMA 系统分配新的频谱。WCDMA 进一步的演进方向是 HSDPA/HSUPA。HSDPA 技术通过使用自适应编码调制、快速重传等技术，理论上允许最大 14.4Mbit/s 的下行无线接口数据传输速率。而相应的，HSUPA 理论上允许 5.76Mbit/s 的上行无线接口数据传输速率。

从 GPRS 向 3G 进行技术演进的另一条途径是 TD-SCDMA，TD-SCDMA 是基于时分双工的 3G 技术。TD-SCDMA 的技术规范与 WCDMA 的技术规范一起在 3GPP 中定义，TD-SCDMA 与 WCDMA 的不同点主要体现在无线接口的底层技术方面。在核心网层面，TD-SCDMA 系统和 WCDMA 系统可以共享设备。

CDMA 向 3G 的演进过程中，曾经存在过 CDMA2000 1x 与 CDMA2000 3x 两种方案。在实际系统中，使用更多的都是基于 1x 技术的系统，而 CDMA2000 1x 之后的 EV-DO 和 EV-DV 技术也都是使用一个载频的 CDMA 技术。CDMA2000 1x 技术由于建立在已有的 IS-95 系统之上，所以在无线接口上能够保证较好的兼容，CDMA2000 系统和 IS-95 系统不仅在核心网，而且在接入网方面都可以做到后向兼容。运营商原有的 CDMA 网络可以通过网络的升级直接过渡到 CDMA2000 1x。

7.2 3G业务及应用

第二代移动通信技术已经可以为用户提供简单的数据业务（例如 WAP 和彩信），但 2G 网络的数据承载能力有限，使之成为移动数据业务进一步发展的瓶颈。3G 技术就是为了适应移动业务发展的需求而产生的。与 2G/2.5G 技术相比，3G 技术显著地提高了空中接口的数据传输速率，这为新型数据业务的发展以及进一步的网络融合提供了技术保障。

3G 业务是指所有能够在 3G 网络上承载的各种移动业务，包括点对点基本移动语音业务和各类移动增值业务。3G 业务具有丰富的多媒体业务应用、高速率的数据承载、业务提供方式灵活和提供业务的 QoS 质量有保证的特点。移动增值业务是移动运营商的主要利润增长点，也是发展 3G 业务的方向，3G 运营商在保留和增强 2G/2.5G 移动增值业务的同时，大量开发并提供了新的 3G 移动增值业务，它们具备互联网化、媒体化和生活化的特点。3G 移动增值业务中，成熟类的主要有短消息（SMS）、彩铃、WAP 和 IVR（互动式语音应答）等业务；成长类的主要有移动即时通信、移动音乐、MMS（彩信）、移动邮件、移动电子商务、移动位置服务（LBS）、手机媒体、移动企业应用、手机游戏和无线上网卡业务跟踪等业务；萌芽类主要有移动博客、手机电视、一键通（PTT）、移动数字家庭网络、移动搜索和移动 VoIP 等业务。

制定 3G 业务标准的标准化组织主要有 3GPP、3GPP2 和 OMA（开放移动联盟）等，为了适应新的业务模式，这些标准化组织的工作都集中在标准化业务体系框架和业务能力上，而对业务本身并不做规范。其中，3GPP 定义了框架业务能力特征（提供公共使用能力）和非框架业务能力特征（允许业务使用网络底层）两种业务能力特征；OMA 定义了公共业务引擎和专业业务引擎等各种技术引擎，专业引擎负责提供基本的业务能力特征。

由于 3G 业务的多样性、用户使用特征的差异以及运营商情况的不同，对 3G 业务的分类也可以从多角度进行。总体来说，可按以下角度划分 3G 业务。

1）从承载网络来分，可以分为电路域和分组域业务，其中电路域业务包括主语音、智能网业务、短信、彩铃和补充业务等；分组域业务包括数据业务、数据卡上网和 IMS 业务等。

2）从业务特征上分，可以分为语音和非语音两大类，语音类包括基本语音和增强语音；非语音业务包括数据业务、数据卡上网、智能网业务、位置业务和补充业务等。

3）从服务质量 QoS 来分，3GPP 提出了会话类、流媒体、交互类和后台类四种业务区分方式，会话类业务主要为语音通信和视频电话业务；流媒体业务可分为长流媒体和短流媒体业务，也可分为群组流媒体与个人流媒体业务，还可分为广播式流媒体和交互式流媒体业务；交互类业务包括基于定位的业务，网络游戏等；后台类业务有 E-mail、SMS、MMS 和下载业务等。会话类和流媒体业务对时延敏感，但允许较高的误码率；而交互类和后台类对时延要求低，但对误码率要求高。

4）从业务发展和继承方面考虑，可以分为 2G/2.5G 继承业务及 3G 特色业务。

5）基于 3G 用户需求，可分为通信类、消息类、交易类、娱乐类和移动互联网类。

3GPP 从承载网络和 QoS 两方面对 3G 业务进行了分类，前面已进行介绍。需要说明的是，3G 中的业务并不是孤立的，多种业务之间会有相互重叠、结合。从业务演进方向来看，在 2G 通信中，基本都是电路域业务，对于电路域业务而言，每个呼叫占用固定的带宽，这对系统资源的有效使用、业务的灵活性、业务的进一步融合都是不利的。从业务发展的趋势来看，移动通信与 Internet 的融合是必然的趋势。从长远来看，所有的实时、非实时业务都会在基于 IP 的分组交换域上进行实现，IMS 就是针对这一业务发展方向设计的。此外，3GPP 定义了工具箱，如应用移动网络增强逻辑（Customized Application for Mobile Network Enhanced Logic，CAMEL）、移动执行环境（Mobile Execution Environment，MExE）和 USIM 应用工具箱（USIM Application Toolkit，US-AT）等。运营商可利用这些工具箱或者外部解决方案来修改已有业务或者创建新业务。

随着移动业务的发展，3G 业务发展面临着一个截然不同的外部环境，其业务价值链分工也更加细化。其中，服务提供商（SP）的作用是开发和提供应用服务，它的主要工作包括需求评估、应用设计、应用模拟、实施和发布等；如果 SP 将应用设计的工作外包，则出现了另一个独立的价值链环节——应用提供商（AP）。内容提供商（CP）的作用是开发和提供内容，并将它提供给 SP，其主要工作有制造内容、内容管理、内容发布和索引链接（门户）等。

7.3　3G 的关键技术

3G 系统采用初始同步与 Rake 多径分集接收、高效的信道编解码、智能天线、多用户检测、功率控制和软件无线电等多项关键技术。

1. 初始同步与 Rake 多径分集接收技术

CDMA 通信系统接收机的初始同步包括 PN 码同步、符号同步、帧同步和扰码同步等。

CDMA2000 系统采用与 IS-95 系统类似的初始同步技术，即通过对导频信道的捕获建立 PN 码同步和符号同步，通过同步信道的接收建立帧同步和扰码同步。WCDMA 系统的初始同步则需要通过"三步捕获法"进行，即通过对基本同步信道的捕获建立 PN 码同步和符号同步；通过对辅助同步信道的不同扩频码的非相干接收，确定扰码组号等；最后，通过对可能的扰码进行穷举搜索，建立扰码同步。

为解决移动通信中存在的多径衰落问题，系统采用 Rake 分集接收技术。为实现相干 Rake 接收，需发送未调导频信号，使接收端能在确知已发数据的条件下估计出多径信号的相位，并在此基础上实现相干方式的最大信噪比合并。WCDMA 系统采用用户专用的导频信号；而 CDMA2000 系统下行链路采用公用导频信号，用户专用的导频信号仅作为备选方案用于使用智能天线的系统，上行信道则采用户专用的导频信道。Rake 多径分集技术的另一种重要的体现形式是宏分集及越区切换技术。

2. 高效的信道编解码技术

3G 另一核心技术是信道编解码技术。在 3G 主要提案中除采用 IS-95 系统相类似的卷积编码技术和交织技术外，还建议采用 Turbo 编码技术。在高速率、对解码时延要求不高的数据链路中使用 Turbo 码以利于其优异的纠错性能；在语音和低速率、对解码时延要求比较苛刻的数据链路中使用卷积码，在其他逻辑信道中也使用卷积码。

3. 智能天线技术

智能天线是雷达系统自适应天线阵在通信系统中的新应用。由于其体积庞大、计算复杂，目前仅适合在基站系统中应用，用于扩大基站的无线覆盖范围、提高系统容量和业务质量。

智能天线技术较适用于 TDD 方式的 CDMA 系统，能在较大程度上抑制多用户干扰，提高系统容量。实现的关键技术为：多波束形成技术、自适应干扰抑制技术、空时二维的 Rake 接收技术、多通道的信道估计和均衡技术。困难在于存在多径效应，每个天线均需一个 Rake 接收机，使基站处理单元的复杂度提高。

4. 多用户检测技术

多径衰落环境下，各用户的扩频码通常难以保证正交，因此造成多个用户之间的相互干扰，并限制系统容量的提高。解决此问题的一个有效方法是使用多用户检测技术。多用户检测（MUD）称为联合检测和干扰对消，降低了多址干扰，可以消除远近效应问题，从而提高系统的容量。

多用户检测技术的基本思想是把所有用户的信号都当作有用信号,而不是当作干扰信号来处理。充分利用各用户信号的用户码、幅度、延迟等先验信息,将所有用户信号的分离看作一个统一的过程。多用户检测通过测量各用户扩频码间的非正交性,用矩阵求逆方法或迭代方法消除多用户间的相互干扰。CDMA 系统中,对某个用户来说,其他用户的信号均为干扰,而每个用户的信号都存在多径信号,因此,基站接收端的等效干扰用户等于正在通话的移动用户数乘以基站端可观察到的多径数。这意味着在实际系统中等效干扰用户数将多达数百个,使算法过于复杂,实现多用户检测技术的关键是把多用户干扰抵消算法的复杂度降低到可接受的程度。

5. 功率控制技术

CDMA 系统是一个自干扰系统,所有用户共用相同的频带,且各用户的扩频码之间存在着非理想的相关特性,用户发射功率的大小将直接影响系统的总容量,因此,功率控制技术是 CDMA 系统中的核心技术。CDMA 功率控制的目的就是克服"远近效应",使系统既能维持高质量通信,又能减小对其他用户产生干扰。在 WCDMA 和 CDMA2000 中,上行信道采用开环、闭环和外环功率控制技术,下行信道采用闭环和外环功率控制技术,但两者的闭环功率控制速度有所不同,前者为每秒 1600 次,后者为每秒 800 次。外环功控是指通过对接收误帧率的计算,确定闭环功控所需的信干比门限,通常需采用变步长方法,以加快对信干比门限的调节速度。总之,功率控制的原则是在可以满足无线链路传输质量的前提下,尽可能减小发送端的发射功率,进而尽可能减少用户专用链路对其他用户的干扰。

6. 软件无线电技术

软件无线电(SDR)的概念是由美国人 Joe. Mitola 在 1992 年 5 月的美国电信会议上首次明确提出的。所谓软件无线电技术,就是在通用芯片上用软件实现专用芯片的功能。它的核心技术是用宽频带的无线接收机来代替原来的窄带接收机,并将宽带的模拟/数字(A/D)、数字/模拟(D/A)变换器尽可能地靠近天线,从而使通信电台的功能尽可能多地采用可编程软件来实现。由于 TD-SCDMA 系统的 TDD 模式和低码片速率的特点,使得数字信号处理量大大降低,适合采用软件无线电技术。SDR 的核心技术如下:

1)宽带/分频段天线。软件无线电台要求能够在短波到微波相当宽的频段内进行工作,最好能研究一种新型的全向宽带天线,可以根据实际需要用软件智能地构造其工作频段和辐射特性。

2)多载波功率放大器(MCPA)。理想的软件无线电在发射方向上把多个载波合成一路信号。通过上变频后,用一种 MCPA 对宽带的模拟混合信号进行低噪声放大。

3)高速宽带 A/D、D/A 变换。A/D 的主要性能指标是采样速率和采样精度。理想的软件无线电台是直接在射频上进行 A/D 变换,要求必须具有足够的采样速率。

4)高速并行 DSP。数字信号处理(DSP)芯片是软件无线电所必需的最基本的器件。软件对数字信号的处理是在芯片上进行的。

5)软件无线电的算法。软件的构造是把对设备各种功能的物理描述建立成数学模型(建模),再将用计算机语言描述的算法转换成用计算机语言编制的程序。

SDR 具有如下主要优势:

1)可以克服微电子技术的不足,通过软件方式灵活完成硬件/专用 ASIC 的功能。在统一硬件平台上利用软件处理基带信号,通过加载不同的软件实现不同的业务性能。

2)系统增加功能可通过软件升级来实现,具有良好的灵活性及可编程性,对环境的适应性好,不会老化。

3)可替代昂贵的硬件电路,实现复杂的功能,减少用户设备费用支出。

7.4 WCDMA 移动通信系统

7.4.1 WCDMA 系统概述

1. 技术指标

WCDMA 是一种直接序列码分多址（DS-CDMA）技术，信息被扩展成 3.84MHz 的带宽，然后在 5MHz 的带宽内进行传送。WCDMA 作为 IMT-2000 的一个重要分支，是目前世界范围内应用最广泛的 3G 技术之一。

WCDMA 具有以下特点：

1）信号带宽：5MHz。
2）码片速率：3.84Mchip/s。
3）调制方式：上行为 HPSK，下行为 QPSK。
4）解调方式：导频辅助的相干解调。
5）语音编码：AMR。
6）信道编码：话音信道采用卷积码。
7）适应多种速率的传输，可灵活提供多种业务，并根据不同的业务质量和业务速率分配不同的资源。同时对多速率、多媒体的业务，可通过改变扩频比和多码并行传送的方式来实现。
8）上下行快速、高效的功率控制大大减少了系统的多址干扰，提高了系统容量，同时也降低了传输的功率。
9）核心网基于 GSM/GPRS 网络的演进，并保持与它们的兼容性。
10）基站之间无须同步。因基站可收发异步的 PN 码，即基站可跟踪对方发出的 PN 码，同时移动终端也可用额外的 PN 码进行捕获与跟踪，因此可获得同步，支持越区切换及宏分集，而在基站之间无须进行同步。
11）支持软切换、更软切换，切换方式包括三种：扇区间更软切换、小区间软切换和载频间硬切换。

2. WCDMA 标准的演进

WCDMA 标准由 3GPP 制定，协议版本包括 R99、R4、R5、R6、R7 等。其中，R99 是基于 GSM 的核心网，确定了 WCDMA 无线传输技术的接口，引入新的无线接入网。R4 在核心网电路域中实现了软交换，即将传统的 MSC 分离为媒体网关和 MSC 服务器两个部分，向全 IP 的核心网迈出了第一步。R5 是全 IP 核心网的第一个版本，引入了 IP 多媒体子系统（IMS），无线接入网定义了采用 IP 传输的可选方式，无线接口部分支持高速下行分组接入（HSDPA）技术，下行数据传输速率最高可达 10Mbit/s。R6 支持高速上行分组接入（HSUPA）技术，在上行链路支持增强技术，提高上行的数据传输速率。R7 中介绍了 HSPA+技术（HSPA 的演进技术），进一步提升了下行的数据传输速率。

7.1 WCDMA 核心网的演进

3. WCDMA 系统结构

WCDMA 系统的基本结构模型如图 7.4 所示，以模块来划分整个 WCDMA 系统可分成三个功能实体：用户设备（UE）、无线接入网（UTRAN）和核心网（CN）。由图可知，WCDMA 系统可以通过 CN 与 PSTN、ISDN、其他运营商的 PLMN 和 Internet 等外部网络进行通信。WCDMA 系统中，无线接入网和核心网可以分开发展。无线接入网采用整体推进，使用 WCDMA 无线接口技术；而核心网可以从已有的 GSM/GPRS 核心网平台开始，以平滑演进的方式逐步过渡到全 IP 通信网络。

图 7.4 WCDMA 系统的基本结构模型

WCDMA 系统中的功能实体的具体组成和作用如下。

1) UE 包括移动设备（ME）和 UMTS 用户识别模块（USIM）两部分。ME 是进行无线通信的设备；USIM 相当于 GSM 终端中的 SIM 智能卡，用于记载用户标识，可执行鉴权算法，并保存鉴权、密钥及终端所需的一些预约信息。

2) UTRAN（UMTS 陆地无线接入网）的主要作用是实现无线接入和无线资源管理。UTRAN 的结构包含一个或几个无线网络子系统（RNS），一个 RNS 由一个无线网络控制器（RNC）和一个或多个节点 B（Node B）组成。如图 7.4 所示，RNC 在逻辑上对应于 GSM 网中的 BSC，它控制辖区内的无线资源，是与之相连的 Node B 的管理者，也是无线接入网提供给 CN 的所有业务的接入点；Node B 在逻辑上对应于 GSM 网中的 BTS，它主要完成 Uu 接口的物理层的功能（信道编码、交织、速率匹配和扩频等），也完成部分无线资源控制（如功率控制）。

3) CN 负责处理 WCDMA 系统内语音呼叫和数据连接，并实现与外部网络的交换和路由功能。

CN 从逻辑上分为电路交换（CS）域和分组交换（PS）域两部分，CS 主要负责语音等业务的传输与交换，而 PS 主要负责非语音类数据业务的传输与交换。

无线接入网与 UE 的接口为 Uu 接口，与核心网的接口是 Iu 接口。用户设备内部，ME 与 USIM 的接口为 Cu 接口；而在无线子系统内部，Node B 与 RNC 间的接口为 Iub 接口，RNC 之间的接口为 Iur 接口。

7.4.2 无线接口的分层

无线接口是各移动通信系统的关键技术，最基本区别在于其物理层。在此首先介绍第三代移动通信系统的无线接口的分层结构、各层的功能及相互之间的关系。

无线接口指用户设备（UE）和网络之间的 Um 接口，由层 1、层 2 和层 3 组成。层 1（L1）是物理层，层 2（L2）和层 3（L3）描述 MAC、RLC 和 RRC 等子层。整个无线接口的分层结构如图 7.5 所示。

图 7.5 无线接口的分层结构

1. 无线资源控制（RRC）层

RRC 层位于无线接口的第三层，它主要处理 UE 和 UTRAN 的第三层控制平面之间的信令，包括处理连接管理功能、无线承载控制功能、RRC 连接移动性管理和测量功能。

2. 媒体接入控制（MAC）层

MAC 层屏蔽了物理介质的特征，为高层提供了使用物理介质的手段。高层以逻辑信道的形式传输信息，MAC 层完成传输信息的有关变换，以传输信道的形式将信息发向物理层。

3. 物理层

物理层是 OSI 参考模型的最底层，它支持在物理介质上传输比特流所需的操作。物理层与层 2 的 MAC 层和层 3 的 RRC 层相连。图 7.5 中不同层间的圆圈部分为业务接入点（SAP）。物理层为 MAC 层提供不同的传输信道，传输信道定义了信息是如何在无线接口上进行传送的。MAC 层为层 2 的无线链路控制（RLC）层提供了不同的逻辑信道。逻辑信道定义了所传送信息的类型。物理信道在物理层进行定义，物理信道是承载信息的物理媒介。物理层接收来自 MAC 层的数据后，进行信道编码和复用，通过扩频和调制，送入天线发射。物理层的数据处理过程如图 7.6 所示。物理层技术的实现如图 7.7 所示。

图 7.6 物理层的数据处理过程

图 7.7 物理层技术的实现

7.4.3 信道结构

在 WCDMA 系统的无线接口中，从不同协议层次上讲，承载用户各种业务的信道被分为三类，即逻辑信道、传输信道和物理信道。逻辑信道属于 MAC 层向 RLC 层提供的数据传输服务，RLC 层将更上层的 RB 映射到相应的逻辑信道，MAC 层则将逻辑信道映射和复用到传输信道上。逻辑信道直接承载用户业务，根据承载的是控制平面业务还是用户平面业务分为控制信道和业务信道两大类。传输信道是无线接口第二层和物理层的接口，是物理层对 MAC 层提供的服务，根据传输的是针对一个用户的专用信息还是针对所有用户的公用信息而分为专用传输信道和公共传输信道两大类。物理信道是各种信息在无线接口传输时的最终体现形式，每一种使用特定的载波频率、扩频码及载波相对相位（0 或 π/2）和相对时间的信道都可以理解为一类特定的物理信道。

1. 逻辑信道

逻辑信道根据其传输数据的不同可分为控制逻辑信道和业务逻辑信道，控制逻辑信道用于传输用户面的控制信息，业务逻辑信道用于传输用户面的业务数据（包括电路域和分组域数据）。逻辑信道的分类如图 7.8 所示。

（1）控制逻辑信道

控制逻辑信道有四种类型：广播控制信道（BCCH）、寻呼控制信道（PCCH）、公共控制信道（CCCH）、专用控制信道（DCCH）。

图 7.8 逻辑信道的分类

(2) 业务逻辑信道

业务逻辑信道分为公共业务信道（CTCH）和专用业务信道（DTCH）。其中公共业务信道为下行逻辑信道，用于点到多点的组播业务。专用业务信道为双向逻辑信道，用于传输 UE 专用业务信息，包括 PS 域和 CS 域的业务数据。

2. 传输信道

传输信道是物理层给 MAC 层提供的服务，是定义数据是怎样在空中接口中传输的，类似于 GSM 系统中的逻辑信道。传输信道的分类如图 7.9 所示。

在公共传输信道中所有或某一组用户都要对该信道的信息进行解码，即使该信道的信息在某一时刻是针对一个用户的。但当针对某一个用户时，该信道必须包含该用户 UE 的识别码 ID。

专用传输信道的信息在某一时刻只能针对一个用户，所以每一时刻只有一个用户需要对该信道的信息进行解码，此时，UE 是通过物理信道来识别的。

图 7.9　传输信道的分类

（1）专用传输信道

WCDMA 中只有一种专用传输信道，即专用信道（DCH）。DCH 包括上行和下行传输信道，主要用来传输网络和特定 UE 之间的数据信息或控制信息。DCH 可在整个小区中进行全向传输，也可采用智能天线技术进行波束成型，针对某用户进行传输。DCH 可进行快速信息速率改变、快速功率控制和宏分集、软切换等。

（2）公共传输信道

公共传输信道共有六种类型：广播信道（BCH）、前向接入信道（FACH）、寻呼信道（PCH）、随机接入信道（RACH）、下行共享信道（DSCH）和公共分组信道（CPCH）。

3. 物理信道

物理信道可以由某一载波频率、码（信道码和扰码）、相位确定。在采用扰码与扩频码的信道里，扰码或扩频码任何一种不同，都可以确定为不同的信道。一般物理信道包括三层结构：超帧、无线帧和时隙。

WCDMA 中，一个超帧长 720ms，包括 72 个无线帧。超帧的边界是用系统帧序号（SFN）来定义的：当 SFN 为 72 的整数倍时，该帧为超帧的起始无线帧；当 SFN 为 72 的整数倍减 1 时，该帧为超帧的结尾无线帧。

无线帧是一个包括 15 个时隙的信息处理单元，时长 10ms。

时隙是包括一组信息符号的单元。每个时隙的符号数目取决于物理信道。一个符号包括许多码片，每个符号的码片数量与物理信道的扩频因子相同。

物理信道分为上行物理信道和下行物理信道，其分类如图 7.10 所示。

7.4.4　信道编码和复用

为保证高层的信息数据在无线信道上可靠传输，需对来自 MAC 层和高层的数据流（传送块/传送块集）进行编码/复用后在无线链路上发送，并且将无线链路上接收到的数据进行解码/解复用再送给 MAC 层和高层。信道编码/复用包括非压缩和压缩两种模式。

非压缩模式下，到达编码/复用功能模块的数据以传送块集合的形式传输，在每个传送时间间隔 TTI 传输一次，传送时间间隔可以是集合 {10ms，20ms，40ms，80ms} 中的一个值。编码/复用的步骤如下：给每个传送块加 CRC→传送块级联和码块分割→信道编码→速率匹配→插入非连续传输 DTX 指示比特→交织→无线帧分段→传输信道复用→物理信道的分段→映射到物理

```
                                          ┌─ 上行专用物理数据信道(DPDCH)
                     ┌─ 上行专用物理信道 ─┤
                     │                    └─ 上行专用物理控制信道(DPCCH)
         ┌─ 上行物理信道 ┤
         │           │                    ┌─ 物理随机接入信道(PRACH)
         │           └─ 上行公共物理信道 ─┤
         │                                └─ 物理共用分组信道(PCPCH)
物理信道 ┤
         │           ┌─ 下行专用物理信道——DPCH
         │           │
         │           │                    ┌─ 公共控制物理 ┌─ P-CCPCH(基本CCPCH)
         └─ 下行物理信道 ┤                │  信道(CCPCH)  └─ S-CCPCH(辅助CCPCH)
                     │                    │
                     └─ 下行公共物理信道 ┤  同步信道 ┌─ P-SCH(基本SCH)
                                          │  (SCH)    └─ S-SCH(辅助SCH)
                                          │
                                          │  物理下行共享信道(PDSCH)
                                          │  寻呼指示信道(PICH)
                                          │  捕获指示信道(AICH)
                                          └  公共导频信道(CPICH)
```

图 7.10 物理信道的分类

信道。

差错检测功能是通过传送块上的循环冗余校验 CRC 实现的，每个传输信道的 CRC 长度由高层决定。传送块级联是指在一个 TTI 中的所有传送块都是顺序级联起来的，如果在一个 TTI 中的比特数比给定值 Z 大，在传送块的级联后将进行码块分割，码块的最大尺寸根据编码而定。无线帧尺寸均衡是指对输入比特序列进行填充，以保证输出可以分割成相同的大小为 F_i 的数据段，但是仅在上行链路进行，因为下行链路速率匹配输出块长总是 F_i 的整数倍。当传输时间间隔长于 10ms 时，输入比特序列将分段并映射到连续的无线帧上，下行链路在速率匹配后，上行链路在无线帧尺寸均衡后，使用无线帧分段，可保证输入比特序列长度为 F_i 的整数倍。速率匹配表示数据信息在进行信道编解码后，在一个传输信道上为适应固定分配的信道速率被重发或者打孔。无线帧从传输信道中以 10ms 的间隔被送到传输信道复用功能块中，被连续地复用到一个 CCTrCH 上。在下行链路中，当无线帧要发送的数据无法把整个无线帧填满时，需采用非连续发送 DTX 技术，此时，需插入指示比特指出何时传输需要被关闭，但指示比特本身不需要被发送。

压缩模式中，一帧的一个或连续几个无线帧中某些时隙不被用作数据的传输。为了保持压缩后的质量不被影响，压缩帧中其他时隙的瞬时传输功率增加，功率增加的数量与传输时间的减少相对应。何时帧被压缩取决于网络。在压缩模式中，压缩帧可以周期性出现，也可以在必须时才出现，并且依赖于外界条件，它主要用于频间测量、系统间切换，有单帧和双帧方式两种类型。为减少传输时间而采取的压缩方法有打孔、扩频因子（SF）减半、高层指配三种。使用时，下行链路支持所有三种压缩方法，上行链路不支持速率匹配打孔方法。

压缩模式下，传输间隔可以被放置在固定位置。双帧方式时，固定间隔位置在两个连续帧的中间，传输间隔也可放置在任何其他的位置，此时传输间隔位置可以被调整或者重新定位。该传输间隔位置可以用来捕获其他系统/载波的控制信道信息，进行切换或对其他频率的载波功率进行测量。

接收机为了准确解码，必须得到发送方的编码/复用格式参数，因此，需要采用传送格式检测来获得这些参数。如果 TFCI 被显式传送，则传送格式可用显式检测；如果 TFCI 没有被传送，则采用隐式检测，即收信机利用其他信息来检测传送格式。

7.4.5 切换及优化案例

1. WCDMA 的切换

切换是移动台在移动过程中为保持与网络的持续连接而发生的。一般情况下，切换可以分为以下三个步骤：无线测量、网络判决和系统执行。

在无线测量阶段，移动台不断地搜索本小区和周围所有小区基站信号的强度和信噪比，此时基站也不断地测量移动台的信号，测量结果在某些预设的条件下汇报给相应的网络单元；网络单元进入相应的网络判决阶段，在执行相应的切换算法（如与预设门限相比较）并确认目标小区可以提供目前正在服务的用户业务后，网络最终决定是否开始这次切换；在移动台收到网络单元发来的切换确认命令后，开始进入到系统执行阶段，移动台进入特定的切换状态，开始接收或发送与新基站所对应的信号。

WCDMA 具有软切换、更软切换、硬切换，还有 CDMA 到其他系统的切换和空闲切换。CDMA 到其他系统的切换中，移动台从 CDMA 业务信道转到其他系统业务信道；空闲切换是移动台处于空闲状态时所进行的切换。硬切换通常发生在不同频率的 CDMA 信道间，WCDMA 由于采用了压缩模式，可以通过压缩间隔探测其他频点的信号强度，所以与 IS-95 相比有了很大进步，可以不通过其他辅助手段自主地实现硬切换。WCDMA 系统主要通过对其他频点的公共导频信号进行探测而得到其他频点的信号强度。

2. WCDMA 切换优化案例

在 A 市联通 WCDMA 系统中出现拐角效应，以下对切换优化的工程案例进行分析。

（1）问题现象

拐角效应主要表现在：用户原所在小区的信号质量急剧恶化，而用户切换的目标小区信号质量快速变为较优值，用户在目标小区还未进入激活集时，就已经与原小区失去连接，导致掉话。在路测中，道路的拐角处很容易发生这种无线小区质量迅速变化的情况，因此称为拐角效应。

在拐角效应发生的区域，用户的原小区（cell1）和目标小区（cell2）的信号强度值通常可以用图 7.11 示意。

图 7.11 拐角效应

（2）问题分析

结合图 7.12 拐角效应问题分析流程，首先考虑的是网络中邻区配置的问题，如单向邻区、邻区漏配或邻区冗余，检查邻区配置，发现无明显问题。接下来考虑的是软切换问题区域的小区地理环境造成了软切换问题。由于道路的拐角处很容易发生这种无线小区质量迅速变化的情况，定位问题应该是拐角效应或针尖效应。定位到具体问题后，再结合图 7.11 所示可以看出，此问题属于拐角效应。其中一个小区的信号强度迅速下降，而另一个小区的信号强度迅速上升。这样的情景下，用户原所在小区与用户切换的目标小区的信道条件变化速度较快，容易导致掉话。

具体地说，如果信道条件的变化快于 A 事件的反应时间，则用户还来不及向网络侧上报测量信息，就已经发生了无线资源的重置，导致掉话。即使 A 事件设置为较容易触发，终端向网络侧上报了测量信息，也有可能 RNC 还没来得及下发激活集更新指令时，用户原所在小区的信号质量就急剧恶化，使得用户根本就不能正常接收激活集更新指令，同样导致掉话。

也即是在拐角效应的情景下，用户不能顺利地完成 A 事件的测量和反馈等，导致基站侧不能顺利完成切换。

（3）解决方案

通过分析可以得出，解决拐角效应的关键在于使得用户的切换变得容易，而这主要可以从改变物理条件和配置网络软件两方面来解决：

方法一：调整基站的天线物理参数，使得拐角区域在目标小区天线的覆盖范围内，在用户尚未进入拐角时，就完成到目标小区的切换；或者使得拐角区域在用户原所在小区的覆盖范围内，使得用户原所在小区的信道质量变化减慢，从而给用户和网络侧更多的时间来进行交互，以完成切换操作。

方法二：合理配置 A 事件相关参数，使得切换发生的条件变弱。相关参数主要包括触发时间、磁滞等。但是参数配置通常需要根据具体小区具体配置，如果单一针对某一拐角区域调整 A 事件参数，可能使得不存在拐角效应的区域切换更容易触发，导致不必要的切换。因此，更好的方法是配制拐角效应产生的两个小区之间的邻区 Ec/No 偏置值，使终端更容易切换到目标小区。由于此方法是每两个小区之间都可以配置不同的参数，因此可以根据具体小区具体配置，灵活性更强。因此，在 A 市联通的 WCDMA 系统切换优化案例中，采用的这种方法。

图 7.12 拐角效应问题分析流程图

7.5 CDMA2000 移动通信系统

7.5.1 CDMA2000 系统概述

CDMA2000 是在 IS-95 标准基础上提出的 3G 标准，由美国电信工业协会制定，它向下兼容 IS-95 系统。它可以提供 144kbit/s 以上速率的数据业务，而且增加了辅助信道，可以对一个用户同时承载多个数据流，为支持各种多媒体分组业务打下了基础。

7.2 CDMA2000 系统简介

CDMA2000 具有以下特点：

1）射频带宽在 1.25~20MHz 范围内可调。
2）前反向同时采用导频辅助相干解调。
3）在扩频码的选择中采用相同 M 序列，通过不同的相位偏置区分不同的小区和用户。

4）快速前向和反向功率控制。

5）下行信道中采用公共连续导频方式进行相干检测，提高系统容量。

6）在下行信道传输中，有直扩和多载波传输两种方式，码片速率分别为 3.6864Mchip/s 和 1.22Mchip/s。多载波方式能很好地兼容 IS-95 网络。

7）支持 F-QPCH，可延长手机待机时间。

8）核心网是 ANSI-41 网络的演进，并保持与 ANSI-41 网络的兼容性。

9）支持软切换和更软切换。

10）设计了两类码复用业务信道：基本信道用于传送语音、信令和低速数据，是一个可变速率信道；补充信道用于传送高速率数据，在分组数据传送上应用了 ALOHA 技术，改善传输性能。

11）在同步方式上，CDMA2000 与 IS-95 相同，基站间同步采用 GPS 方式。

1. CDMA2000 演进过程

CDMA2000 是在 CDMAOne（包括 IS-95A 和 IS-95B）基础上发展起来的 3G 技术，它是由美国 TIA 等标准化组织向 ITU 提交并被 ITU 接纳的 3G 标准之一，它实现平滑演进，其系列标准由 3GPP2 制定。与 CDMAOne 相比，CDMA2000 增加了分组域网元，引入了分组数据业务；在空中接口上进行了重大改进，并获得了更大的容量、更高的速率和质量。

CDMA2000 的具体演进路径如图 7.13 所示。CDMA2000 1x 以后的是 3G 标准，而 CDMA2000 1x 在习惯上被看作 2.5G，当然 3GPP2 并未明确这一说法。CDMA2000 1x 之后有两条演进路径，其中之一是发展到 CDMA2000 3x，它在前向链路上可选多载波（三个 CDMA 载频捆绑，每载波扩频码片速率为 1.2288Mchip/s）或直扩（一个载波，扩频码片速率为 3.6864Mchip/s），反向链路采用直扩（3.6864Mchip/s 码片速率）。这种标准由于技术复杂，通常系统成本较高。另一条演进路径就是 1xEV（在 CDMA2000 1x 基础上的增强），它又分为 CDMA2000 1x EV-DO 和 CDMA2000 1x EV-DV，"DO"的含意是指仅支持数据增强，而"DV"的含意是指数据信道和语音信道合一，数据和语言都得到增强，该方案得到了多数厂商和运营商的支持。

图 7.13 CDMA2000 演进路径

CDMA2000 有由 3GPP2 制定的 Release 0、A、B、C 和 D 五个支持 CDMA2000 1x 及其增强型技术的版本，以及由 EIA/TIA 发布的支持 CDMA2000 1x EV-DO 的 IS-856 和 IS-856A 标准。这里的版本（Release）通常关注的是无线接口，核心网是独立的。其中 Rel. 0 规定了 CDMA2000 的空中接口，核心网基于 ANSI-41，使用 IS-95B 的开销信道，并增加了新的业务信道和补充信道，数据速率有很大提高。Rel. A 增加了新的开销信道及相应的信令。Rel. B 做了很少的改动，新增了救援信道（Rescue Channel）。需要说明的是，EV-DO 的 Rel. B 版本通过捆绑几个 Rel. A 载波以实现多载波，如果是捆绑三个载波，峰值速率下行达到 9.3Mbit/s，上行 5.4Mbit/s；最多可捆绑 15 个载波，此时峰值速率下行达到 73.5Mbit/s，上行 27Mbit/s。Rel. C 在前向链路增加了对 EV-DV 的支持，提高数据的吞吐量，是一个基于全 IP 核心网的版本。Rel. D 在反向链路支持 EV-DV，提升反向链路的数据性能。

2. CDMA2000 演进特点

CDMA2000 的演进特点是：①模块化划分，各个模块按照自己的技术发展道路向前演进，尽可能减小对其他模块的影响，这和 WCDMA 强调系统整体推进不一样（虽然无线接入网和核心网也可以分别整体推进），而且这种模块化的演进方式不仅使得 CDMA2000 系统的升级具有平滑性，也使得 CDMA2000 网络更具灵活性；②CDMA2000 系统经常利用现有的成熟技术，降低了标准的编写复杂度，加快了标准的制定进程。CDMA 系统自身独特的演进方式，使得系统具有完备的前后兼容性，升级成本低、风险小、技术复杂度低。

3. CDMA2000 系统结构

简化的 CDMA2000 系统结构模型如图 7.14 所示。它主要包括无线部分、核心网和外部网络（PSTN、ISDN 等），其中核心网包括电路域、分组域、智能网、MC、定位模块和 WAP 等几部分。CDMA2000 的无线部分、MC、定位模块、核心网电路域、智能网以及 WAP 的基本要求和 CDMAOne 一样，只是技术更先进一些，并且任何模块只要技术发展了，都可以独立更新。核心网分组域是新增的，包括 PCF、PDSN、AAA、HA 和 FA 等功能实体。其中 PCF 负责与 BSC 配合，完成与分组数据有关的无线信道控制功能，虽然它的物理实体通常和 BSC 在一起，但属于核心网分组域；PDSN 负责管理用户通信状态，转发数据；AAA 负责管理用户，包括权限、开通的业务等；当使用移动 IP 协议时，分组域还应在简单 IP 基础上增加 HA，HA 负责将分组数据通过隧道技术送给移动用户，并实现 PDSN 之间的宏移动性管理，同时，PDSN 还应增加外地代理（FA）功能，负责提供隧道出口，并将数据解封装后发往移动台。

```
MC：消息中心          SCP：业务控制节点      PDSN：分组数据服务节点    PSTN：公共交换电话网
PDE：定位实体         SSP：业务交换节点      HA：归属代理              ISDN：综合业务数字网
MPC：移动定位中心     IWF：互通连接单元      FA：外地代理              IP：网际互连协议
PCF：分组控制功能     WAP：无线应用协议      AAA：鉴权、授权和结算
```

图 7.14 简化的 CDMA2000 系统结构模型

CDMA2000 在无线接口功能上有了很大的增强，在软切换方面将原来的固定门限变为相对门限，增加了灵活性等。

前向快速寻呼信道技术可实现寻呼或睡眠状态的选择，因基站使用快速寻呼信道向移动台发出指令，决定移动台是处于监听寻呼信道还是处于低功耗的睡眠状态，这样移动台不必长时

间连续监听前向寻呼信道，可减少移动台激活时间并节省功耗，还可实现配置改变功能。通过前向快速寻呼信道，基站向移动台发出最近几分钟内的系统参数消息，使移动台根据此消息做相应设置处理。

前向链路发射分集技术可减少发射功率、抗瑞利衰落、增大系统容量。CDMA2000系统采用直接扩频发射分集技术，有两种方式：正交发射分集方式，先分离数据再用正交Walsh码进行扩频，通过两根天线发射；空时扩展分集方式，使用两根空间分离的天线发射已交织的数据，使用相同的Walsh码信道。

反向相干解调。基站利用反向导频信道发出的扩频信号捕获移动台发射的信号，再用Rake接收机实现相干解调，这一过程提高了反向链路的性能，降低了移动台发射功率，提高了系统容量。在反向链路中，数据采用连续导频，使信道上数据波形连续，此措施可降低对发射功率的要求、增加系统容量。

CDMA2000仅在前向辅助信道和反向辅助信道中使用Turbo码。

CDMA2000支持多种帧长，不同的信道中采用不同的帧长，较短的帧可减少时延，但解调性能较低；较长的帧可降低发射功率要求。前向基本信道、前向专用控制信道、反向基本信道和反向专用控制信道采用5ms或20ms帧；前向辅助信道、反向辅助信道采用20ms、40ms或80ms帧；语音信道采用20ms帧。

增强的媒体接入控制功能控制多种业务接入物理层，保证多媒体的实现，可实现语音、分组数据和电路数据业务，提供发送、复用、QoS控制和接入程序等功能，可满足比IS-95 CDMA更宽的带宽和更多业务的要求。

CDMA2000采用了前向快速功控技术，可进行前向快速闭环功控，与只能进行前向信道慢速功控的IS-95 CDMA系统相比，大大提高了前向信道的容量，减少了基站耗电。

CDMA2000采用了传输分集发射技术和前向快速功控后，前向信道的容量约为IS-95 CDMA系统的两倍。同时，业务信道因采用Turbo码而具有2dB的增益。因此，容量还能提高到未采用Turbo码时的1.6倍。

从网络系统的仿真结果来看，如果用于传送语音业务，CDMA2000系统的容量是IS-95 CDMA系统的两倍；如果传送数据业务，CDMA2000的系统容量是IS-95 CDMA系统的3.2倍。而且，在CDMA2000中引入了快速寻呼信道，极大地减少了移动台的电源消耗，延长了移动台的待机时间，支持CDMA2000的移动台待机时间是IS-95 CDMA的15倍或更多。CDMA2000还定义了新的接入方式，可以减少呼叫建立时间，并减少移动台在接入过程中对其他用户的干扰。

7.5.2 信道结构

CDMA2000与IS-95 CDMA系统的主要区别是信道类型及物理信道的调制得到增强，以适应更多、更复杂的第三代业务。

1. 反向信道

反向信道包括以下类型。

1) 反向导频信道：是一个移动台发射的未调制扩频信号，用于辅助基站进行相关检测。反向导频信道在增强接入信道、反向公用控制信道和反向业务信道的无线配置为3~6时发射，在增强接入信道前导、反向公用控制信道前导和反向业务信道前导也发射。

2) 接入信道：传输一个经过编码、交织及调制的扩频信号，是移动台用来发起与基站的通信或响应基站的寻呼消息的。接入信道通过其公用长码掩码唯一识别，由接入试探序列组成，一个接入试探序列由接入前导和一系列接入信道帧组成。

3) 增强接入信道：用于移动台初始接入基站或响应移动台指令消息，可能用于以下三种接入模式：基本接入模式、功率控制接入模式和备用接入模式。功率控制接入模式和备用接入模式可以工作在相同的增强接入信道，而基本接入模式需要工作在单独的接入信道。增强接入信道与接入信道相比，在接入前导后的数据部分增加了并行的反向导频信道，可以进行相关解调，使反向的接入信道数据解调更容易。

当工作在基本接入模式时，移动台在增强接入信道上不发射增强接入头，增强接入试探序列将由接入信道前导和增强接入数据组成；当工作在功率控制接入模式时，移动台发射的增强接入试探序列由接入信道前导、增强接入头和增强接入数据组成；当工作在备用接入模式时，移动台发射的增强接入试探序列由接入信道前导和增强接入头组成，一旦收到基站的允许，在反向公用控制信道上发送增强接入数据。

4）反向公用控制信道：传输一个经过编码、交织及调制的扩频信号，是在不使用反向业务信道时，移动台在基站指定的时间段向基站发射用户控制信息和信令信息，通过长码唯一识别。反向公用控制信道可能用于两种接入模式：备用接入模式和指配接入模式。

5）反向专用控制信道：用于某一移动台在呼叫过程中向基站传送该用户的特定用户信息和信令信息，反向业务信道中可以包含一个反向专用控制信道。

6）反向基本信道：用于移动台在呼叫过程中向基站发射用户信息和信令信息，反向业务信道可以包含一个基本信道。

7）反向辅助码分信道：用于移动台在呼叫过程中向基站发射用户信息和信令信息，仅在无线配置 RC 为 1 和 2，且反向分组数据量突发性增大时建立，并在基站指定的时间段内存在。反向业务信道可以最多包含七个反向辅助码分信道。

8）反向辅助信道：用于移动台在呼叫过程中向基站发射用户信息和信令信息，仅在无线配置 RC 为 3~6 时，且反向分组数据量突发性增大时建立，并在基站指定的时间段内存在。反向业务信道可以包含两个辅助信道。

CDMA2000 反向信道结构如图 7.15 所示。

图 7.15 CDMA2000 反向信道结构

2. 前向信道

前向信道包括导频信道、同步信道、寻呼信道、广播控制信道、快速寻呼信道、公用功率控制信道、公用指配信道和公用控制信道。其中，前三种与 IS-95 系统兼容，后面的信道则是 CDMA2000 新定义的信道。

前向专用信道包含专用控制信道、基本信道、辅助码分信道和辅助信道。其中，前向基本信道的 RC1、RC2 以及辅助码分信道是和 IS-95 中的业务信道兼容的，其他信道则是 CDMA2000 新定义的信道。

1) 广播控制信道：传输经过卷积编码、码符号重复、交织、扰码、扩频和调制的扩频信号，用来发送基站的系统广播控制信息。基站利用此信道与区域内的移动台进行通信。

2) 快速寻呼信道：传输一个未编码的开关控制调制扩频信号，包含寻呼信道指示，用于基站和区域内的移动台进行通信。基站使用快速寻呼信道通知空闲模式下工作在分时隙方式的移动台，是否应在下一个前向公用控制信道或寻呼信道时隙开始时接收前向公用控制信道或寻呼信道。

3) 公用功率控制信道：用于基站进行多个反向公用控制信道和增强接入信道的功率控制。基站支持多个公用功率控制信道工作。

4) 公用指配信道：提供对反向链路信道指配的快速响应，以支持反向链路的随机接入信息的传输。该信道在备用接入模式下控制反向公用控制信道和相关联的功率控制子信道，并且在功率控制接入模式下提供快速证实。基站可以选择不支持公用指配信道，并在广播控制信道通知移动台这种选择。

5) 公用控制信道：传输经过卷积编码、码符号重复、交织、扰码、扩频和调制的扩频信号，用于在未建立呼叫连接时，发射移动台特定消息。基站利用此信道和区域内的移动台进行通信。

6) 专用控制信道：用于在呼叫过程中给某一特定移动台发送用户和信令消息。每个前向业务信道可以包括一个前向专用控制信道。

7) 辅助码分信道：用于在通话过程中给特定移动台发送用户和信令消息，在无线配置 RC 为 1 和 2，且前向分组数据量突发性增大时建立，并在指定的时间段内存在。每个前向业务信道最多可包括七个前向辅助码分信道。

8) 辅助信道：用于在通话过程中给特定移动台发送用户和信令消息，在无线配置 RC 为 3~9，且前向分组数据量突发性增大时建立，并在指定的时间段内存在。每个前向业务信道最多可包括两个前向辅助信道。

移动台发射的 CDMA2000 前向信道结构如图 7.16 所示。

图 7.16 CDMA2000 前向信道结构

7.5.3　CDMA2000 基本工作过程

CDMA2000 的基本工作过程与 IS-95 CDMA 系统相似，下面主要介绍用户起呼过程、分组业务和移动用户之间呼叫流程（局间）实例。

1. 用户起呼过程

首先，用户通过移动台发起一个呼叫，生成初始化消息，由于此时没有建立业务信道，移动台通过接入信道将该消息发送给基站。基站收到初始化消息后，开始准备建立业务信道，并开始试探发送空业务信道数据，而此时移动台并没有开始建立业务信道的准备，所以基站组成信道指配消息（包含基站针对该用户刚分配的信道特性，如所使用的信道码等），通过寻呼信道发送给移动台。移动台根据该消息所指示的信道信息开始尝试接收基站发送的前向空业务信道数据，在接收到 N 个连续正确帧后，移动台开始尝试建立相对应的反向业务信道，首先发送业务的前导，在基站探测到反向业务信道前导数据后，基站认为前向和反向业务信道链路基本建立，生成基站证实指令消息通过前向业务信道发送给移动台，移动台收到该消息后，开始发送反向空业务信道数据。基站接着生成业务选择响应指令消息，通过前向业务信道发送给移动台，移动台根据收到的业务选择开始处理基本业务信道和其他相应的信道，并发送相应的业务连接完成消息。在移动台和基站间交流振铃和去振铃等消息后，用户就可以进入对话状态了。

2. 分组业务

对于分组业务，系统除了建立前向和反向基本业务信道之外，还需要建立相应的辅助码分信道，如果前向需要传输很多的分组数据，基站通过发送辅助信道指配消息建立相应的前向辅助码分信道，使数据在指定的时间段内通过前向辅助码分信道发送给移动台。如果反向需要传输很多的分组数据，移动台通过发送辅助信道请求消息与基站建立相应的反向辅助码分信道，使数据在指定的时间段内通过反向辅助码分信道发送给基站。辅助信道的设立对 CDMA2000 更灵活地支持分组业务起到了很大作用。

CDMA2000 中其他一些辅助性信道的设立，如反向导频信道、反向公用控制信道、前向公用控制信道、公用功率控制信道和快速寻呼信道等，是为了增强系统的功能和灵活性，如通过反向相干解调增加反向容量，对公用信道增加相应控制，快速通知用户寻呼信息，缩短连接建立时间并支持省电功能等。这些信道是辅助性的，并不一定涉及每一个呼叫过程，故不再赘述。

3. 移动用户之间呼叫流程（局间）实例

移动用户之间呼叫流程（局间）实例如图 7.17 所示。

（1）CM 业务请求［CM SERVICE REQUEST］

手机发起 CM 业务请求，带了被叫号码和业务选择（SERVICE OPTION），业务选择表示此次呼叫的业务类型和无线接口传输速率，程序对业务选择合法性不做判断，如果 BSC 上报的业务选择不在合法范围内，则按照 13kbit/s 的语音缺省处理（CM 业务请求单元所包含的信息单元：消息类型、CM 业务类型、类别信息类型、移动识别 IMSI、被叫方 BCD 号、移动识别 ESN、时隙周期指数、鉴权响应参数 AUTHR、鉴权证实参数 RANDC、鉴权参数 COUNT、鉴权查询参数 RAND、业务选择、语言加密请求、被叫方 ASCII 号码、鉴权结果鉴权数据）。

（2）连接证实（CC）

SCCP 的 CC 消息是对 CR 消息的确认，表示 SCCP 的连接已经建立。保存 CR 消息中源参考，分配本地参考。

（3）位置请求［LOCREQ］

系统对被叫号码进行分析，判断是否触发 ORIGINATION REQUEST 和 FEATURE REQUEST。如果均不触发，则按照正常呼叫流程处理。对于 PIN 码接入或 PIN 码拦截则会触发，此处则向

图 7.17　移动用户之间呼叫流程（局间）

HLR 发起 LOCREQ 消息。

（4）路由请求［ROUTREQ］

当 HLR 收到主叫 MSC/VLR 的位置请求时，向被叫的 MSC/VLR 发起路由请求，要求被叫 MSC/VLR 给被叫 MS 分配漫游号码。

（5）路由请求响应［routreq（TLDN）］

被叫 MSC 分配漫游号码后，返回给 HLR，HLR 在位置请求响应消息中，将漫游号码返回给主叫 MSC。

（6）位置响应［locreq（intersystem、routinginfo）］HLR 将 locreq 消息传送给主叫 MSC。

（7）IAI（TLDN）

主叫 MSC 依据 TLDN 向被叫 MSC 发送 IAI 消息。

7.6　TD-SCDMA 移动通信系统

7.6.1　TD-SCDMA 系统概述

TD-SCDMA 的中文含义为时分同步码分多址。其中 TD 是时分（Time Division）的英文缩写，指时分双工；SCDMA 是同步码分多址（Synchronous Code Division Multiple Access）技术的英文缩写。实质上，TD-SCDMA 的无线传输方案灵活地综合了 FDMA、TDMA 和 CDMA 等基本传输方法。SCDMA 中的 S 共有四种解释：智能天线（Smart Antenna）、同步码分多址（Synchronous CDMA）、软件无线电（Software Radio）和同步无线接入协议（Synchronous Wireless Access Protocol）。这四个"S"基本上是 SCDMA 技术的简练概括。

1. TD-SCDMA 发展背景

TD-SCDMA 是信息产业部电信科学技术研究院（现大唐电信科技产业集团）在国家主管部门的支持下，提出的具有一定特色的 3G 通信标准，是中国通信史上第一个具有完全自主知识产权的国际通信标准，在我国通信发展史上具有里程碑的意义。

该标准文件在我国无线电讯标准组（CWTS）最终修改完成后，经原邮电部批准，于 1998

年 6 月代表我国提交到 ITU 和相关国际标准组织。在 1999 年 11 月赫尔辛基的 ITU-RTG8/1 第 18 次会议和 2000 年 5 月伊斯坦布尔的 ITU-R 全会上，TD-SCDMA 被正式接纳为 CDMATDD 制式的方案之一。1999 年 12 月在法国尼斯的 3GPP 会议上，我国的提案被 3GPP 无线接入网 (TSGRAN) 全会所接受，正式确定将 TD-SCDMA 纳入到 Release2000（后拆分为 R4 和 R5）的工作计划中，并将 TD-SCDMA 简称为低码片速率 TDD 方案（Low Code Rate TDD，LCRTDD）。在 2001 年 3 月棕榈泉的 RAN 全会上，随着包含 TD-SCDMA 标准在内的 3GPPR4 版本规范的正式发布，TD-SCDMA 在 3GPP 中的融合工作达到了第一个目标。2005 年，第一个 TD-SCDMA 试验网依托重庆邮电大学无线通信研究所，在重庆进行第一次实际入网实验。之后，罗马尼亚、韩国进行了 TD-SCDMA 的试验网建设。2009 年 1 月 7 日，中国移动获得 TD-SCDMA 业务的经营许可，进行了大规模的 TD-SCDMA 网络建设，并在组网时要求兼容 TD-LTE。截至 2010 年 12 月末，我国共有 3G 用户 4705.2 万户，其中中国联通 1406 万，占 29.88%；中国电信 1229 万，占 26.12%；中国移动 2070.2 万，占 44.00%。至此，TD-SCDMA 不论在形式上还是在实质上，都已在国际上被广大运营商、设备制造商所认可和接受，形成了真正的国际标准。随着 4G 时代的到来，中国移动已不再追加 TD-SCDMA 的新建投资，TD-SCDMA 网络已经过渡到 4G 网络。

2. TD-SCDMA 的主要特点

TD-SCDMA 综合了 TDD 和 CDMA 的技术优势，具有灵活的空中接口，采用了智能天线等诸多先进技术，因此在系统容量、频谱利用率和抗干扰能力等方面具有很强的优势。TD-SCDMA 的主要特点表现在如下几方面。

1) 采用 TDD 模式并拥有 TDD 模式系统的优点。TD-SCDMA 系统采用 TDD 双工工作模式，其上下行共享一个频带，仅需要 1.6MHz 的最小带宽，若系统带宽为 5MHz，则支持三个载波，就可以在一个地区组成蜂窝网运营，频谱使用非常灵活，频谱利用率也很高；由于 TDD 系统上下行使用相同载波频率，可以通过对上行链路的估值获得上下行电波传播特性，便于使用诸如智能天线、预 Rake 接收等技术以提高系统性能；TD-SCDMA 由于其特有的帧结构和 TDD 工作模式，可以根据业务的不同而任意调整上下行时隙转换点，适用于不对称的上下行数据传输速率，尤其适合 IP 分组型数据业务。这里需要说明的是，TDD 也有其固有的缺点，由于采用不连续发送和接收，因此在对抗多径衰落和多普勒频移方面不如 FDD。但在 TD-SCDMA 系统中，由于采用智能天线技术加上联合检测技术克服了 TDD 方式的缺点，在小区覆盖方面和 WCDMA 相当，支持的移动速度也达到 250km/h。

2) 上行同步。在 CDMA 移动通信系统中，下行链路的主径都是同步的。同步 CDMA 指上行同步，要求来自不同用户终端的上行信号（每帧）能同步到达基站，上行链路各个用户发出的信号在基站解调器处完全同步。在 TD-SCDMA 系统中，上行同步是基于帧结构来实现的，并使用一套开环和闭环控制的技术来保持。同步 CDMA 可以使正交扩频码的各个码道在解扩时是完全正交的，相互间不会产生多址干扰，克服了异步 CDMA 多址技术由于每个移动台发射的不同码道信号到达基站时间不同而造成的码道非正交所带来的干扰问题，提高了 TD-SCDMA 系统的容量和频谱利用率，还可以简化硬件电路，降低成本。

3) 接力切换。GSM 等传统移动通信系统在用户终端切换中都采用硬切换，对数据传输是不利的。IS-95 CDMA 系统采用了软切换，是一个大的进步。但采用软切换要以占用更多网络资源及无线信道为代价，特别当所有无线信道资源都可以作为业务使用时，使用软切换的代价就太高了。

接力切换的概念是充分利用 TDD 双工方式的特点，即不连续接收和发射。另外，由于在 TDD 系统中，上下行链路的电波传播特性相同，可以通过开环控制实现同步。这样，当终端在切换前，首先和目标基站实现同步，并获得开环测量的功率和同步所需要的参数。切换时，原基站和目标基站同时和此终端通信（通断几乎同时），在不产生任何中断情况下就实现了切换。这样,接力切换具有软切换的主要优点,但又克服了软切换的缺点;而且接力切换可以在工作载波频率不同的基站间进行,比软切换的适用范围更大。

4）动态信道分配（DCA）。TDD 系统中的动态信道分配是一项重要技术,它不是将无线资源固定分配给小区,而是根据需要进行集中分配使用。TD-SCDMA 系统中的动态信道分配技术分为慢速 DCA 和快速 DCA 两种,慢速 DCA 根据小区内业务的不对称性的变化,动态地划分上下行时隙,使上下行时隙的传输能力和上下行业务负载的比例关系相匹配,以获得最佳的频谱效率;快速 DCA 技术为申请接入的用户分配满足要求的无线信道资源,并根据系统状态对已分配的资源进行调整。另外,在 TD-SCDMA 系统中,将 DCA 和智能天线波束赋形结合进行考虑,部分引入空分多址（SDMA）概念,将使 DCA 的手段大大增强,这对相邻小区使用不同上下行比例业务有非常明显的效果。

5）使用新技术提高系统性能。TD-SCDMA 系统使用了智能天线技术、联合检测技术、空时编码技术和软件无线电技术等技术来提高系统性能,这既是为了维持系统的先进性,也是为了克服系统固有缺点必须采取的措施（比如载波码片速率不高,高速率业务时扩频增益小,抗干扰能力下降;再比如 TDD 模式抗多径衰落能力差等）。这些新技术在其他两个 3G 系统中是可选技术,而在 TD-SCDMA 系统中是写进标准里的必选技术。

3. TD-SCDMA 的系统结构

TD-SCDMA 系统作为 ITU 第三代移动通信标准之一,其网络结构遵循 ITU 统一要求,通过 3GPP 组织内融合后,TD-SCDMA 与 WCDMA 的网络结构基本相同,相应接口定义也基本一致,但接口的部分功能和信令有一些差异,特别是空中接口的物理层,两个标准各有自身的特色。

3GPP 移动通信网按照其功能划分由四部分,即用户识别模块域、移动设备域、无线接入网域和核心网域组成,如图 7.18 所示。这种采用模块化结构的网络设计是 IMT-2000 的一大特点,它不仅允许符合 IMT-2000 家族概念的网络设备接入系统,而且可以方便地通过一组标准化接口将各种不同的现有网络与 IMT-2000 的组件连在一起,因此,这也为网络运营商指出了一条向 IMT-2000 演化过渡的途径。

图 7.18　3GPP 的网络结构与功能域

7.6.2　系统原理

1. TDD 技术

时分双工（Time Division Duplex）是一种通信系统的双工方式,在无线通信系统中用于分离接收、传送信道或者上下行链路。采用 TDD 模式的无线通信系统中接收和传送是在同一频率信道（载频）的不同时隙，用保护时间间隔来分离上下行链路；而采用 FDD 模式的无线通信系统的接收和传送是在分离的两个对称频率信道上，用保护频率间隔来分离上下行链路。采用不同双工模式的无线通信系统的特点和通信效率是不同的。

TDD 模式中由于上下行信道采用同样的频率，因此上下行信道之间具有互惠性，这给 TDD 模式的无线通信系统带来许多优势。比如，智能天线技术在 TD-SCDMA 系统中的成功应用。另外，由于 TDD 模式下上下行信道采用相同的频率，不需要为它分配成对频率，在无线频谱越来越宝贵的今天，TDD 模式相比于 FDD 模式具有更加明显的优势。TDD 模式在相同的频带内，通过在时域上划分不同的时段（时隙）给上、下行进行双工通信，可以方便地实现上、下行链路间的灵活切换。TD-SCDMA 通过最佳自适应资源的分配和最佳频谱效率，可支持速率从 8kbit/s 到 2Mbit/s 以及更高速率的语音、视频电话、互联网等各种 3G 业务。

2. 多址方式

TD-SCDMA 是一个时分同步的 CDMA 系统，用软件和帧结构设计来实现严格的上行同步。它是一个基于智能天线的系统，充分发挥了智能天线的优势，并且使用了空分多址（SDMA）技术；还可以采用软件无线电技术，所有基带数字信号处理均用软件实现，而不依赖于专用集成电路（ASIC）；在基带数字信号处理上，联合使用了智能天线和联合检测技术，达到比通用陆地无线接入-时分双工（UTRA TDD）高一倍的频谱利用率；另外，TD-SCDMA 使用接力切换技术，和 CDMA 的软切换相比，简化了用户终端的设计，克服了软切换要长期大量占用网络资源和基站下行容量资源的缺点。

对 FDD 来说，由于上下行链路的空间特性差异很大，所以很难采用 SDMA 方法通过计算上行链路的空间传播特性来合成下行链路信号；而 TDD 的上下行空间传播特性接近，所以，比较适合采用 SDMA 技术。使用 SDMA 技术还可以大致估算出每个用户的距离和方位，以辅助用于 3G 用户的定位并为切换提供参考信息。

CDMA 与 SDMA 有相互补充的作用，当几个用户靠得很近时，SDMA 技术无法精确分辨用户位置，每个用户都受到了邻近其他用户的强干扰而无法正常工作，而采用 CDMA 的扩频技术可以很轻松地降低其他用户的干扰。因此，将 SDMA 与 CDMA 技术结合起来（即 SCDMA）就可以充分发挥这两种技术的优越性。SCDMA 由于采用了 CDMA 技术，与纯 SDMA 相比运算量降低了，这是因为在 SDMA 中，要求波束赋形计算能够完全抵消干扰，而采用了本身有很强降噪作用的 CDMA，SDMA 只需起到部分降低干扰的作用即可。这样，SCDMA 就可以采用最简化的波束赋形算法，以加快运算速度，确保在 TDD 的上下行保护时间内能完成所有的信道估计和波束赋形计算。

TD-SCDMA 系统区分用户的方式如图 7.19 所示，图中，TD-SCDMA 用户是通过频率、时隙和码字三维空间来区分的，所以说 TD-SCDMA 系统是集 FDMA、TDMA、CDMA 优势于一体，系统容量大，频谱利用率高且抗干扰能力强的移动通信技术。

3. 时隙、帧结构

由于帧结构是决定物理层很多参数和程序的基础，TD-SCDMA 系统帧结构的设计考虑到对智能天线、上行同步等新技术的支持。

TD-SCDMA 以 10ms 为一个帧时间单位。由于使用智能天线技术，需要随时掌握用户终端的位置，因此 TD-SCDMA 进一步将每个帧分为了两个 5ms 的子帧，从而缩短了每一次上下行周期的时间，能在尽量短的时间内完成对用户的定位。TD-SCDMA 的每个子帧的结构如图 7.20 所示。

一个 TD-SCDMA 子帧分为 7 个普通时隙（$TS_0 \sim TS_6$）、一个下行导频时隙（DwPTS）、一个上行导频时隙（UpPTS）和一个保护周期（GP）。切换点（Switching Point）是上下行时隙之间的

第7章 3G移动通信系统

图7.19 TD-SCDMA 系统区分用户的方式

图7.20 TD-SCDMA 子帧结构

分界点,通过该分界点的移动,可以调整上下行时隙的数量比例,从而适应各种不对称分组业务。各时隙上的箭头方向表示上行或下行,其中 TS_0 必须是下行时隙,而 TS_1 一般情况下是上行时隙,但随着两种 TDD 模式(WCDMA TDD 和 TD-SCDMA)间干扰分析研究的进一步深入,该时隙也有可能在遇到干扰时停止发射并将数据移至下一时隙。

对于 TD-SCDMA,由于其帧结构为波束赋形的应用而优化,在每一子帧里都有专门用于上行同步和小区搜索的 UpPTS 和 DwPTS。DwPTS 包括 32chip 的 GP 和 64chip 的 SYNC,其中 SYNC 是一个正交码组序列,共有 32 种,分配给不同的小区,用于小区搜索。UpPTS 包括 128chip 的 SYNC1 和 32chip 的 GP,如图 7.21 所示。其中 SYNC1 是一个正交码组序列,共有 256 种,按一定算法随机分配给不同的用户,用于在随机访问程序中向基站发送物理信道的同步信息。

图7.21 导频时隙结构

TD-SCDMA 中每个时隙的信息只有一种脉冲类型,包括数据信息块1、数据信息块2、同步控制 SS 符号、TPC 符号、TFCI 符号、训练序列 Midamble 和保护间隔 GP,如图 7.22 所示。

图 7.22 中,训练序列(Midamble)是用来区分相同小区、相同时隙内的不同用户的。在同一小区的同一时隙内,用户具有相同的基本训练序列,不同用户的训练序列只是基本训练序列

数据信息块1	TFCI	Midamble	SS	TPC	TFCI	数据信息块2	GP
←—352chip—→		←144chip→	←———352chip———→				
←————————————864chip————————————→							

图 7.22 TD-SCDMA 的脉冲类型

的时间移位。TFCI 用于指示传输的格式，TPC 用于功率控制。SS 是 TD-SCDMA 特有的，用于实现上行同步，该控制信号每子帧 5ms 发射一次。

7.7 3G 无线网络规划

无线网络规划的目标是根据规划需求（运营商要求、网络运行环境和无线业务需求）和网络特性，设定工程参数和无线资源参数，在满足信号覆盖、系统容量和业务质量要求的前提下，使网络的工程成本最低。

网络规划的特点是由网络采用的技术特征决定的，不同的网络技术在网络规划设计中有不同的重点和难点。如 GSM 网络采用频率复用，因此频率规划是一个非常重要的问题，IS-95 网络使用扰码相位区分小区，则带来扰码相位规划问题。3G 网络规划和 2G 网络规划有许多相似的地方，但也有一些根本性的差异。

7.7.1 3G 无线网络规划的特点

与 2G 网络规划相比，3G 网络规划因系统的软容量以及大量比特率和多样化混合业务的引入而变得较为复杂。3G 无线网络规划主要有以下特点：

1) 3G 建立的目的是向用户提供更多样、更高速、更灵活、更大容量的无线数据业务。在 2G 时代，话音业务是主流业务，所考虑的业务类型主要为电路交换型业务，只需考虑呼损率的问题。而在 3G 网络中，引入了分组交换，随着网络的发展，种类繁多的无线数据业务将成为和话音业务并重的无线业务主体，因此还需考虑时延、QoS、BLER 等指标。由于各种不同业务要求的 QoS 各不相同，造成各种业务需要的信道传输质量和传输带宽也各不相同，使同一网络在相同的环境和相同的发射功率条件下对不同业务的覆盖范围和服务质量都存在很大差别，因此在评价规划网络的覆盖水平时必须根据不同业务的服务质量综合考察。

2) 由于 CDMA 网络本质上是一个自干扰系统，其系统容量主要由干扰决定。由于干扰主要来源于邻小区和本小区内其他用户，因此容量会受网络负载和无线链路环境影响而发生变化。此外，对于业务使用者提供的服务质量也会影响网络容量，即存在所谓"软容量"的问题。考虑到网络提供的数据业务的多样性和不同数据业务特征的多样性，如果 3G 网络规划仍然延续 2G 无线网络以话音业务为主、简单地通过带宽的大小来计算网络容量的方法，这显然是不合理的，这就要求在 3G 网络规划时应充分考虑设计网络将来可能开展的业务类型和可能具有的业务容量，在此基础上评估规划网络的用户容量、业务容量以及话务量和数据吞吐量等全方位的网络容量评估标准。

3) 由于 CDMA 网络的"呼吸效应"，其覆盖范围会随着网络负载的变化而变化。当扇区负荷大，扇区覆盖范围变小；当扇区负荷小，扇区覆盖范围变大，即所谓的"呼吸效应"。因此，在做链路预算时应充分考虑扇区负荷问题，避免扇区负荷增大后覆盖范围无法连续的情况。引入各种业务后还需要针对此特征对 3G 网络中各种不同业务的覆盖范围进行综合地评估。

4) 在规划 3G 网络时，还需考虑软切换对系统的影响。由于软切换带来硬件的额外开销，基站一般应多预留30%的信道单元。另外，由于引入软切换，可对抗阴影衰落，引入软切换增益，扩大扇区的覆盖范围。

5) 导频对3G系统至关重要。移动台使用导频区分基站，如果同导频相位的复用距离不恰当，或者相邻导频的距离不恰当，移动台可能把来自不同基站的导频信号误认为同一基站的导频；如果导频搜索窗口的大小设置不合理，一方面移动台可能将不同的导频误认为相同的导频，另一方面处于小区边缘的移动台也可能搜索不到可用的导频信号。此外，对于前向链路，导频干扰比基本上决定了其覆盖范围，导频的功率大小直接影响着小区负载大小和软切换比例。如果导频发射功率偏小，会使下行覆盖出现盲点；若偏大，则又会出现多个基站覆盖同一个地区，产生导频污染。因此，合理地进行导频偏置规划，是构筑精品网络的关键。

6) 由于3G网络将与2G网络长期共存，因此在3G无线网络规划时还需要考虑双网协同的问题，在一定条件下对2G资源利用，对3G/2G互操作及相关的参数进行规划尤其重要。

7.7.2　3G无线网络规划的流程

3G无线网络规划包括链路预算、容量和所需基站数目的计算，以及覆盖和参数规划等。3G无线网络规划及建设流程可分为六个步骤：

1) 定义设计要求：确定3G网络需要达到的要求，包括对不同区域（密集市区、一般市区、郊区和农村等）覆盖、容量和服务的要求（数据业务速率和QoS等）。

2) 模式调校：为了使规划软件中的覆盖预测与实际网络更接近，必须对规划软件的传播模型进行调校。

3) 小区规划：基于规划软件进行小区规划，确定基站数量、站址规划、基站技术条件要求和设备配置等以满足设计要求。无线链路预算是进行网络预设计最重要的手段。进行无线链路预算时，应全面考虑信号从发送端到接收端所可能经历的增益和损耗，根据所采用的无线技术对接收信号大小的要求，确定出上下行链路可以忍受的最大链路损耗。以此最大链路损耗为限制条件，根据已进行过校正的传播模型，以及为保证一定的通信可靠性的要求所预留出的链路余量，确定出小区覆盖半径。由于3G系统是自干扰受限系统，无线容量规划应通过对系统安全负荷、噪声及干扰的分析，从业务承载角度来计算每个基站、每个载扇支持的业务量，并依据业务需求估算所需要的站点数或载扇数。

4) 基站选择及站址勘察：根据规划结果，进行基站选择和站址勘察。

5) 无线网络设计：系统开通前，对无线网络进行具体设计，包括下行信道功率分配、多载波频率规划、PN码规划、切换算法参数设置等。

6) 网络调整及优化：系统开通后，必须根据现场测试数据、话统数据对无线网络进行调整及优化，使实际网络满足设计要求，达到较佳效果。

随着通信技术的不断发展，无线网络规划技术也在不断发展。在无线网络规划的过程中，不仅要考虑每种通信技术的特点，还需要考虑不同无线网络的重叠交互，始终保证在满足覆盖、容量和质量目标的基础上，尽量降低建设和运营成本。

尽管3G的三大系统WCDMA、CDMA2000、TD-SCDMA具有很多优点，但是3G还是存在着很多不尽人意的地方，如：3G缺乏全球统一的标准；3G所采用的语音交换架构仍承袭了2G系统的电路交换，而不是纯IP的方式；3G的业务提供和业务管理不够灵活；流媒体（视频）的应用不尽如人意；3G的高速数据传输不成熟，接入速率有限；3G在安全方面存在缺陷等。伴随着无线技术的种类越来越多，迫切需要将这些无线技术整合到一个统一的网络环境中。因此，发展4G通信系统是一个必然的过程。

思考与练习题

1. 3GPP 和 3GPP2 均是标准化组织，指出它们的英文全称及作用。
2. IMT-2000 有哪些主要特点？
3. 画出 IMT-2000 功能模型，并简述其系统组成。
4. 第三代移动通信系统的主流标准有哪三种？
5. 简述第二代移动通信系统到第三代移动通信系统的演进路线。
6. 3G 业务包括哪些种类？
7. 简述 3G 的关键技术。
8. 智能天线可分为哪几类？具有什么样的作用？
9. 简述 WCDMA 系统的标准演进。
10. 简述 WCDMA 系统的网络结构组成。
11. 2G 中的"SIM"卡和 3G 中的"UIM"是什么关系？
12. WCDMA 系统中用到了哪些切换方式？
13. 简述 CDMA2000 系统的演进路径。
14. 简述 CDMA2000 系统的演进特点。
15. 什么是 SDMA？TD-SCDMA 中的"S"有哪些含义？为什么要将 SDMA 与 CDMA 结合使用？
16. 简述 3G 无线网络规划的特点。
17. 简述 3G 无线网络规划的建设流程。

第 8 章

4G移动通信系统

2021年12月3日，中老铁路正式开通运营，如图8.1所示为中老铁路普洱段大尖山隧道。联调联测技术人员对移动通信信号进行的测试显示，全程语音通信质量平稳，移动、电信和联通用户手机上网速率基本达标，这也标志着全长508km的中老铁路玉磨段高速网络信号全覆盖。在4G信号全覆盖的同时，部分区域还能享受到更高速率的5G信号，为"友谊之路"增添了更多便捷和幸福。

为实现网络连续覆盖，中国联通克服地形、高速切换等困难，采用"隧道内双流漏缆+场坪天线+室外铁塔宏站"覆盖方案，每隔500m左右建设一座基站，在保障网络覆盖的同时，实现列车穿越隧道时的网络无缝衔接。

通过测试，列车行驶过程中4G网络的平均下载速率达80Mbit/s、上传速率达40Mbit/s，而车站、站点等区域5G网络下载速率高达860Mbit/s，在提供4G高清语音通话的同时，满足乘客视频聊天、刷视频等高速上网需求。

图 8.1　中老铁路普洱段大尖山隧道

同时，通过采用高度集成的低能耗设备，合理的频率使用及网络演进规划，联通专门为中老铁路专网覆盖制定4G、5G同设备设置的覆盖方案，以"一套系统、两张网络"的形式，选用集成化程度高、功耗低、能效比高的绿色低碳 SDR（Software Defined Radio）基站产品，实现一套设备满足4G、5G网络需求，全面提高能源资源利用效率，极大地降低网络建设及运行维护成本，避免网络基础设施的重复建设，促进形成绿色生产生活方式，践行国家"碳达峰、碳中和"战略。

8.1　4G 系统概述

IMT-Advanced（International Mobile Telecommunications-Advanced），由国际电信联盟（ITU）在2010年指定，并于2012年正式发布，用于描述第四代移动通信技术。IMT-Advanced 的目标是提供更快、更可靠和更高质量的移动通信服务，支持更广泛的应用场景，如高清视频传输、实时游戏和智能城市等。它包括多种技术，如 LTE-Advanced、WiMax 和 HSPA+等，可以实现高速数据传输、更广泛的覆盖范围和更好的移动性能。IMT-Advanced 的主要特点包括更高速的数据传输、更低的延迟、更高的频谱效率、更大的系统容量、更好的覆盖范围、更好的移动性能以及更好地支持多种应用场景等。IMT-Advanced 标准的发布，推动了 4G 移动通信技术的发展和应用，并为 5G 技术的发展奠定了基础。

2013 年 12 月 4 日，中华人民共和国工业和信息化部发布公告，向中国移动、中国电信和中国联通颁发"LTE/第四代数字蜂窝移动通信业务（TD-LTE）"经营许可，4G 牌照的发放，意味着 4G 网络、终端和业务都进入正式商用的阶段，标志着我国正式进入 4G 时代。

长期演进（Long Term Evolution，LTE）是由第三代合作伙伴计划（3rd Generation Partnership Project，3GPP）组织制定的通用移动通信系统（Universal Mobile Telecommunications System，UMTS）技术标准的更长期演进（通常被称作 3.9G），于 2004 年 12 月在 3GPP 多伦多 TSG RAN#26 会议上正式立项并启动。LTE 关注的核心是无线接口和无线组网架构的技术演进问题。在 LTE 中引入了正交频分复用（Orthogonal Frequency Division Multiplexing，OFDM）和多输入多输出（Multiple-Input Multiple-Output，MIMO）等关键技术，相对于 3G 网络显著提高了小区容量，降低了网络延迟，提高了频谱效率和数据传输速率（20M 带宽，2×2MIMO，在 64QAM 情况下，LTE 的理论下行最大传输速率为 201Mbit/s，除去信令开销后大概为 140Mbit/s，但由于实际组网以及终端能力限制，一般认为下行峰值速率为 100Mbit/s，上行为 50Mbit/s），并支持多种带宽分配：1.4MHz、3MHz、5MHz、10MHz、15MHz 和 20MHz 等，且支持全球主流 2G/3G 频段和一些新增频段，因此频谱分配更加灵活，系统容量和覆盖也显著提升。LTE 系统网络架构更加扁平化、简单化，减少了网络节点和系统复杂度，从而减小了系统时延，也降低了网络部署和维护成本。LTE 系统支持与其他 3GPP 系统互操作。

LTE-Advanced（Long Term Evolution-Advanced）是 LTE 的增强版本。它是由 3GPP 在 LTE 标准之后，于 2011 年发布的一个标准，是 IMT-Advanced 标准的一个技术方案。其主要目的是提供更快的数据速率、更好的网络性能和更高的系统容量。与 LTE 相比，LTE-Advanced 引入了一些新的技术特性，如多载波聚合（Carrier Aggregation）、MIMO（Multiple-Input Multiple-Output）和小区间隙协同等。这些技术可以将多个频段和小区的资源进行有效的整合，以提高数据传输速率、系统容量和网络性能。

实际上，LTE 和 LTE-Advanced 就是 IMT-Advanced 标准技术体系中的两个重要组成部分。相较于 3G 系统，4G 系统具有以下优势：

1）通信速度快、质量高。从移动通信系统数据传输速率作比较，第一代模拟式通信系统仅提供语音服务；第二代数字式移动通信系统传输速率也只有 9.6kbit/s，最高达到 32kbit/s；第三代移动通信系统理论数据传输速率可达到 2Mbit/s，实际最高数据传输速率最高只有 386kbit/s；第四代移动通信系统理论上最高峰值速率可达 1Gbit/s，实际上，由于受到网络质量、信号强度、设备和网络拥塞情况等客观因素，大多数 4G 网络的下载速率通常在 100Mbit/s。

2）网络频谱宽、频率使用效率高。4G 通信系统在 3G 通信系统的基础上进行大幅度的改造和研究，使 4G 网络在通信宽带上比 3G 网络的蜂窝系统的宽带高出许多。4G 信道占有 100MHz 的频谱，相当于 3G 网络（如：WCDMA）的 20 倍。

3）提供各种增值服务。4G 通信并不是从 3G 通信的基础上经过简单的升级而演变过来的，它们的核心技术根本就是不同的。3G 移动通信系统主要是以 CDMA 为核心技术，而 4G 移动通信系统技术则以正交频分复用（OFDM）最受瞩目，利用这种技术人们可以实现例如无线区域环路（WLL）、数字音频广播（DAB）等方面的无线通信增值服务。不过考虑到与 3G 通信的过渡性，第四代移动通信不仅只采用 OFDM 一种技术，CDMA 技术在第四代移动通信系统中，与 OFDM 技术相互配合可以发挥更大的作用。

4）通信费用更加便宜。由于 4G 通信不仅解决了与 3G 通信的兼容性问题，让更多的现有通信用户能轻易地升级到 4G 通信，而且 4G 通信引入了许多尖端的通信技术，这些技术保证了 4G 通信能提供一种灵活性非常高的系统操作方式，因此相对其他技术来说，4G 通信部署起来就容易迅速得多；同时在建设 4G 通信网络系统时，通信运营商们直接在 3G 通信网络的基础设施之上，采用逐步引入的方法，这样就能够有效地降低费用。

8.2 4G 系统架构及工作原理

8.2.1 3GPP 的演进系统架构

在无线接入技术不断演进的同时，第三代合作伙伴计划（3GPP）开展了系统架构演进（System Architecture Evolution，SAE）的研究。演进过程如图 8.2 所示。

8.1 3GPP 的演进系统架构

图 8.2 网络结构演进过程

网络结构演进的主要过程分为以下几个阶段：

第一阶段，早期的 2G 架构。2G GSM 蜂窝网络最初是为话音和电路交换业务而设计的，网络结构相对简单，主要由接入网络（Access Network，AN）和电路交换核心网络域（CS 域）两部分组成。接入网络部分包括无线接口以及支持无线相关功能的网络节点和其他接口。

第二阶段，随着 IP 和 Web 业务的出现，2G GSM 网络逐步演进到能够支持分组数据传输方式的阶段，例如 GPRS 和 EDGE。系统在接入网中引入了支持分组发送和共享资源分配的方案。此外，还增加了与 CS 域并行的分组交换核心网络域（PS 域）。PS 域与 CS 域具有相同的作用，即支持分组发送（包括认证和计费）以及与公共 Internet 或私有 IP 网络的互通。

第三阶段，3G UMTS 网络结构的演进。通用移动通信系统（Universal Mobile Telecommunications System，UMTS）逐步在 PS 域上面增加了一个新的域：IP 多媒体子系统（IMS，IP Multimedia Subsystem）。IMS 的主要目标是制订一个新的标准，在 3GPP 的各种无线网络间采用统一的方法来实现 IP 业务。

第四阶段，EPS 架构。LTE 系统架构主要分为两部分：一是演进后的分组核心（Evolved Packet Core，EPC），采用全 IP 结构，旨在帮助运营商通过采用无线接入技术来提供先进的移动宽带服务；二是演进的 UMTS 陆地无线接入网（Evolved UMTS Terrestrial Radio Access Network，E-UTRAN）。演进后的系统主要存在于分组交换域。EPC 和 E-UTRAN 合称演进分组系统（Evolved Packet System，EPS）。EPS 的目标是在简单的公共平台上综合所有业务。

3GPP 的目标是实现由 2G 网络到 3G 网络的平滑过渡，保证未来技术的后向兼容性，支持轻

173

松建网及系统间的漫游和兼容性。

8.2.2 4G系统架构

在3GPP的LTE/LTE-Advanced项目中,对系统的时延需求更加严格。对于无线帧长度、空中接口TTI等变化,3GPP通过缩短空中接口的时延,优化了网络结构,使通信路径上的节点跳数减少,从而使网络中的传输时延减少。从整体上来说,4G系统与3G系统相似,无线接入网与核心网依然存在逻辑关系,其接口也依旧清楚,空中接口在无线接入网终止。由于E-UTRAN的网元设备仅由eNodeB构成,因此形成了更扁平化的网络结构。4G网络实现了全IP路由,各个网络节点之间与Internet区别不大,网络结构趋近于IP宽带网络结构,其最大优势在于低时延、低成本及高带宽等。4G的无线网络架构如图8.3所示。

图8.3 4G的无线网络架构

1. LTE系统组成

由图8.3可知整个4G系统由三部分组成:

(1) 演进后的分组核心(EPC)

EPC的体系结构如图8.4所示。由图8.4可知,EPC架构中主要包括以下组件:

1) 归属用户服务器(HSS):是一个中央数据库,包含了所有网络运营商的用户信息。

2) 移动性管理实体(Mobility Management Entity,MME):负责空闲模式用户设备(User Equipment,UE)的跟踪定位、寻呼、漫游、鉴权、承载管理等功能。简单地说,MME负责信令处理部分。

3) 服务网关(Serving Gateway,S-GW):是终止于E-UTRAN接口的网关,负责本地网络用户数据处理部分。该设备的主要功能包括:支持用户设备(UE)的移动性切换用户面数据功能;执行合法侦听功能;上下行传输层数据包标记;数据包路由和转发;在上行和下行传输层进行分组标记;空闲状态下,下行分组数据的缓存和寻呼支持;运营商间的计费等。

4) PDN网关(PDN Gateway,P-GW):是面向分组数据网(Packet Data Network,PDN),终结于SGi接口的网关,负责用户数据包与其他网络的处理。如果UE访问多个PDN,UE将对应一个或多个P-GW。P-GW的主要功能包括基于用户的包过滤、合法监听、UE的IP地址分配、在上/下行链路中进行数据包传输层标记、进行上/下行业务等级计费以及业务级门控、进行基于业务的上/下

图 8.4 演进后的分组核心（EPC）的体系结构

行速率的控制等。另外，P-GW 还提供上/下行链路承载绑定和上行链路绑定校验功能。

（2）接入网（E-UTRAN）

在 3G 网络中，接入网部分叫作 UMTS 陆地无线接入网（UMTS Terrestrial Radio Access Network，UTRAN）。LTE 中的很多标准接手于 3G UMTS 的更新并最终成为 4G 移动通信技术。其中，将原有的 UMTS 下"电路交换+分组交换"相结合的网络简化为全 IP 扁平化基础网络架构是其工作重点。在 LTE 网络中，将接入网部分称为 E-UTRAN，即 LTE 中的移动通信无线网络。

由图 8.3 可知 E-UTRAN 由 eNodeB（简称为 eNB）构成，eNodeB 除了具有原来 3G 网络中 Node B 的功能外，还承担了原有无线网络控制器（Radio Network Controller，RNC）的大部分的功能，使得网络更加扁平。另外，eNodeB 和 eNodeB 之间采用网格方式直接相连，和原有 UTRAN 结构大不相同。正因为核心网采用全 IP 分布式的结构，所以 LTE 的 E-UTRAN 是全新的系统，它提供了更高的传输速率，进一步满足了用户对速度的更高要求。

每个 eNB 通过 S1 接口与 EPC 连接，也可以通过 X2 接口连接到附近的基站，eNB 主要用于在越区切换过程中信令和数据包的转发。eNB 具有 Node B 的全部和 RNC 大部分功能，包括物理层功能无线资源管理（Radio Resource Management，RRM）移动性管理、无线接入控制、IP 头压缩及用户数据流加密、寻呼信息和广播信息的调度传输，以及设置和提供 eNB 的测量等功能。

（3）用户设备（UE）

用于 LTE 的用户设备（UE）的内部结构是相同的，它实际上是一个移动设备（ME）。UE 通过 Uu 接口与 eNodeB 相连，它主要包括以下三个重要模块：

1) 移动终端（MT）：处理所有通信相关的功能。
2) 终端设备（TE）：终止数据流的作用。
3) 通用集成电路卡（UICC）：也被称为 LTE 设备的 SIM 卡。它运行的是通用用户识别模块（USIM）的应用程序。USIM 存储的是用户特定的数据，包括用户的电话号码、家庭网络身份和安全密钥等信息，类似于 3G SIM 卡。

2. 4G 网络接口

由图 8.3 可知，4G 网络结构中主要有三大网络接口。

（1）S1 接口

eNodeB 与 EPC 之间的接口。S1 接口沿袭了承载和控制分离的思想，分成两个接口，一个用于控制平面（S1-MME），一个用于用户平面（S1-U），如图8.4所示。

1）控制平面接口S1-MME：将基站和移动性管理实体（MME）相连，主要完成S1接口的无线接入承载控制、接口专用的操作维护等功能。

2）用户平面接口S1-U：将基站和服务网关（S-GW）连接，用于传送用户数据和相应的用户平面控制帧。

(2) X2接口

eNodeB之间的接口，支持数据和信令的直接传输。eNodeB之间通过X2接口互连，形成了网状网络。这是4G相对传统移动通信网的重大变化，产生这种变化的原因在于网络结构中没有了RNC，原有的树型分支结构被扁平化，使得基站承担更多的无线资源管理任务，需要更多地和相邻基站直接对话，从而保证用户在整个网络中的无缝切换。X2也分为两个接口，一个用于控制平面（X2-C），一个用于用户平面（X2-U）。

(3) Uu接口

eNodeB与UE之间的接口。U（User to Network interface）表示用户网络接口；u（universal）表示通用。Uu接口实现的交互数据分为两类：

1）用户面数据：用户业务数据，如上网、语音、视频等。

2）控制面数据：主要指无线资源控制（Radio Resource Control，RRC）消息，实现对UE的接入、切换、广播和寻呼等有效控制。

3. 4G网络架构特点

4G的网络架构具有以下几个特点：

1）E-UTRAN中只有一种网元——eNodeB。
2）网络结构扁平化，RNC+Node B=eNodeB。
3）全IP网络结构，与传统网络互连互通。
4）网络扁平化减少了系统时延，改善了用户体验，可开展更多业务。
5）网元数目减少，网络部署简单，维护更加容易。
6）取消了RNC的集中控制，避免单点故障，有利于提高网络稳定。

8.3 LTE的两种制式

8.3.1 LTE两种制式的由来

实际上，LTE其实并不符合国际电信联盟对下一代无线通信的标准（IMT-Advanced）定义，只有升级版的LTE-Advanced才满足国际电信联盟对4G的要求。LTE-Advanced（简写为LTE-A）是LTE的演进版本。LTE-Advanced的正式名称为Further Advancements for E-UTRA。LTE-Advanced是一个向后兼容的技术，完全兼容LTE，是演进而不是革命，相当于HSPA和WCDMA这样的关系。LTE-Advanced的相关特性有：宽带100MHz；峰值速率下行1Gbit/s，上行500Mbit/s；峰值频谱效率下行30bit/(s·Hz)，上行15bit/(s·Hz)；针对室内环境进行优化；有效支持新频段和大宽带应用；峰值速率大幅提高，频谱效率有效改进。如果严格地讲，LTE作为3.9G移动互联网技术，那么LTE-Advanced作为4G标准更加确切一些。LTE-Advanced包含TDD和FDD两种制式，其中TD-SCDMA将能够进化到TDD制式，而WCDMA网络能够进化到FDD制式。

TD-LTE（Time Division Long Term Evolution）是LTE技术中的TDD（Time Division Duplexing）时分双工模式。TD-LTE是我国自主研发的4G标准，是由TD-SCDMA（3G网络）发展而来的，该技术由上海贝尔、诺基亚西门子通信、大唐电信、华为技术、中兴通讯、中国移动、高通和

ST-Ericsson 等业者共同开发。

FDD-LTE（Frequency Division Duplexing Long Term Evolution）是 LTE 技术中的 FDD（Frequency Division Duplexing）频分双工模式。FDD-LTE 是现在国际上主流的 4G 标准。由于无线技术的差异、使用频段的不同以及各个厂家的利益等因素，FDD-LTE 的标准化与产业发展都领先于 TD-LTE。FDD-LTE 已成为当前世界上采用的国家及地区最广泛的，终端种类最丰富的一种 4G 标准。

8.3.2 LTE 两种制式的对比

TD-LTE 和 FDD-LTE 都是基于 LTE 的不同分支，相似度超过 90%。二者的主要区别在空中接口的物理层上（帧结构、时分设计和同步等）。FDD-LTE 系统空口上下行传输采用一对对称的频段接收和发送数据，而 TD-LTE 系统上下行则使用相同的频段在不同的时隙上传输，相对于 FDD 双工方式，TDD 有着较高的频谱利用率。下面主要从三个方面进行比较：

（1）TD-LTE 省资源，FDD-LTE 速度快

为了建立起上行和下行的通道，FDD-LTE 通过频率来分割，在两个对称频率上，分别下载和上传。就好像是双车道，两个方向的汽车互不干扰，畅通无阻。TD-LTE 只用一个频率，既上传又下载，比 FDD 省了一个频率占用，资源利用率更高（实际上 TD-LTE 为了避免干扰，需要预留较大保护带，也会消耗一些资源），相当于"单行道"上跑双向"车流"，TD-LTE 只能通过时间来控制通信（时分双工），一会让下载的流量通过，一会又让上传的流量通过。表现在手机端，会比 FDD 网速慢一些。FDD-LTE 理论下行速率为 150Mbit/s，TD-LTE 理论下行速率为 100Mbit/s。

（2）TD-LTE 热点覆盖，FDD-LTE 广域覆盖

人们使用手机，更多的是阅读、观赏和下载，很少的时间用于上传。因此，如果手机的无线网络是可见的，会发现下载通道上数据川流不息，上传通道却很少被使用。

TD-LTE 的优势在于，它将上传和下载通道合并为一个，然后通过时间来灵活控制，例如分配给下载的时间占 70%，上传占 30%，这样，会发现整个通道的"车流"总是满的，资源利用率更高。在用户密集的热点区域，频段资源很紧张，此时 FDD 的"双车道"就显得很浪费，TDD 更适合。但由于 TDD 在上行方面受限，基站覆盖范围小于 FDD，因此，在非热点的在广覆盖区域（城郊、乡镇和公路）上，TDD 需要比 FDD 建设更多基站，成本更高。

（3）TD-LTE 与 FDD-LTE 能混合组网

FDD-LTE 和 TD-LTE 这两个 LTE 的分支标准各有所长，但两者间基础技术非常相似。有专家表示，TD-LTE 和 FDD-LTE 完全可以看作一个系统，仅是在业务实现上有一定的技术区别。

因此，国际上有了将 TD-LTE 与 FDD 混合组网的模式，充分发挥各自的长处，将 TD-LTE 用于热点区域覆盖，而 FDD 用于广域覆盖。

由于有着共同的技术基础，TD-LTE 与 FDD 在混合组网方面有着非常好的前景。这也是当年国际电联在制定 4G 标准时所期望实现的——尽量降低不同标准之间物理层的差异，让网络标准最终走向融合。

中国移动在香港的 4G 网络中采用了 TD-LTE 与 FDD 混合组网的方式，工信部也即将组织运营商开展混合组网的验证。

TD-LTE 与 FDD-LTE 本质上共用一套标准基础，在业务实现的技术上有着一定差别。TD-LTE 节省频道资源，适合热点集中区域覆盖；FDD 的理论最高速度更快，基站覆盖更广，适合郊区、公路铁路等广域覆盖。两者混合组网，是更好的选择。

表 8.1 从高层信令、帧结构和物理层机制等方面将 TD-LTE 与 FDD-LTE 做了更详细地比较。

表 8.1　TD-LTE 与 FDD-LTE 的比较

相同点	不同点
高层信令，包括非接入层（NAS）和无线资源控制层（RRC）的信令	TDD 采用同一频段分时进行上下行通信；FDD 上下行占用不同频段
L2 用户面处理，包括 MAC、RLC 及 PDCP 等	采用的帧结构不同；FDD 上下行子帧相关联，TDD 上下行子帧数目是不同的；帧结构还会影响无线资源管理和调度的实现方式
物理层基本机制，如帧长、调制、多址、信道编码、功率控制和干扰控制等	物理层反馈过程不同，TDD 可以根据上行参考信号估计下行信道
时分双工与频分双工空中接口指标相同	下行同步方式不同，时分双工系统要求时间同步；频分双工在支持增强多播广播多媒体业务（eMBMS）时才需考虑

8.4　4G 的主要业务及特征

8.4.1　4G 的主要业务

移动数据业务在最近几年得到了迅猛发展。伴随着这种发展，用户对移动互联网业务的需求越来越多，特别是用户已经习惯了"永远在线"这种保持与外界联系的感觉，进一步对移动通信网络的带宽、时延和 QoS 保障等提出了更高的要求。下面列举 4G 网络中的典型业务。

1. 移动高清多媒体业务

人类的视听能力有限，假设以"高清电视投影到视网膜，高保真音响透射到耳膜"为模型，数字化后的信息比特率就应该是人类视听的极限，这个数值接近 1000Mbit/s。

对于个人业务，用户对当今大多数无线网络的视听速率感到非常失望。LTE 技术能够实现质量更好、速率更快的连接，其特点决定有可能向个别用户提供支持视频业务的足够带宽。

在线播放高清视频需要很高的带宽，4G 使移动用户也能在线享受高清视频，因此"移动高清多媒体业务"应该是 4G 网络的无法被替代的优势所在，它可针对移动中的大屏幕终端设备提供高清多媒体业务。

2. 实时移动视频监控

由于要实时上传视频流到监控中心，视频监控对上传带宽要求很高。在 3G 高速上行链路分组接入（High Speed Uplink Packet Access，HSUPA）系统中，上行峰值速率为 5.76Mbit/s（商用网比这还要低），难以满足实时视频传递的要求。4G 能很好地支持无线实时视频监控。

3. 移动 Web2.0 应用

Web2.0 的主要特点是与用户通过浏览器获取信息的 Web1.0 相对应，注重用户交互作用，用户既是浏览者也是内容的创造者。Web2.0 是网络文化传播的新载体，标志着以个人为中心的互联网时代的到来，强调双向互动和使用者的参与。

Web2.0 并非替代了 Web1.0，如果说 Web1.0 时代网络的使用是下载与阅读，那么 Web2.0 时代则是上传与分享。简单地说就是可以互相沟通，而不是像书本那样只能读。网站的内容，Web1.0 由媒体自行上传，Web2.0 则由网友共同创造。Web2.0 应用的一些典型案例包括大众点评网、博客网和淘宝等。就拿博客来说，借助 4G 网络和手机终端，可以实现家人朋友间的内容共享（图片/视频/音频）、紧急报告和业务、厂家促销（新的电影、CD、MTV 等发行）、信息的推送等。通过这种方式，可以实现多媒体内容基于多种网络的共享。

4. 支持移动接入的 3D 游戏

手机网络游戏是指基于无线互联网，可供多人同时参与的手机游戏类型，目前细分为 WAP 网络游戏与客户端网络游戏。网络时延和带宽成了当前限制多人在线游戏规模的主要因素，很多游戏要求高实时性，在游戏中每个节点都需要频繁交互。通过 4G 网络支持的 3D 游戏具有以下特点：

1) 游戏更具吸引力。3D 游戏需要更高带宽和更低延迟，而 LTE 的高带宽和低延迟保证了移动 3D 游戏服务质量（QoS）和体验质量（QoE），3D 画质和流畅的背景转换，逐步具备了与专业游戏设备媲美的画面质量和响应速度。

2) 支持手机游戏社区。4G 时代网络的发展将带来手机游戏社区的迅猛发展。

3) 更多参与者。将来的游戏平台需要支持好友共同参与的游戏模式，因为对手越多游戏越有趣。

4) 游戏多元化。针对互联网用户量的急剧上升，追求休闲娱乐为主要趋势，需发展一个可以支撑游戏类型比较多的平台。

5) 互动性强。上行传输信息大幅增长。

6) 提高推广效率。以更低成本带来更多用户。

5. 支持移动接入的远程医疗系统

通过支持移动接入的远程医疗系统，可以实现生理参数值（心率、血压、血糖、呼吸频率等）实时上传、车内便携式高清视频监控及标清视频监控（上行）、医疗中心视频及数据传送（下行）等。还可以实现上级医院医生与社区医生通过视频通信协作；上级医院医生与社区医生共享医疗图像，上级医院医生可以在图像上标注重点；提供会议接入服务，方便多科室和多地域专家加入会诊，实现资源共享，提高效率。

6. 智能出租车

出租车系统作为城市公共交通系统中重要的组成部分，其系统效率大大地影响了整个城市公交系统的效率。传统的出租车运营面临的问题有以下几点：高峰期供不应求，资源调配困难；非高峰期空车率偏高，造成资源浪费，运输成本上升；道路信息获取不足（包括路线规划），运营效率低下。造成这些问题的主要原因为驾驶员、乘客、出租车运营商以及城市路网信息源之间的信息发布沟通不对称。

与高速移动网络结合的下一代智能出租车将 4G 创新的网络技术应用于智能出租车系统，不仅可以有效地减少空车率、降低能耗和排污、缓解交通压力、提高城市交通运营的效率和质量，同时还能够提高交通安全性，拓展公共交通新盈利领域，对构建绿色节能的公交体系和创造新的产业价值链有重大的意义。该系统可以实现网络订车，司机、乘客信息交互；出租车拼车服务；4G 网络视频监控和智能安防业务；丰富的 4G 智能出租车车载业务。

7. 车载网真终端

网真会议解决方案结合了音频、视频和互动组件，为远端的参会者创造了有如"身临其境"的会议体验。"移动网真"的应用场合有集会、培训、高清视频客服及导游、实景导航业务、户外应急指挥、领导巡视和远程诊断等。

8. 高清视频即摄即传

高清视频即摄即传业务（也称移动采编播），为传媒机构提供了独一无二的高清视频移动采编服务，相较于传统的采编播系统具有成本低廉、信号稳定、双向传输和快速反应等优势，将推动广电业务的传统运作方式发生根本变化，并将引领实况转播工作模式的深层变革。

9. 移动化电子学习

移动化电子学习业务将课堂学习带到了教室之外。电子化学习（E-Learning）的概念带来了每时每刻的学习体验。一个学生通过双向语音设备与远程的老师交流，就同样的发言稿、视频片段和其他多媒体内容进行课堂讨论。LTE 使这样高速而随时的电子化学习变为可能。

10. M2M

M2M（Machine to Machine）一般被认为是机器到机器的无线数据传输，有时也包括人对机器和机器对人的数据传输。有多种技术支持 M2M 网络中终端之间的传输协议。4G 在 M2M 的通信方面有很大优势——它容易得到较高的数据速率，容易得到现有计算机 IP 网络的支持，更能适应在恶劣移动环境下完成任务。M2M 应用大体包括以下几类：远程测量，公共交通服务，销售与支付，远程信息处理，车内应用，安全监督，维修维护，工业应用，家庭应用，通过遥测、电话、电视等手段求诊的医学应用，针对车队、舰船的快速管理等。

8.4.2 4G 的业务特征

4G 的业务涵盖了各种移动通信应用场景，为用户提供了更加便捷、快速、安全、稳定的移动通信服务和丰富多彩的移动通信体验，其业务特征包括以下几点：

1）更高的数据传输速率：4G 网络的数据传输速率比前一代网络（3G）更快，可以支持更多的高速数据业务，如高清视频、在线游戏和高清音乐等。

2）更低的延迟：4G 网络的延迟更低，可以提供更快的响应时间，对于一些需要即时交互的应用，如在线游戏、视频会议等，可以提供更好的用户体验。

3）更广泛的覆盖范围：4G 网络的基站覆盖范围比 3G 更广，可以在更远的距离内提供高速数据传输服务，使得用户在室内和室外都能够享受到更好的服务。

4）更多元化的业务：4G 网络支持更多种类的业务，如高清视频、在线游戏、高清音乐、移动支付和云存储等。

5）更高效的频谱利用：4G 网络采用了更加先进的频谱利用技术，可以在同样的频谱资源下提供更多的用户服务。

6）更好的安全性：4G 网络采用了更加先进的加密和认证技术，可以提供更好的安全保障，防止用户数据被非法获取和篡改。

总的来说，4G 网络的业务特征更加多样化、高速、安全，能够更好地满足用户对高品质移动通信的需求。

8.5 4G 的关键技术

8.5.1 LTE 关键技术

1. OFDM 技术

正交频分复用（Orthogonal Frequency Division Multiplexing，OFDM）技术是多载波调制（Multi-Carrier Modulation，MCM）的一种，其主要思想是：将信道分成若干正交子信道，将高速数据信号转换成并行的低速率数据流，将其调制在每个子信道上进行传输。正交信号可以通过在接收端采用相关技术实现分离，这样可以减少子信道间的相互干扰。每个子信道上的信号带宽小于信道的相干带宽，因此每个子信道可以看成平坦性衰落，从而可以消除符号间干扰。而且每个子信道的带宽仅仅是原信道带宽的一小部分，信道均衡变得相对容易。

在传统的并行数据传输系统中，整个信号频段被划分为 N 个相互不重叠的频率子信道。每个子信道传输独立的调制符号,然后再将 N 个子信道进行频率复用。这种避免信道频谱重叠看起来有利于消除信道间的干扰,但是这种又不能有效利用频谱资源。常规频分复用与 OFDM 的信道分配情况如图 8.5 所示。可以看出,OFDM 至少能够节约二分之一的频谱资源。

图 8.5　常规频分复用与 OFDM 的信道分配

在 OFDM 传播过程中,高速信息数据流通过串并变换,分配到速率相对较低的若干子信道中传输,每个子信道中的符号周期相对增加,这样可减少因无线信道多径时延扩展所产生的时间离散性对系统造成的码间干扰。另外,由于引入保护间隔,在保护间隔大于最大多径时延扩展的情况下,可以最大限度地消除多径带来的符号间干扰。如果用循环前缀作为保护间隔,还可避免多径带来的信道间干扰。

(1) OFDM 调制和解调

OFDM 利用相互正交的子载波来实现多载波通信的技术。在基带相互正交的子载波就是类似 $\{\sin(\omega t)、\sin(2\omega t)、\sin(3\omega t)\}$ 和 $\{\cos(\omega t)、\cos(2\omega t)、\cos(3\omega t)\}$ 的正弦波和余弦波,属于基带调制部分。基带相互正交的子载波再调制在射频载波 ω_c 上,成为可以发射出去的射频信号。

在接收端,将信号从射频载波上解调下来,在基带用相应的子载波通过码元周期内的积分把原始信号解调出来。基带其他子载波信号与信号解调所用的子载波由于在一个码元周期内积分结果为 0,相互正交,所以不会对信息的提取产生影响。整个 OFDM 调制解调过程如图 8.6 所示。

图 8.6　OFDM 调制解调过程

(2) 保护间隔和循环前缀

采用 OFDM 的一个主要原因是它可以有效地对抗多径时延扩展。通过把输入的数据流串/并变换到 N 个并行的子信道中，使得每个用于调制子载波的数据符号周期可以扩大为原始数据符号周期的 N 倍，因此时延扩展与符号周期的比值也同样降低到原来的 $1/N$ 倍。为了最大限度地消除符号间干扰，还可以在每个 OFDM 符号之间插入保护间隔（Guard Interval），而且该保护间隔长度 T_g 一般要大于无线信道的最大时延扩展，这样一个符号的多径分量就不会对下一个符号造成干扰。在这段保护间隔内，可以不插入任何信号，即是一段空闲的传输时段。然而在这种情况下，多径传播会产生信道间干扰（ICI），即子载波之间的正交性遭到破坏，不同的子载波之间产生干扰，如图 8.7 所示。

图 8.7 空闲保护间隔引起 ICI

由于每个 OFDM 符号中都包括所有的非零子载波信号，而且同时会出现该 OFDM 符号的时延信号，因此图中给出了第一子载波和第二子载波的时延信号，从图中可以看出，由于在 FFT 运算时间范围内，第一子载波与带有时延的第二子载波之间的周期个数之差不再是整数，所以当接收机试图对第一子载波进行解调时，第二子载波会对此造成干扰。同样，当接收机对第二子载波进行解调时，有时会存在来自第一子载波的干扰。

为了消除由于多径所造成的 ICI，OFDM 符号需要在其保护间隔内填入循环前缀信号，如图 8.8 所示。这样就可以保证在 FFT 周期内，OFDM 符号的时延副本内包含的波形的周期个数也是整数。小于保护间隔 T_g 的时延信号就不会在解调过程中产生 ICI。

图 8.8 OFDM 符号的循环前缀

通常，当保护间隔占到 20% 时，功率损失也不到 1dB。但是带来的信息速率损失达 20%，[传统的单载波系统中存在信息速率（带宽）的损失]，然而插入保护间隔可以消除 ISI 和多径所造成的 ICI 的影响，因此这个代价是值得的。

（3）同步技术

同步在通信系统中占据非常重要的地位。例如，当采用同步解调或相干检测时，接收机需要提取一个与发射载波同频同相的载波，同时还要确定符号的起始位置等。一般的通信系统中存在如下的同步问题：

1）发射机和接收机的载波频率不同。

2）发射机和接收机的采样频率不同。

3）接收机不知道符号的定时起始位置。

OFDM 符号由多个子载波信号叠加构成，各个子载波之间利用正交性来区分，因此确保这种正交性对于 OFDM 系统来说是至关重要的，它对载波同步的要求也就相对较严格。在 OFDM 系统中存在如下几个方面的同步要求：

1）载波同步：接收端的振荡频率要与发送载波同频同相。

2）样值同步：接收端和发射端的采样频率一致。

3）符号定时同步：IFFT 和 FFT 起止时刻一致。

与单载波系统相比，OFDM 系统对同步精度的要求更高，同步偏差会在 OFDM 系统中引起 ISI 及 ICI。图 8.9 显示了 OFDM 系统中的同步要求，并且给出了各种同步在系统中所处的位置。

图 8.9 OFDM 系统内的同步示意图

（4）信道估计

加入循环前缀后的 OFDM 系统可以等效为 N 个独立的并行子信道。如果不考虑信道噪声，N 个子信道上的接收信号等于各子信道上的发送信号与信道频谱特性的乘积。如果通过估计方法预先获知信道的频谱特性，将各子信道上的接收信号与信道的频谱特性相除，即可实现接收信号的正确解调。

常见的信道估计方法有基于导频信道和基于导频符号（参考信号）这两种，多载波系统具有时频二维结构，因此采用导频符号的辅助信道估计更灵活。导频符号辅助方法是在发送端的信号中某些固定位置插入一些已知的符号和序列，在接收端利用这些导频符号和导频序列按照某些算法进行信道估计。在单载波系统中，导频符号和导频序列只能在时间轴方向插入，在接收端提取导频符号估计信道脉冲响应。在多载波系统中，可以同时在时间轴和频率轴两个方向插入导频符号，在接收端提取导频符号估计信道传输函数。只要导频符号在时间和频率方向上的间隔相对于信道带宽足够小，就可以采用二维内插入（滤波的方法）来估计信道传输函数。

（5）降峰均比技术

除了对频率偏差敏感之外，OFDM 系统的另一个主要缺点就是峰值功率与平均功率的比值——简称峰均比（PAPR）过高的问题。即与单载波系统相比，由于 OFDM 符号是由多个独立的经过调制的信号相加而成的，这样的合成信号就有可能产生比较大的峰值功率，由此会带来较大的峰均比。

信号预畸变技术是最简单、最直接的降低系统内峰均比的方法。在信号被送到放大器之前，首先经过非线性处理，对有较大峰值功率的信号进行预畸变，使它不会超出放大器的动态变化范围，从而避免降低较大的 PAPR 的出现。最常用的信号预畸变技术包括限幅和压缩扩张方法。

（6）OFDM 技术的特点

OFDM 系统通过多个正交的子载波来区分不同的信道，并行地承载数据。这个特点决定了 OFDM 系统相对于其他系统来说，有以下优点：

1）频谱利用率高。传统的 FDM 系统的载波之间必须有保护带宽，频率的利用效率不算高。OFDM 的多个正交子载波可以相互重叠，无须保护带来分离子信道，从而提高了频率利用效率。频率效率是运营商关心的重点。这里强调的 OFDM 比 FDM 的频谱效率高，但和 CDMA 比较起来，在低于 5MHz 带宽的时候，优势并不明显。3GPP 对 CDMA 和 OFDM 的频谱效率做过严格的对比测试，结论是两者的频谱效率相差无几。

2）带宽可灵活配置。LTE 上下行带宽可以根据实时需求灵活配置，如：此时刻，上行带宽是 18MHz、下行带宽是 2MHz；而下一个时刻的上行带宽为 10MHz、下行带宽为 10MHz。

3）可扩展性强。带宽等级有：1.4MHz、3MHz、5MHz、10MHz、15MHz、20MHz。

4）系统的自适应能力增强。OFDM 技术持续不断地监控无线环境特性的变化，通过接通和切断相应的子载波，使之动态地适应环境，来确保无线链路的传输质量。以往无线自适应技术有天线自适应、信道自适应和资源分配自适应，但自适应技术只局限于时域和码域的自适应，没有频率自适应。OFDM 将自适应能力扩展到频域，支持频率位置、带宽大小对无线环境的适应能力，极大地提高了抗频率选择性衰落的能力。OFDM 的资源分配是以无线资源块（Radio Block，RB）为单位，一个 RB 里面有多个正交的子载波，也就是说，子载波的数量大小可以自适应。

5）抗衰落能力和抗干扰能力强。OFDM 采用多个子载波并行传输技术，符号周期增加很多，对抗脉冲噪声和信道快衰落的能力得到增强；采用子载波的联合编码，起到了子信道间的频率分集作用，降低了对时域均衡器的要求。

OFDM 系统和其他系统不同之处在于无用户间干扰的概念，但有符号间干扰（ISI）、信道间干扰（ICI）的概念。OFDM 并行传输技术和加入循环前缀（CP）技术，大大降低了 ISI、ICI 的影响。在单载波系统中，单个衰落或者干扰可能导致整个无线链路被破坏；但在 OFDM 的多载波系统中，频率自适应通过合理地挑选子载波的位置，使得只有一小部分子载波受到影响。纠错机制可帮助恢复这些受损子载波上的信息。因此，OFDM 系统较单载波系统具有更强的抗衰落和抗干扰能力。

尽管 OFDM 有诸多优点，但该技术也有缺点：

1）OFDM 的峰均比高。OFDM 符号由多个子载波组成，各个子载波信号是由不同的调制方式分别完成的。OFDM 符号在时域上表现为 N 个正交子载波信号的叠加。当这 N 个信号恰好同相，峰值相叠加时，OFDM 符号将产生最大峰值。该峰值功率最大可以是平均功率的 N 倍。尽管峰值功率出现的概率较低，但峰均比越大，必然会对放大器的线性范围要求越高。也就是说，过高的峰均比会降低放大器的效率，增加 A/D 转换和 D/A 转换的复杂性，也增加了传送信号失真的可能性。

2）多普勒频移大。OFDM 系统严格要求各个子载波的正交性，频偏和相位噪声会使各个子信道之间的正交特性恶化。任何微小的频偏都会破坏子载波之间的正交性，仅 1% 的频偏就会造成信噪比下降 30dB，引起 ICI。当移动速度较高的时候，必然会产生多普勒频偏。对于宽带载波来说，多普勒频偏相对整个带宽比例较小，影响不大；而多普勒频偏相对于 OFDM 子载波来说，比例就比较大了。对抗多普勒频偏性能较差，是 OFDM 技术的一个致命的缺点。

同样，频偏会产生相位噪声，易导致高阶调制符号星座点的错位、扭曲，从而形成 ICI。而对宽带单载波系统来说，相位噪声就不会引起这个问题，只能降低接收到的信噪比，而不会引起载波间的相互干扰。LTE 和其他无线制式相比，移动性要求并不算高。但考虑到 OFDM 对多普勒频移和相位噪声的敏感度较强，当终端移动速度高于 30KMbit/h 的时候，子载波级的自适应调制技术就不适用了，由此可得出 LTE 对移动性的要求和其他制式相比较高。

3）时间和频率同步要求严格。时间失步，会导致 ISI；频率失步，则类似频偏的影响一样，导致 ICI。OFDM 系统通过设计同步信道、导频和信令交互，以及 CP 的加入，目前已经能够满足系统对同步的要求。

4）小区间干扰控制难度大。OFDM 系统在抑制小区内的干扰方面，优势比较明显。但对于小区间的干扰抑制问题，需要依赖其他技术来辅助抑制，这是 OFDM 系统目前面临的最大问题。

2. MIMO 与智能天线

（1）MIMO 的原理

多输入多输出（Multiple-Input Multiple-Output，MIMO）的系统框图如图 8.10 所示。

图 8.10 MIMO 系统框图

MIMO 技术最早是由 Marconi 于 1908 年提出的，它利用多天线来抑制信道衰落。MIMO 技术是指在发射端和接收端分别设置多副发射天线和接收天线，其出发点是将多发送天线与多接收天线相结合，以改善每个用户的通信质量（如降低差错率）或提高通信效率（如提高数据速率）。信道容量随着天线数量的增大而线性增大。也就是说可以利用 MIMO 信道成倍地提高无线信道容量，在不增加带宽和天线发送功率的情况下，频谱利用率可以成倍地提高。

利用 MIMO 技术可以成倍提高信道的容量，同时也可以提高信道的可靠性，降低误码率。前者是利用 MIMO 信道提供的空间复用增益，后者是利用 MIMO 信道提供的空间分集增益。目前 MIMO 技术领域另一个研究热点就是空时编码。常见的空时码有空时块码、空时格码。空时编码的主要思想是利用空间和时间上的编码实现一定的空间分集和时间分集，从而降低信道误码率。

（2）MIMO 的核心技术

MIMO 系统在一定程度上可以利用传播中多径分量，也就是说 MIMO 可以有效对抗多径衰落，但是对于频率选择性深衰落，MIMO 系统依然是无能为力。目前解决 MIMO 系统中的频率选择性衰落的方案一般是利用均衡技术，还有一种是利用 OFDM。大多数研究人员认为 OFDM 技术是 4G 的核心技术，4G 需要极高频谱利用率的技术，而 OFDM 提高频谱利用率的能力毕竟是有限的，在 OFDM 的基础上合理开发空间资源，也就是 MIMO-OFDM，可以提供更高的数据传输速率。

另外，OFDM 因码率低和加入了时间保护间隔而具有极强的抗多径干扰能力。由于多径时延小于保护间隔，所以系统不受码间干扰的困扰，这就允许单频网络（SFN）可以用于宽带 OFDM 系统，依靠多天线来实现，即采用由大量低功率发射机组成的发射机阵列消除阴影效应，来实现完全覆盖。

MIMO-OFDM 系统的核心技术主要包括信道估计、空时信号处理技术、同步技术、分集技术等。

1) MIMO-OFDM 的信道估计。在一个传输分集的 OFDM 系统中，只有在接收端有很好的信道信息时，空时码才能进行有效的解码。估计信道参数的难度在于，对于每一个天线，每一个子载波都对应多个信道参数。但对于不同的子载波，同一空分信道的参数是相关的。根据这一相关性，可以得到参数的估计方法。MIMO-OFDM 系统信道估计方法一般有三种：非盲信道估计、盲信道估计和半盲信道估计。

① 非盲信道估计。非盲信道估计是通过在发送端发送导频信号或训练序列，接收端根据所接收的信号估计出导频处或训练序列处的信道参数，然后根据导频或训练序列处的信道参数得到数据信号处的信道参数。当信道为时变信道时，即使是慢时变信道，也必须周期性地发射训练序列，以便及时更新信道估计。这类方法的好处是估计误差小，收敛速度快，不足是由于发射导频或训练序列而浪费了一定的系统资源。

② 盲信道估计。盲信道估计是利用信道的输出以及与输入有关的统计信息，在无须知道导频或训练序列的情况下估计信道参数。其好处是传输效率高，不足是健壮性相对较差、收敛速度慢，而且运算量较大。

③ 半盲信道估计。半盲信道估计是在盲信道估计的基础上发展起来的，它利用尽量少的导频信号或训练序列来确定盲信道估计算法所需的初始值，然后利用盲信道估计算法进行跟踪、优化、获得信道参数。由于盲信道算法运算复杂度较高，目前还存在很多问题，难以实用化。而半盲信道估计算法有望在非盲算法和盲算法的基础上进行折中处理，从而降低运算复杂度。

2) 空时信号处理技术。空时信号处理是随着 MIMO 技术而诞生的新概念，与传统信号处理方式的区别在于它从时间和空间两方面同时研究信号的处理问题。从信令方案的角度看，MIMO 主要分为空时编码和空间复用两种。

① 空时编码。空时编码技术在发射端对数据流进行联合编码，以减小由于信道衰落和噪声所导致的符号错误率，同时增加信号的冗余度，从而使信号在接收端获得最大的分集增益和编码增益。

② 空间复用。空间复用是通过不同的天线尽可能多地在空间信道上传输相互独立的数据。MIMO 技术的空间复用就是在接收端和发射端使用多个天线，充分利用空间传播中的多径分量，在同一信道上使用多个数据通道发射信号，从而使得信道容量随着天线数量的增加而线性增加。这种信道容量的增加不占用额外的带宽，也不消耗额外的发射功率，因此是增加信道和系统容量的一种非常有效的手段。

3) MIMO-OFDM 系统同步技术。MIMO-OFDM 系统对定时和频偏敏感，因此时域和频率同步特别重要。MIMO-OFDM 系统同步问题包括载波同步、符号同步和帧同步。

① 载波同步。载波频率不同步会破坏子载波之间的正交性，不仅造成解调后输出的信号幅度衰减以及信号的相位旋转，更严重的是带来 ICI，同时载波不同步还会影响到符号定时和帧同步的性能。一般来说，MIMO-OFDM 系统的子载波之间的频率间隔很小，因此所能容忍的频偏非常有限，即使很小的频偏也会造成系统性能的急剧下降，所以载波同步对 MIMO-OFDM 系统尤为重要。

② 符号同步。在接收数据流中寻找 OFDM 符号的分界是符号同步的任务。MIMO-OFDM 系统的符号不存在眼图，没有所谓的最佳抽样点，它的特征是一个符号由 N 个抽样值（N 为系统的子载波数）组成，符号定时也就是要确定一个符号开始的时间。符号同步的结果用来判定各个 OFDM 符号中用来做 FFT 的样值的范围，而 FFT 的结果将用来解调符号中的各子载波。当符号同

步算法定时在 OFDM 符号的第一个样值时，MIMO-OFDM 接收机的抗多径效应的性能达到最佳。理想的符号同步就是选择最佳的 FFT 窗，使子载波保持正交，且 ISI 被完全消除或者降至最小。

③ 帧同步。帧同步是在 OFDM 符号流中找出帧的开始位置，也就是人们常说的数据帧头检测，在帧头被检测到的基础上，接收机根据帧结构的定义，以不同方式处理一帧中具有不同作用的符号。

4）分集技术。无线通信的不可靠性主要是由无线衰落信道时变和多径特性引起的，如何在不增加功率和不牺牲带宽的情况下，减少多径衰落对基站和移动台的影响就显得很重要。唯一的方法是采用抗衰落技术，而克服多径衰落的有效方法就是采用第 4 章介绍的各种分集技术。不同分集技术的适用场合不同，一般系统中都会考虑多种技术的结合。在 MIMO-OFDM 中，由于利用了时间、频率和空间三种分集技术，大大增加了系统对噪声、干扰、多径的容限。

(3) 智能天线

智能天线可以抗衰落，具有抑制干扰、自动跟踪信号、提升系统通信质量以及采用空时处理算法形成数字波束等智能功能。

智能天线系统在移动通信链路的发射端或接收端带有多根天线，根据信号处理位于通信链路的发射端还是接收端，智能天线技术被定义为多输入单输出（Multiple-Input Single-Output，MISO）、单输入多输出（Single-Input Multiple-Output，SIMO）和多输入多输出（Multiple-Input Multiple-Output，MIMO）等几种方式。下面分别介绍智能化接收、智能化发射及动态信道分配这三种智能天线技术的特点。

1）智能化接收技术。应用智能天线 CDMA 系统中，由于不同用户占用同一信道，不同用户带来的多址干扰（MAI）和多径信道带来的码间干扰（ISI）会使到达基站的用户信号产生畸变，所以必须采用信道估计和均衡技术，将各用户信号进行分离和恢复（即多用户检测 MUD）。整个上行信道等效为一个多重单输入多输出系统。

为了给智能发射提供依据，在上行中还需要估计反映用户空间位置信息的参量，如 DOA、空域特征（Spatial Signature，SS）等，它们的精度估计将直接影响到下行信道选择性发送的性能。目前，完成智能化接收的方法主要有基于高分辨率阵列信号处理方法和基于信号时域结构方法两类。前一类方法又分为子空间方法和基于参数估计准则的方法，后一类方法主要利用信号的时域信息和先验特征进行空域处理。

2）智能化发射技术。在蜂窝系统中，为满足多媒体业务通信质量的要求，发射信号功率一定要动态控制，在保证整个蜂窝系统各小区的信号总功率平衡的情况下（各小区干扰基本稳定），满足各种业务的不同传输速率和不同的误码率要求。

智能化发射技术利用用户的空间差异，保证每个用户只接收基站发给它的下行信号，不受同一信道中基站发给其他用户信号的干扰。实现智能化发射有基于反馈和基于上行链路参数估计两种方法。前一种方法是基站通过移动台返回基站的训练信号，估计下行信道的响应情况，其缺点是浪费带宽；后一种方法是利用一些特征参量相对于上、下行链路的不变性，通过各用户对上行信号的估计，确定下行链路的波束形成方案。

3）动态信道分配技术。在通信中，信道分配是保障通信质量、有效利用信道的核心技术之一。在空分信道引入系统后，空分、频分、时分和码分信道的动态分配技术已成为新的技术难点，后三种信道分配技术是确定性的，可由系统根据用户情况动态分配，但空分信道分配不同。在基站处，接收功率相差不大和用户方向角度差大于天线主波瓣的用户，可分享同一时、频域信道。这样，空分信道分配就成为动态的条件组合问题，且随着用户空间位置的移动，为跟踪用户，空分信道必须相应变化，随时进行动态分配。

3. HARQ

混合自动重传请求（Hybrid Automatic Repeat Request，HARQ）由于信息在信道传输的过程中，会产生信息丢失，所以为了保持信息的完整性，务必需要重传信息至所有的信息都完成接收为止。

按照重传发生时刻，可以将 HARQ 分为同步和异步两种。同步 HARQ 是指 HARQ 的传输（重传）发生在固定时刻，由于接收端预先知道传输发生的时刻，因此不需要额外的信令开销来表示 HARQ 进程的序号，此时的 HARQ 进程号可以从子帧号获得；异步 HARQ 是指 HARQ 的重传可以发生在任意时刻，因为接收端不知道传输的发生时刻，所以 HARQ 的进程处理序号需要连同数据一起发送。

按照重传时数据特性是否发生变化，又可以将 HARQ 分为非自适应性和自适应性两种。自适应传输，发送端根据实际的信道状态信息，改变部分传输参数；非自适应传输，传输参数相对于接收端已经知晓，因此包含传输参数的信令在非自适应传输系统中不需要再次传输。

同步 HARQ 的优势：开销小；在非自适应系统中接收端操作复杂度低；提高了信道的可靠性。

异步 HARQ 的优势：在完全自适应系统中，可以采用离散、连续的子载波分配方式，调度具有很大的灵活性；可以支持一个子帧多个 HARQ 进程；重传调度的灵活性强。

LTE 下行链路系统采用异步自适应的 HARQ 技术，上行系统采用同步非自适应的 HARQ 技术。上行链路系统选择同步非自适应的 HARQ 技术，主要是因为上行链路复杂，来自其他小区干扰的不确定性，基站无法精确地估测出各个用户的信干比（SINR）值；下行链路系统采用异步自适应的 HARQ 技术，下行 HARQ 时序图如图 8.11 所示。

图 8.11　下行 HARQ 时序图

下行传输发送端通过 PDSCH 来调度，PDSCH 对应的 ACK 或者 NACK 在物理上行链路控制信道（PUCCH）或者物理上升共享信道（PUSCH）上发送；下行传输接收端通过 PDCCH 来调度；假设传输信息 1234，每经过一次传输只留下一位，比如 1，2，3，4 依次递进，那么就需要重传四次，才能将所有的信息完整传输完毕（理想状态）。每次传输，一般用跟踪（Chase）或者软合并（Soft Combining）来实现所有数据的合并。

当传输大数据时，必须多增加一个递增冗余（Incremental Redundancy，IR）来降低重传时所要消耗的大量开销，即后面传的是前面没接收到的数据，已经接收到的就不再传输。

4. 自适应调制编码

自适应调制编码（Adaptive Modulation and Coding，AMC）是无线信道上采用的一种自适应的编码调制技术，通过调整无线链路传输的调制方式与编码速率，来确保链路的传输质量。在TD-LTE中，主要有三种编码方式：

1）四相相移键控（Quadrature Phase Shift Keying，QPSK）：一个符号代表2bit。
2）16正交幅度调制（16 Quadrature Amplitude Modulation，16QAM）：一个符号代表4bit。
3）64正交幅度调制（64 Quadrature Amplitude Modulation，64QAM）：一个符号代表6bit。

LTE下行方向的链路自适应技术基于终端反馈的CQI参数，从预定义的CQI表格中选择具体的调制与编码方式，见表8.2。

表8.2 CQI参数表

CQI值	调制方式	编码效率
1	QPSK	0.1523
2	QPSK	0.2344
3	QPSK	0.3770
4	QPSK	0.6016
5	QPSK	0.8770
6	16QAM	1.1758
7	16QAM	1.4766
8	16QAM	1.9141
9	16QAM	2.4063
10	64QAM	2.7305
11	64QAM	3.3223
12	64QAM	3.9023
13	64QAM	4.5234
14	64QAM	5.1152
15	64QAM	5.5547

LTE在编码方式的选择上，主要取决于CQI信道质量，信道质量在6以下时，选用QPSK编码，6~9选用16QAM，9以上选用64QAM。

8.5.2 LTE-Advanced关键技术

1. 载波聚合技术

移动通信技术的快速发展，不断推动着网络容量和速率的提升，而频谱资源却是一个瓶颈。为了充分利用有限的频谱资源，移动通信技术发展出了载波聚合技术。载波聚合（Carrier Aggregation，CA）技术是4G及其后续版本（如LTE-A、LTE-Advanced Pro和5G NR等）中的关键技术之一，通过在不同的频段上同时传输数据，有效提升了网络的容量和速率。

载波聚合技术是指在移动通信网络中，将不同的载波（频段）聚合起来使用，以提高网络的容量和速率。在 LTE 网络中，采用了一种名为正交频分复用（Orthogonal Frequency Division Multiplexing, OFDM）的调制方式，将整个频段分成多个子载波，每个子载波之间是正交的，互相不干扰。因此，载波聚合技术的基本原理就是将不同的频段分别分成多个子载波，然后将这些子载波聚合到一起，使得不同的频段能够同时传输数据。

在 4G 网络中，载波聚合技术使用了一种名为载波聚合的协议来实现。载波聚合技术通过将多个不同的 LTE 频段（下行频段和上行频段）组合在一起，形成一个虚拟的频带，然后将数据流分配到这个虚拟频带上，从而提高网络的容量和速率。LTE-A 支持连续载波聚合以及频带内和频带外的非连续载波聚合。LTE R8 支持最大 20MHz 的系统带宽，LTE-A 可以通过载波聚合支持 100MHz 的系统带宽。

（1）载波聚合技术的优势

1）提高网络容量和速率。通过将多个不同的 LTE 频段组合在一起，载波聚合技术可以扩展可用的频谱带宽，提高了网络的容量和速率。在 LTE-A 网络中，通过聚合多个频段，可以获得更大的带宽，最高可以达到 100MHz，比单一频段的带宽大了很多。这意味着，用户可以同时获得更多的频段，从而获得更高的网络容量和速率。

2）提高网络稳定性和可靠性。由于载波聚合技术可以同时使用多个频段传输数据，因此可以提高网络的稳定性和可靠性。当其中一个频段受到干扰时，其他频段可以继续工作，从而保证了数据的可靠传输。此外，使用载波聚合技术还可以提高网络的覆盖范围，因为在不同的频段中，信号的传播特性不同，某些区域可能存在信号覆盖盲区。而使用多个频段可以弥补各自的不足，从而提高网络的覆盖范围和可靠性。

3）降低功耗和延迟。通过将数据分配到多个频段上，载波聚合技术可以降低单个频段的负载，从而降低功耗和延迟。例如，在高速移动场景下，使用载波聚合技术可以将数据分配到多个频段上，从而降低单个频段的负载，减少功耗和延迟，提高网络的响应速度和传输效率。

（2）载波聚合技术的应用场景

1）高速移动场景。在高速移动场景下，传输速率和网络稳定性往往会受到很大的影响。通过使用载波聚合技术，可以将数据分配到多个频段上，降低单个频段的负载，从而提高传输速率和网络稳定性。

2）大规模数据传输场景。在大规模数据传输场景下，网络容量和速率往往成为瓶颈。通过使用载波聚合技术，可以将多个频段组合起来，提高网络容量和速率，从而满足大规模数据传输的需求。

3）边缘区域场景。在边缘区域，信号覆盖往往比较弱，网络稳定性和可靠性往往会受到很大的影响。通过使用载波聚合技术，可以将不同频段的优势进行组合，提高网络稳定性和可靠性，从而满足边缘区域的通信需求。

（3）载波聚合技术的发展趋势

随着移动通信技术的不断发展，载波聚合技术也在不断地演进和发展中。以下是载波聚合技术的发展趋势：

1）更高的带宽。随着 5G 技术的推出，载波聚合技术的带宽也将进一步提高。目前，5G 网络中使用的载波聚合技术可以将多达 16 个频段组合在一起，最高可以达到 1GHz 的带宽。

2）更高的频段数量。随着新的频段的不断开放，载波聚合技术可以使用更多的频段进行组合，从而提高网络的容量和速率。

3）更加智能的载波分配。随着 5G 网络的推出，网络架构也变得更加分布式和智能化。在这样的网络中，载波聚合技术可以通过智能的载波分配算法，根据不同的网络情况和用户需求，动态调整不同频段的使用,从而提高网络的效率和性能。

4)更加灵活的网络组网。5G 网络组网变得更加灵活和可扩展。在这样的网络中,载波聚合技术可以根据不同的网络需求和部署情况,灵活地组合不同的频段,提高网络的容量和覆盖范围。

5)更加安全的网络通信。随着网络安全问题的日益严重,网络通信的安全性也变得越来越重要。在这样的背景下,载波聚合技术可以使用多个频段进行数据传输,从而提高网络的安全性和可靠性,避免单点故障对网络通信的影响。

载波聚合技术是一种重要的移动通信技术,通过将多个频段组合起来,提高了网络的容量、速率、覆盖范围和可靠性。随着 5G 技术的推出,载波聚合技术也将不断演进和发展,带来带宽的提高、频段数量的增加、载波分配的智能化、网络组网的灵活性和网络通信的安全性等方面的优化。

2. 增强的 MIMO 技术

随着无线通信技术的不断发展,多输入多输出(MIMO)技术已经成为现代通信系统中的重要组成部分。然而,传统的 MIMO 技术面临着诸多挑战,如干扰、功耗和频带限制等。为了克服这些挑战,增强的 MIMO 技术应运而生。

传统的 MIMO 技术利用多个天线来传输和接收信号,以提高通信系统的可靠性和容量。传统的 MIMO 技术可以分为两种类型:空时编码和空间多址。空时编码是指在发送端将多个数据流转换成多个空时信号,以在接收端进行解码。空间多址是指将多个用户的信号通过相同的时间和频率资源进行传输。传统的 MIMO 技术有一些局限性,如干扰、功耗和频带限制。由于传统 MIMO 技术需要大量的天线和复杂的信号处理,因此它们通常需要更高的功率和带宽。此外,由于 MIMO 技术会增加系统的干扰,因此必须采用额外的干扰管理技术来控制干扰。

增强的 MIMO 技术包括以下几种技术:

1)空间分集技术:一种利用多个接收天线的技术,可以通过利用空间多样性来提高系统的可靠性和容量。在空间分集技术中,多个接收天线可以接收相同的信号,并在接收端进行信号处理,以提高系统的可靠性和容量。

2)多用户 MIMO 技术:一种可以同时传输多个用户数据的技术,可以通过共享频带资源来提高系统的容量。在多用户 MIMO 技术中,多个用户可以同时传输和接收信号,从而实现更高的数据传输速率。

3)全双工 MIMO 技术:一种可以同时传输和接收信号的技术,可以通过利用空时多样性来提高系统的性能。在全双工 MIMO 技术中,发送天线和接收天线可以同时使用相同的频谱资源进行数据传输和接收。这种技术可以提高系统的吞吐量和频带利用率,并降低功耗和时延。

4)MIMO 中继技术:一种可以利用中继节点的技术,可以通过增加中继节点的数量来提高系统的可靠性和容量。在 MIMO 中继技术中,中继节点可以利用空时编码技术将多个信号进行编码和传输,从而实现更高的信道容量和更低的错误率。

随着无线通信技术的不断发展,增强的 MIMO 技术已经成为现代通信系统中的重要组成部分。增强的 MIMO 技术可以通过利用空时多样性、共享频带资源、降低功耗和时延等方面来提高系统的性能。未来,随着无线通信技术的进一步发展和应用,增强的 MIMO 技术将继续发挥重要作用,并为无线通信技术的未来发展提供支持和推动。

3. 协作多点传输技术

协作多点传输(CoMP)技术是一种利用多个节点协同工作来提高无线网络性能的技术,这种技术可以通过共享信道资源、减少干扰和提高传输速率等方面来提高无线网络的效率和可靠性。它的基本原理是通过多个节点之间的协同工作来提高系统的性能。这些节点可以是无线终端、中继器或基站等。在协作多点传输技术中，节点可以共享信道资源、相互协作进行信号处理和干扰抑制等操作。这种技术可以通过减少信道干扰、提高信号质量和提高频谱利用率等方面来提高系统的性能。

协作多点传输技术可以分为两种基本类型：分布式和集中式。在分布式协作中，各个节点可以自主地对信号进行处理和传输。在集中式协作中，一个节点可以作为协调者对其他节点进行控制和协调。这两种类型都可以提高系统的性能，但集中式协作通常需要更高的计算能力和复杂的协议。

（1）协作多点传输技术的优点

1) 提高系统容量和可靠性：通过多个节点的协作，可以有效地减少信道干扰和提高信号质量，从而提高系统的容量和可靠性。

2) 提高频谱效率：通过共享信道资源，协作多点传输技术可以提高频谱利用率，从而在相同频谱带宽下传输更多的数据。

3) 降低能源消耗：通过多个节点的协作，可以在保证系统性能的同时降低能源消耗，从而延长无线设备的电池寿命。

（2）协作式多点传输技术的缺点

1) 需要更高的计算能力和复杂的协议：协作多点传输技术需要对多个节点之间进行协调和控制，因此需要更高的计算能力和更复杂的协议，这会增加系统的设计和实现成本。

2) 对网络拓扑和节点位置要求较高：协作多点传输技术需要对网络拓扑和节点位置进行优化，从而最大化协作效果，这对系统设计和实现的要求较高。

3) 易受信道变化和干扰的影响：协作多点传输技术的协作效果受到信道变化和干扰的影响较大，因此需要进行更复杂的信号处理和干扰抑制。

（3）协作多点传输技术的应用领域

1) 移动通信：协作多点传输技术在移动通信领域中被广泛应用，可以提高系统的容量和可靠性。例如，在 LTE-Advanced 系统中，CoMP 技术可以提高覆盖范围和频谱效率。

2) 无线传感器网络：协作多点传输技术可以用于无线传感器网络中，通过多个节点的协作可以提高网络的能源效率和覆盖范围。例如，多个传感器节点可以协作地将数据汇聚到一个基站或中继节点上进行处理和传输。

3) 卫星通信：协作多点传输技术可以用于卫星通信中，通过多个卫星节点的协作可以提高系统的容量和可靠性。例如，在卫星网络中，多个卫星节点可以协作地提高地球覆盖范围和数据传输速率。

4) 无线电视和广播：协作多点传输技术可以用于无线电视和广播领域中，通过多个基站或中继节点的协作可以提高系统的覆盖范围和信号质量。例如，在数字电视和广播领域中，多个基站或中继节点可以协作地传输同一信号，以提高接收端的信号质量和覆盖范围。

4. 异构网络

异构网络是指由不同技术的网络设备组成的网络，它可以实现不同网络之间的协同工作，使整个网络更加高效、稳定和灵活。在移动通信领域，异构网络指的是由不同种类的网络设备组成的网络，例如 2G、3G、4G 等不同的无线通信技术组成的网络。

2G 网络采用的是 TDMA 技术，3G 网络采用的是宽带码分多址（WCDMA）技术，4G 网络采用的是 OFDMA 技术。这些不同的无线通信技术可以实现不同的数据传输速率和覆盖范围，但是由于它们采用的是不同的调制方式和频段，因此无法互相协作。异构网络技术可以将这些不同的网络整合在一起，形成一个统一的网络，从而提高整个网络的容量和覆盖范围。

(1) 异构网络的组成

LTE-A 异构网络主要由两个部分组成：宏基站和微基站。宏基站是覆盖范围较大的基站，通常用于城市的整个区域或者广阔的乡村地区。微基站是覆盖范围较小的基站，通常用于密集的市区或者室内场所。

1）宏基站：是 LTE-A 网络中的主要基站类型，它采用的是 OFDMA 技术，可以实现高速的数据传输和广阔的覆盖范围。宏基站一般覆盖几千米到十几千米的范围，可以支持数千个终端设备同时连接。宏基站通常设置在高楼大厦的顶端、山顶或者广阔的平原上，可以提供更广泛的覆盖范围和更好的通信质量。

2）微基站：是 LTE-A 网络中的辅助基站，它采用的是分时频分多址（TD-LTE）技术，可以提供更加高效的数据传输和更加密集的覆盖范围。微基站一般覆盖几百米到一千米的范围，可以支持数十个终端设备同时连接。微基站通常设置在建筑物内，如地铁站、商场等密集的区域，可以提供更好的室内覆盖和更快的数据传输速率。微基站还有一个重要的特点，就是可以与宏基站进行无缝的切换。在用户从一个覆盖范围内的宏基站移动到另一个覆盖范围内的微基站时，微基站可以接管用户的通信，从而避免通信中断和数据传输中断。这种无缝切换技术可以提高网络的可靠性和连续性，从而提高用户的满意度。

(2) LTE-A 异构网络的实际应用

1）室内覆盖。由于建筑物的结构和材料的不同，很难在室内实现完整的覆盖。为了解决这个问题，移动运营商通常会在室内安装微基站，以提供更好的信号覆盖和更高的数据传输速率。这样一来，用户就可以在建筑物内的任何地方使用移动通信服务，无须担心信号不好或数据传输慢的问题。

2）高密度区域。在一些人流密集的区域，如火车站、机场和商场等，往往会出现网络拥堵的情况。为了避免这种情况发生，移动运营商通常会在这些区域安装微基站，以提高网络的容量和速度。这样一来，用户就可以在这些高密度区域快速地进行数据传输和通信。

3）网络升级。由于移动通信技术的不断发展，2G、3G 网络已经无法满足用户的需求。为了提高网络的速度和容量，移动运营商通常会将老旧的基站逐步替换成新的 LTE-A 基站。在此过程中，运营商可以选择不同种类的基站，以实现异构网络的部署。

4）多网络融合。多网络融合是指将不同种类的网络进行整合，以提高整个网络的效率和覆盖范围。LTE-A 异构网络技术可以将不同种类的无线通信技术整合在一起，形成一个统一的网络，从而提高整个网络的容量和速度。

异构网络技术是 4G 移动通信技术的重要组成部分，它能够有效地提高网络的容量和覆盖范围、降低通信成本、提高用户的满意度。目前，异构网络技术已经广泛应用于移动通信领域，特别是在室内覆盖、高密度区域、网络升级和多网络融合等方面。未来，随着移动通信技术的不断发展，异构网络技术将会更加成熟和完善，为用户带来更加优质的移动通信服务。

5. 小区间干扰协调技术

随着移动通信的发展，网络规模和用户数量不断增加，同时，由于无线频谱资源的有限性，小区间干扰也逐渐成为一个重要的问题。为了解决这个问题，LTE-A 引入了小区间干扰协调技术，这项技术在网络优化和优化网络性能方面具有重要的意义。

小区间干扰是指在同一频段上，由于小区的位置和参数设置等因素，使得相邻小区之间发生干扰。干扰的程度取决于相邻小区之间的距离、信号强度和频率等因素。如果小区之间的干扰超过了一定的阈值，那么通信就会出现故障或降速，从而影响用户的使用体验。

(1) 小区间干扰协调技术的原理

小区间干扰协调技术是一种基于 LTE-A 标准的技术，它通过对小区参数的优化和调整来降

低小区之间的干扰。具体来说,小区间干扰协调技术的实现原理包括以下几个方面:

1) 动态频谱分配:一种基于 TDMA 或 FDMA 等技术的频谱管理方法。在动态频谱分配中,基站可以动态地将频谱资源分配给不同的用户和小区,从而最大限度地利用频谱资源,减少干扰。例如,如果两个相邻小区在同一频段上进行通信,那么它们的基站可以通过动态分配频谱资源的方式来减少干扰。

2) 动态功率控制:一种基于信号强度的干扰控制方法,它可以调整小区中终端设备的发射功率,从而降低小区之间的干扰。当相邻小区之间的干扰较大时,基站可以通过动态功率控制技术降低终端设备的发射功率,从而减少干扰。这种方法可以根据小区之间的距离和信号强度等因素进行自适应调整,使干扰控制更加精准。

3) 预编码技术:一种通过对数据进行编码处理来减少干扰的技术。在预编码技术中,基站可以对数据进行预编码处理,从而使得数据在发送过程中能够适应小区之间的干扰情况。这种方法可以减少小区之间的干扰,提高通信质量和数据传输速率。

4) 中继技术:一种通过中继站来转发数据的技术。在中继技术中,中继站可以将数据从一个小区中接收并转发到另一个小区中,从而使得小区之间的干扰得到降低。这种方法可以在不增加频谱资源的情况下,提高网络的容量和覆盖范围。

(2) 小区间干扰协调技术的应用

小区间干扰协调技术在 LTE-A 网络中得到了广泛的应用。它可以帮助网络运营商提高网络容量和覆盖范围、提高通信质量和数据传输速率、降低用户抱怨率和流失率。

1) 提高网络容量和覆盖范围。小区间干扰协调技术可以通过联合调度、动态功率控制和中继技术等方法来优化资源分配,从而提高网络的容量和覆盖范围。这种方法可以在不增加频谱资源的情况下,提高网络的效率和性能。

2) 提高通信质量和数据传输速率。小区间干扰协调技术可以通过最小干扰分集和预编码技术等方法来降低小区之间的干扰,从而提高通信质量和数据传输速率。这种方法可以在保证网络容量和覆盖范围的同时,提高用户的满意度和体验。

3) 降低用户抱怨率和流失率。小区间干扰协调技术可以通过优化网络性能和提高用户满意度等方法来降低用户抱怨率和流失率。这种方法可以帮助网络运营商提高用户忠诚度和竞争力,从而获得更多的市场份额和收益。

(3) 小区间干扰协调技术的发展

小区间干扰协调技术包括联合调度、动态功率控制、最小干扰分集、预编码技术和中继技术等多种方法,它们可以根据小区之间的干扰情况和用户需求等因素进行自适应调整,从而提高干扰控制的精度和效率。小区间干扰协调技术将面临许多新的挑战和机遇,需要结合网络智能化、拓展应用场景、强化网络安全保障和强化产业生态等方面进行不断创新和发展,为用户提供更加优质、稳定、高效的通信服务。同时,小区间干扰协调技术还需要和其他关键技术如异构网络、多天线技术、网络虚拟化技术等相结合,构建更加完整、智能、高效的通信网络,为人们带来更加美好的数字化生活体验。

1) 强化网络智能化。随着 5G 网络的商用,网络智能化成为未来的发展趋势。小区间干扰协调技术需要结合机器学习、人工智能等技术,构建更加智能化的干扰控制系统。未来,小区间干扰协调技术将会更加自适应和灵活,从而进一步提高网络性能和用户体验。

2) 拓展应用场景。随着移动通信技术的广泛应用,小区间干扰协调技术的应用场景也将不断拓展。未来,小区间干扰协调技术将面向更多的场景,如工业互联网、智慧城市等领域,为各行业提供更加稳定、高效、智能的通信服务。

3) 强化网络安全保障。随着网络攻击的不断增多和威胁的不断加强,网络安全将成为未来的关键问题。小区间干扰协调技术需要结合网络安全技术，提高网络的安全性和鲁棒性，保护网络的稳定性和可靠性。

4）强化产业生态。小区间干扰协调技术需要建立一个完整的产业生态系统，促进产业协同和合作。小区间干扰协调技术将促进通信产业的创新和发展，提高通信产业的核心竞争力。

8.6 4G 的语音解决方案

4G 网络在设计之初主要针对的是数据通信，而传统的 2G/3G 网络主要用于语音通信，因此 4G 网络在刚开始推广时并不支持语音通信，这给用户带来了不便。为了满足用户的需求，4G 网络需要提出相应的语音解决方案。另外，4G 网络使用的技术是基于 IP 协议的技术，而传统的语音通信技术是基于电路交换的技术，两种技术的差异性使得 4G 网络无法直接支持传统的语音通信服务。因此，4G 网络需要提出新的语音解决方案，将语音信号转换为数字信号进行传输，以满足用户的语音通信需求。最后，语音通信作为移动通信服务中最基本、最重要的一项服务，对于用户的体验和满意度具有非常重要的影响。因此，为了提高用户体验和满意度，4G 网络需要提供高质量、低延迟、高保真的语音通信服务。

8.3 4G 的语音解决方案

8.6.1 CSFB 语音方案

CSFB（Circuit Switched Fallback）是一种 4G 网络中的语音解决方案，用于实现 4G 网络向 2G/3G 网络的语音切换。CSFB 技术是指在 4G 网络中实现语音通信时，当用户需要进行语音通话时，将 4G 网络切换到 2G/3G 网络进行语音通话，完成通话后再切回 4G 网络。这种技术的基本原理是利用 4G 和 2G/3G 网络之间的切换，将 4G 网络的数据流转换为 2G/3G 网络的语音通信流，实现语音通话。

CSFB 技术的实现主要有两种方式：一种是 CSFB 转向 GSM（CSFB to GSM），另一种是 CSFB 转向 UMTS（CSFB to UMTS）。具体来说，当用户需要进行语音通话时，MME 将语音通话请求转发给 MSC/VLR，并将 UE 指示切换到 2G/3G 网络。如果是 CSFB to GSM，UE 将切换到 GSM 网络；如果是 CSFB to UMTS，UE 将切换到 UMTS 网络。在通话结束后，UE 再切换回 4G 网络。

1. CSFB 的优势

1）实现简单：CSFB 技术通过对 4G 网络进行少量修改就可以实现，而且对于 2G/3G 网络的支持也非常成熟，因此实现起来比较简单。

2）兼容性好：由于 2G/3G 网络已经得到了广泛的应用和支持，因此 CSFB 技术的兼容性非常好，可以保证用户的语音通话需求得到满足。

2. CSFB 的不足

1）时延较大：由于需要进行网络切换，因此 CSFB 技术在切换过程中会产生一定的时延，从而影响用户体验。

2）对网络资源的浪费：由于需要同时支持 4G 和 2G/3G 网络，因此会浪费网络资源，影响网络的效率。

3）对电池的消耗较大：由于需要频繁切换网络，因此会对手机的电池寿命产生一定的影响。

3. CSFB 的应用场景

CSFB 技术主要应用于 4G 网络中的语音通信场景，例如在 4G 网络覆盖区域外，用户需要使用 2G/3G 网络进行语音通话；在 4G 网络中，如果用户需要进行紧急呼叫，则需要使用 2G/3G 网络进行呼叫。此外，在 4G 网络覆盖区域内，由于 2G/3G 网络的语音通话质量和稳定性相对较好，因此在一些特殊场景下，如地下停车场、电梯、高层建筑等信号较弱的地方，也可以使用 CSFB 技术进行语音通话。随着移动通信的发展，CSFB 技术已逐渐退出历史舞台。

8.6.2　SVLTE 语音方案

在 4G 网络中，一种被使用的语音解决方案是 SVLTE，即同时语音和 LTE 数据（Simultaneous Voice and LTE Data）。SVLTE 可以实现同时进行语音通话和数据传输。具体来说，当用户在进行数据传输时，SVLTE 技术可以让用户保持语音通话的状态，而不会中断数据传输。为了实现这个过程，SVLTE 技术需要在 4G 网络和 2G/3G 网络之间进行切换。具体而言，语音通过 2G 或者 3G 网络承载，数据通过 4G 网络承载。因此，当用户进行语音通话时，SVLTE 技术会自动将通话切换到 2G/3G 网络中，当用户需要进行数据传输时，SVLTE 技术会将数据传输切换回 4G 网络中。SVLTE 技术的实现需要一定的硬件和软件支持。首先，需要支持双路收发的无线芯片，以便同时处理语音通话和数据传输。其次，需要在手机上安装 SVLTE 软件，用于管理语音和数据之间的切换。最后，需要在网络侧进行配置和优化，以确保 SVLTE 技术的正常运行。

1. SVLTE 的优势

1）同时进行语音通话和数据传输：SVLTE 技术可以实现同时进行语音通话和数据传输，提高用户的通信效率和体验。

2）兼容性好：SVLTE 技术可以兼容 2G/3G 和 4G 网络，支持多种语音和数据传输方式。

3）信号稳定：由于 SVLTE 技术可以自动切换网络，因此可以保证语音通话和数据传输的信号稳定和连续性。

2. SVLTE 的不足

1）硬件成本高：实现 SVLTE 技术需要一定的硬件支持，包括双路收发的无线芯片等，因此对手机的硬件成本有一定的要求。

2）网络切换时延：由于 SVLTE 技术需要在 2G/3G 和 4G 网络之间进行切换，因此会出现一定的网络切换时延，可能影响用户的通信体验。

3）不适用于全球漫游：由于不同国家和地区的移动通信标准不同，SVLTE 技术可能无法实现全球漫游。

4）维护和升级成本高：SVLTE 技术需要在网络和终端两方面进行配置和优化，因此维护和升级成本较高。

3. SVLTE 的应用场景

2014 年，同时工作在 CS 和 LTE 方式的手机被推向市场，电信的 4G 手机一般支持该功能。但支持这种功能的手机制造成本高，销售价更高，耗电量也大，会影响用户的使用体验。与 CFSB 需要网络和终端配合实现语音传输不同的是，SVLTE 则是完全由一个终端自主实现的方案，不需要网络升级改造，就可以实现同时进行语音通话和数据传输。随着移动通信的发展，SVLTE 技术已逐渐退出历史舞台。

8.6.3　VoLTE 语音方案

VoLTE（Voice over LTE）是一种在 4G 网络上实现语音通信的技术，它基于 IP 网络传输语音数据，可以实现高质量、高清晰度的语音通话。与传统的语音通信方式相比，VoLTE 具有更快的呼叫建立速度、更低的呼叫掉线率、更高的通话质量和更好的用户体验，是当前移动通信领域的一项重要技术。

VoLTE 技术基于 LTE 网络，通过 IP 网络传输语音数据，实现高质量的语音通话。具体来说，VoLTE 利用 IMS（IP Multimedia Subsystem）技术实现呼叫控制和信令传输，利用 AMR-WB（Adaptive Multi-Rate Wideband）编解码器实现高清晰度语音通话。

在 VoLTE 的呼叫过程中，用户首先通过 LTE 网络建立数据通道，然后发起语音通话请求。网络根据请求的目标号码和用户所在位置等信息，选择相应的 IMS 核心网络进行呼叫控制和信令传输。IMS 核心网络根据呼叫请求向被叫终端发送呼叫请求信息，并在通话建立之前进行鉴权、验证等安全性检查。一旦被叫终端接听呼叫，语音数据将通过 IP 网络传输，经过编解码处理后，再传输到对方终端进行播放。

1. VoLTE 的架构

VoLTE 的架构分为终端侧和网络侧两部分，如图 8.12 所示。

图 8.12　VoLTE 网络参考架构

终端侧：VoLTE 技术需要支持高质量的语音编解码和通信协议，因此需要相应的硬件和软件支持。目前，大部分手机终端已经支持 VoLTE 技术，用户只需要开启手机中的 VoLTE 开关，即可使用该技术进行语音通话。

网络侧：VoLTE 网络是指提供 VoLTE 服务的网络，它由多个不同的子系统组成，包括 eNodeB、MME、S-GW、P-GW、IMS 和核心网等。这些子系统负责处理语音通话的不同方面，包括呼叫信令、媒体传输、QoS 管理和安全性保障等。

2. VoLTE 的优势

1）高清语音：VoLTE 采用的是基于 IP 网络的语音传输技术，音质清晰，声音更加自然。相较于 2G/3G 的语音通话，VoLTE 可以提供更高质量的语音服务，尤其在嘈杂的环境中，效果更加明显。

2）快速呼叫建立：VoLTE 使用了 IMS 技术，通过单一平面架构实现了语音和数据的传输，从而缩短了呼叫建立时间。用户只需要单击通话按钮，即可快速连接对方，省去了等待时间。

3）高清视频通话：VoLTE 不仅支持高清语音通话，还可以支持高清视频通话，提供更加丰富的通信体验。

4）多任务支持：在进行 VoLTE 通话的同时，可以进行其他网络操作，如下载、浏览等。

5）QoS 支持：在 VoLTE 中，QoS 被用来保证语音通话的优先级高于数据传输，以确保通话的质量不会受到数据传输的干扰。VoLTE 中的 QoS 可以通过几种不同的方式实现，包括 IP 地址优先级、标记交换和承载限制等。这些技术可以确保 VoLTE 通话始终具有优先权，无论是在网络拥塞时还是在高速移动时都能提供高质量的语音通话体验。

6）较高安全性：VoLTE 也具有很高的安全性。它采用了一些强大的安全协议和算法，包括 IPSec（Internet Protocol Security）、SRTP（Secure Real-time Transport Protocol）和 TLS（Transport Layer Security）等。这些协议和算法可以确保通话内容的机密性和完整性，从而防止通话内容被非法窃听和篡改。

3. VoLTE 的典型应用场景

1）商务电话：VoLTE 可以提供高质量、高效率的语音通信服务，为商务电话、远程会议等提供了更加便捷的解决方案。

2）视频通话：VoLTE 不仅支持高清语音通话，还可以支持高清视频通话，为用户提供更加生动、直观的沟通方式。

3）网络游戏：VoLTE 可以提供低延迟、高速度的网络传输服务，满足网络游戏对于快速响应、稳定传输的需求，提供更加顺畅的游戏体验。

4）社交通信：VoLTE 支持多媒体消息，包括语音、图片和视频等，提供更加丰富的通信体验。同时，VoLTE 也可以支持高质量的语音聊天、多方通话等功能，为社交通信提供更加强大的支持。

5）物联网通信：VoLTE 可以为物联网设备提供高速、低延迟的通信服务，为物联网应用提供更加可靠的支持。

VoLTE 是一项重要的技术，它能够提供高质量、高效率、低成本的语音通信服务。它不仅可以提高通话质量，还可以为移动运营商提供更好的用户体验和更高的收益。VoLTE 还能够通过实现更好的网络效率和更高的带宽利用率，帮助移动运营商提高网络效率和降低成本。与传统的 2G/3G 语音通信技术相比，VoLTE 具有更高的数据传输速率、更低的通话延迟、更高的音频质量、更多的通话功能以及更好的网络覆盖性能。

VoLTE 的成功实现离不开技术创新和标准制定的支持，也离不开移动通信产业链上下游企业的协作。在 4G 时代，全球各大移动通信运营商都推出 VoLTE 服务，并逐渐淘汰传统的 2G/3G 语音服务。

8.7 LTE 无线网络规划

在 4G 时代，移动通信技术的发展演进以及通信设备厂家间的激烈竞争，使得移动通信网存在多制式、多厂商、多层网络并存的现象。同时，随着移动通信的快速发展，用户规模和需求不断增长，为了满足用户的业务需求不断进行网络建设，从而导致网络规模越来越大，网络节点数以十万计。另外，运营企业要求 LTE 网络规划、优化朝着高效率和低成本方向发展，并且由于 LTE 系统性能对系统内外干扰高度敏感，使得 LTE 网络规划变得十分复杂。一个精品的网络需要符合覆盖连续、容量合理和成本最优三个基本条件。

8.7.1 LTE 规划要点

网络规划就是根据建网目标，确定基站数目及配置；确定站址位置及天线挂高、方向角和下倾角等工程参数；确定信道配置、邻区和频率等无线参数的过程。所有无线制式的规划都是如此，如图 8.13 所示。不同的是，各种无线制式在规划过程中，由于关键技术的不同，有不同的特殊考虑。

LTE 的网络规划也遵循着无线网络规划流程的各个步骤。相对于以往的无线制式来说，LTE 在物理层技术、网络结构和调度算法等技术上有很多变革，因此在规划的过程中，也有一些特殊的考虑。

第 8 章　4G 移动通信系统

图 8.13　无线网络规划流程

和以往无线制式相比，LTE 更注重高速、大流量的用户需求。一般首选大中城市热点区域（如密集城区、高新开发区、校园区）和热点场景（如酒店、写字楼、大型场馆）。为了保证用户体验的连续性，应该保证 LTE 在一定区域范围内的连续覆盖。为了保证用户在 LTE 无线覆盖区域的业务要求，应该注重 LTE 与其他系统之间的互操作性能，避免频繁互操作。

从覆盖规划的角度上分析，GSM、WCDMA 和 LTE 之间也有差异。

GSM 的覆盖能力仅取决于发射端的发射功率和接收端的解调门限。WCDMA 和 LTE 的覆盖能力不仅取决于发射端的发射功率、接收端的解调门限，还取决于系统的负荷状态。系统的负荷越大，覆盖的范围越小，这就是所谓的呼吸效应。LTE 的呼吸效应不如 WCDMA 明显。

LTE 的覆盖能力还取决于对业务边缘速率的要求，边缘速率要求越低，覆盖范围越大。LTE 业务边缘速率和覆盖范围的关系类似 HSDPA 的特点。LTE 的覆盖还和 MIMO 配置、CP 配置和子载波数目相关，在进行链路预算时，需要考虑这些因素。

从容量规划的角度上来说，GSM 是"硬容量"特性，而 WCDMA 和 LTE 是"软容量"特性。

GSM 在干扰控制满足要求的情况下，系统所支持的用户数可以由时隙数和载频数确定，而 WCDMA 每载波的容量和所处的无线环境、小区内和小区间的干扰情况有很大的关系。

LTE 的每 RB 的容量主要和小区间的干扰情况有关，但系统整体带宽比 WCDMA 增加很多，同时带宽可以灵活配置，使得 LTE 比 WCDMA 支持更大的小区吞吐率，或者是在吞吐率相同的情况下，支持更多的用户数。LTE 的容量不仅与载频配置、带宽配置有关，而且还与调度算法、小区间干扰协调算法、MIMO 配置有密切关系。LTE 的业务信道均为共享信道的方式，不能使用 3G 业务容量估算方法。

从支持的业务类型来说，GSM 支持语音业务和低速速率业务，质量目标确定；WCDMA 支持不同速率、不同 QoS 要求的业务类型，在规划过程中各种业务的覆盖和容量特性差别较大；LTE 支持比 WCDMA 更复杂的业务类型，如多媒体广播组播服务（Multimedia Broadcast Multicast Service，MBMS）业务。

从覆盖、容量和质量三者的关系来看，LTE 三者之间相互制约、相互影响。覆盖和容量的关系就是呼吸效应，如果负载增加、容量增加、干扰严重，那么覆盖就会缩小；通过功率控制降低业务连接的质量要求，可以增加系统的容量，这就是牺牲质量可换取容量的关系；通过降低边缘区域的业务质量可以增加业务的覆盖。但和 WCDMA 相比，LTE 仅存在小区间干扰，小区内干扰的影响基本可以忽略，这样使得 LTE 三者的关系不如 WCDMA 的密切。

LTE 的规划放在的输入参数体现了 LTE 的技术特点，如 OFDM 参数配置、MIMO 参数配置、RB 承载参数配置、ICIC 和 DRA 算法的设置等内容。

采用蜂窝组网技术的无线制式都存在是否支持同频组网的问题。GSM 同频干扰对系统影响较大，不支持同频组网，需通过频率规划确保频率复用距离。WCDMA 采用 CDMA 扩频技术，支持同频组网，不需要频率规划。TD-SCDMA 对同频组网的支持能力较弱，需要频率规划。

LTE 也支持同频组网，频率复用系数为 1。但由于小区间干扰较为严重，LTE 的 1×1 频率复用模型只适合小区中心，不适合小区边缘。小区边缘需要保证同频复用距离，以避免小区间同频干扰。也就是 LTE 的频率规划是中心区域的同频组网和边缘区域的异频组网相结合的方式。鉴于 LTE 是一个同频干扰受限的宽带系统，为保证小区边缘的同频载干比，建议给室内覆盖预留单独的频率资源。

综上所述，和 GSM、WCDMA、TD-SCDMA 相比，LTE 在建网目标、覆盖规划、业务类型、规划仿真和频率规划等方面存在较大差异，见表 8.3。

表 8.3　四种网络对比

比较项	GSM	WCDMA	TD-SCDMA	LTE
建网目标	广域连续覆盖	连续覆盖	连续覆盖	热点区域连续覆盖
覆盖规划	仅取决于发射端的发射功率和接收端的解调门限	覆盖能力还取决于系统的负荷状态，存在明显的呼吸效应	覆盖能力还取决于系统的负荷状态，和 WCDMA 相比，呼吸效应不明显	覆盖能力还取决于负荷的状态，但呼吸效应不明显；覆盖能力还和对业务边缘速率的要求、MIMO 配置、CP 配置、子载波数目相关
业务类型	支持语音业务和低速速率业务，质量目标确定	支持不同速率、不同 QoS 要求的业务类型；在规划过程中，各种业务的覆盖和容量特性差别较大	支持不同速率、不同 QoS 要求的业务类型；在规划过程中，各种业务的覆盖和容量特性差别较大	LTE 支持比 WCDMA 更复杂的业务类型
规划仿真	体现覆盖、容量、质量三者相互独立的特性	体现覆盖、容量、质量三者相互影响的特性	体现覆盖、容量、质量三者相互独立的特性，同时体现了 TD-SCDMA 智能天线、上、下行时隙灵活比，多用户检测等特点	输入参数体现了 LTE 的技术特点，OFDM 参数配置、MIMO 参数配置、RB 承载参数配置、ICIC 和 DRA 算法的设置
频率规划	异频组网，需要根据网络现状进行频率规划；当网络结构变化时，需要进行评论重整	支持同频组网，不需要频率规划	同频组网性能较低，需要频率规划	中心区域的同频组网，边缘区域的异频组网；中心区域不需要频率规划，边缘区域需要频率规划

8.7.2　LTE 覆盖估算

覆盖估算的目的是从覆盖的角度计算所需基站的数目。最根本的计算思路是规划覆盖面积与单基站的覆盖面积之比。覆盖估算的基本流程如图 8.14 所示。

在规划初期确立建网目标时，规划覆盖目标是热点区域覆盖，还是城区范围内连续覆盖，规划覆盖面积是多少就已经确定。现在的问题是单基站覆盖面积如何确定。

第 8 章 4G 移动通信系统

```
规划覆盖目标 — 规划初期确立建网目标：覆盖范围、覆盖概率、室内覆盖程度
    ↓
链路预算 — 分上、下行，业务信道和控制信道；考虑发射端、无线环境、接收端参数
    ↓
最大允许路损 — 上、下行，业务信道和控制信道分别计算，取最小值（找瓶颈）
    ↓
覆盖半径 — 结合传播模型，由最大允许路损求覆盖半径；然后可得单基站覆盖范围
    ↓
基站数目 — 规划覆盖面积与单基站覆盖面积之比就是基站数目
```

图 8.14 覆盖估算的基本流程

链路预算就是根据发射端天线口功率、接收端最小接收电平，来考虑无线环境的各种影响因素并计算最大允许路损的过程。覆盖估算讲究两个平衡：

1）上下行覆盖的平衡。
2）业务信道和控制信道覆盖的平衡。

由于基站和手机发射功率不同，最小接收电平也不同，上下行的覆盖能力可能有较大差异，需要分别进行链路预算，找出覆盖受限的短板。由于业务信道、共享信道的调制方式、编码方式和资源占用数目等因素的不同，也有可能导致覆盖范围的不同，也需要分别进行链路预算。

根据链路预算，选择最大允许路损计算结果中的最小值，就是计算基站覆盖半径的输入。传播模型描述了路损和距离的关系。也就是说，最大允许路损对应的就是最大覆盖距离。在实际的无线环境中，传播模型要进行必要的系数校正，使它更加符合实际的传播环境。现在常用的传播模型为 COST231-Hata。最大覆盖距离相当于基站的覆盖半径。按照标准的蜂窝结构（正六边形），可以计算出单基站的覆盖面积。根据规划面积与单基站覆盖面积之比，便可以求出满足覆盖要求的基站数目。

例题 1：假设某个城市区域内有一个面积为 $100km^2$ 的区域需要覆盖 LTE 网络信号，使用 LTE 网络需要的最小信号强度为 $-110dBm$，每个 LTE 基站最大传输功率为 50W，基站的天线增益为 18dBi，那么该区域内至少需要多少个 LTE 基站才能实现全覆盖？

解题思路：

计算信号覆盖的半径：根据 LTE 网络信号覆盖范围的计算公式，信号覆盖半径为（50W×18dBi×1000）/（4π×(110-30)dBm×1）≈2.7km。

计算每个基站的覆盖面积：根据圆的面积公式，每个基站的覆盖面积为 $\pi \times 2.7km \times 2.7km \approx 23km^2$。

计算覆盖该区域所需的最小基站数量：$100km^2 \div 23km^2/基站 \approx 4350$ 个基站。因此，该区域内至少需要 4350 个 LTE 基站才能实现全覆盖。需要注意的是，这个计算只是一个初步的估算，实际情况可能会受到多种因素的影响，比如地形、建筑物等。因此，在进行 LTE 覆盖估算时，

还需要考虑更多的实际因素，并结合实际情况进行综合评估。

8.7.3 LTE 容量估算

容量估算是通过计算满足一定话务量所需要的无线资源数目，进而计算所需要的载波配置、基站数目。容量估算和覆盖估算的目标有些区别：容量估算是从话务需求得出载波配置、基站数目；覆盖估算仅从覆盖需求得出基站数目，得不出载波配置。容量受限能满足覆盖需求，但不能满足容量需求，最终估算结果以容量估算所得的基站数目为准；覆盖受限则相反，满足了容量需求，不能满足覆盖需求，最终估算结果以覆盖估算所得的基站数目为准。影响无线系统的容量能力有两个因素：吞吐量和用户数，两者相互影响相互制约，如图 8.15 所示。

图 8.15 容量能力评估

吞吐量有多种，如：小区吞吐量、单用户吞吐量、峰值吞吐量、平均吞吐量、边缘吞吐量等。频谱效率指的是单位频率的吞吐量大小，也可以表征系统的容量能力。

用户数也有多种，如：支持某种业务的最大用户数、小区同时在线用户数（激活状态，但不一定传数据的用户）、同时调度用户数（某一时刻参与资源分配的用户）。

容量规划的追求目标是最大的吞吐量（小区吞吐量、单用户吞吐量）、最大的接入用户数，但两者彼此制约，规划时需根据建网目标来综合平衡。

LTE 业务信道是共享的，即同一用户的同一业务占用的资源数是动态变化的。也就是说，除了用户业务的行为是随机的，业务占用资源数目的多少也是随机，都随着无线环境的变化而变化。当使用 Erlang 法进行容量估算就比较粗糙了。

LTE 业务信道的共享性和容量对无线环境自适应性决定了容量估算的复杂性，人工计算是不现实的，也是不精确的，所以要借助工具来完成这个比较复杂的工作。LTE 容量估算可以考虑使用蒙特卡洛仿真法，读者可自行参考相关资料进行了解。

例题 2：假设某个城市区域内有 50 万移动用户，平均每个用户每天使用移动数据服务的时间为 1h，每个用户平均每秒钟的数据使用量为 100KB，那么该城市区域内的 LTE 网络每秒钟需要支持多少 GB 的数据流量？

解题思路：

首先计算出每天移动数据服务的总时间：50 万用户×1h/用户＝50 万 h。

将每天的总时间转换为每秒钟的总时间：50 万 h×3600s/h≈18 亿 s。

计算每秒钟的总数据使用量：50 万用户×100KB/s≈50GB/s。

因此，该城市区域内的 LTE 网络每秒钟需要支持 50GB 的数据流量。需要注意的是，这个计算只是一个初步的估算，实际情况可能会受到多种因素的影响，比如网络拥塞、用户行为的变化等。因此，进行 LTE 容量估算时，还需要考虑到更多的实际因素，并结合实际情况进行综合评估。

8.7.4　工程应用案例

1. 案例一

某地区经济发展迅速，人口增长较快，原有的 2G 和 3G 网络已经不能满足用户的需求，需要升级为 4G 网络，以提供更快的数据传输速率和更好的网络体验。

根据需求，运营商设计了以下 4G 网络方案：

1）建设 100 个 4G 基站，覆盖面积为 100km^2，每个基站支持 300 个用户同时连接。

2）采用 LTE 技术，使用频段为 2600MHz，带宽为 20MHz，实现下行速率达到 100Mbit/s，上行速率达到 50Mbit/s。

3）部署多项技术优化，如 MIMO 技术、协同多点传输技术等，以提高网络容量和覆盖范围。

4）使用实时流量分析工具，对网络进行实时监控和优化，确保网络的稳定性和可用性。

5）与其他运营商合作，共享网络设施和资源，以减少网络建设成本和提高网络效率。

根据设计方案，运营商在该地区进行了 4G 网络的部署和实施，以下是一些实施情况：

1）建设 100 个基站，覆盖面积达到 100km^2，满足了区域内大部分用户的需求。

2）网络平均下行速率达到 70Mbit/s，上行速率达到 40Mbit/s，用户体验得到了很大的提升。

3）在部分区域，由于地形和建筑物等原因，网络信号覆盖较差，需要进一步优化和加强。

4）运营商与其他运营商合作，共享基站、光纤等网络资源，减少了网络建设成本和时间。

最终，通过实际的实施和数据监测，可以看出该 4G 网络方案的总体设计是成功的。通过多项技术优化和资源共享，运营商在最短的时间内，以最低的成本完成了 4G 网络的部署和实施，并且取得了良好的用户反馈。由此可见，在 4G 网络工程应用中，优化设计和资源共享是非常重要的。

2. 案例二

某电信运营商计划在某个城市区域内建设 4G 网络，以提供高速移动数据服务。该城市区域面积为 50km^2，平均每平方千米有 5000 个用户，预计每个用户每天使用移动数据服务的时间为 1h，带宽需求为每个用户平均 200KB/s。

根据需求，运营商设计了以下的 4G 网络方案：

1）建设 50 个 4G 基站，每个基站覆盖 1km^2 的区域，每个基站支持 200 个用户同时连接。

2）每个基站使用带宽为 20MHz，采用 QPSK 调制方式。

3）为了提高网络容量和覆盖范围，每个基站配备 2 根天线，使用 MIMO 技术。

4）使用流量分析工具，实时监测网络流量和用户需求，以进行网络优化和升级。

该城市 4G 网络建设完成后，进行了测试和数据分析：

1）通过监测，每个用户平均每天使用移动数据服务的时间为 1.2h，比预计少了 0.2h。

2）在网络拥塞时段，网络的带宽使用率可达到 80%以上。

3）在某些密集人口区域，基站的最大连接用户数已经超过了设计容量，需要进行网络优化。

4）在实际使用过程中，用户的数据使用情况和使用习惯可能随时发生变化，因此网络的优化和升级需要不断进行。

通过以上数据，可以看出该 4G 网络方案的总体设计是合理的，但在实际应用过程中还需要进行网络优化和升级，以满足用户不断变化的需求和网络流量的增长。因此，4G 网络工程的实际应用需要不断地进行数据分析、优化和升级，以保持网络的稳定性和可用性。

思考与练习题

1. 相比于之前的通信系统，4G 的主要优势在哪里？
2. LTE 有哪两种制式？它们的主要区别是什么？
3. 简述移动通信系统网络结构的演进过程。
4. 4G 的体系架构由哪三大部分组成？相对于 3G 网络架构最大的不同是什么？
5. 4G 网络架构有哪些特点？
6. 4G 的主要业务有哪些？
7. 4G 有哪三种语音解决方案？哪一种是终极解决方案？
8. LTE 的关键技术分别有哪些？各自的特点是什么？
9. LTE-Advanced 的关键技术分别有哪些？各自的特点是什么？
10. 4G 网络规划的基本要点有哪些？

第 9 章 5G移动通信系统

2023 年，全球 5G 进入快速发展期，世界先进国家已完成第一批 5G 商用网络建设，5G 网络覆盖全球近三分之一人口。从网络建设情况来看，截至 2023 年四季度末，全球共有 119 个国家和地区的 304 个运营商推出基于 3GPP 标准的商用 5G 网络，5G SA 网络投资建设加速推进。从基站部署情况来看，全球 5G 基站建设进入平稳期，截至 2023 年四季度末，全球 5G 基站部署总量超过 517 万个，其中，我国基站建设仍保持较高水平，5G 基站累计建成开通 337.7 万个。从用户发展情况来看，2023 年全球进入 5G 用户高速增长阶段，全球 5G 总用户数达到 15.7 亿，其中，我国 5G 用户规模持续扩张，5G 用户数突破 8 亿，占全球 5G 用户数的 50%，成为全球最大消费市场。

我国 5G 在商用以来，产业发展取得显著成绩，建成全球规模最大、技术最先进的 5G 独立组网网络。目前，5G 应用进入规模复制关键期，呈现出垂直行业市场与传统消费市场齐头并进、单一应用探索向体系化应用场景转变以及从应用试点向规模商用迈进的发展态势。截至 2023 年四季度，我国 5G 应用已经覆盖 71 个国民经济大类，5G 应用案例超过 9.4 万个。同时，我国持续推进 5G 产业链强链补链，5G 应用多面开花促进终端生态繁荣发展，5G 工业网关、CPE、巡检机器人等行业终端形态不断丰富。中国 5G 将真正从网络大国迈向应用大国。

9.1 5G 系统概述

9.1.1 5G 的研发背景

在过去的三十多年里，移动通信经历了从语音业务到移动宽带数据业务的飞跃式发展，这不仅深刻地改变了人们的生活方式，也极大地促进了社会和经济的飞速发展。移动互联网和物联网（Internet of Things，IoT）作为未来移动通信发展的两大主要驱动力，为第五代移动通信提供了广阔的应用前景。

根据国际电信联盟（ITU）的相关规范，第五代移动通信网络正式统一名称为"IMT-2020"，该名称源自 ITU 在 2012 年初成立的项目组 International Mobile Telecommunication（IMT）for 2020 and Beyond（国际移动通信-2020），简称"5G"。与 4G、3G、2G 不同，5G 不再是一个单一的无线接入技术，也不是几个全新的无线接入技术，而是多种新型无线接入技术和现有无线接入技术集成后的解决方案总称，5G 技术致力于开辟许多新的应用领域。

5G 能够满足人们超高流量密度、超高连接数密度和超高移动性的需求，能够为用户提供高清视频、虚拟现实（Virtual Reality，VR）、增强现实（Augment Reality，AR）、云桌面、在线游戏等极致业务体验。5G 能够渗透到物联网等领域，与工业设施、医疗仪器和交通工具等深度融合，全面实现"万物互联"，有效满足工业、医疗和交通等垂直行业的信息化服务需要。数据流量的千倍增长，千亿设备连接和多样化的业务需求都对 5G 系统设计提出严峻挑战。与 4G 相比，5G 能够支持更加多样化的场景，融合多种无线接入方式，并充分利用低频和高频等频谱资源。同时，5G 还能够满足网络灵活部署和高效运营维护的需求，大幅提升频谱效率、能源效率和成本效率，全面提升服务创新能力，拓展移动通信产业空间，实现移动通信网络的可持续发展。如图 9.1 所示为 5G 的官方 logo。

图 9.1　5G 官方 logo

9.1.2　5G 的发展现状

5G 移动通信发展是全球移动通信领域新一轮技术竞争的开始。及早布局、构造开放式研发环境，力争在 5G 技术与商业竞争中获得领先优势，已成为各国信息技术与产业未来发展最为重要的任务之一。目前，世界先进国家已初步完成第一批 5G 商用网络建设，5G 网络覆盖全球近三分之一人口，从市场角度来看，全球 5G 市场在网络人口覆盖、基站部署数量和 5G 连接数等方面快速发展，5G 真正成为全球趋势；从技术角度来看，5G 技术标准进入成熟稳定期；从产业角度来看，5G 创新发展态势良好；从应用角度来看，5G 开始走向规模应用发展期。

1. 5G 网络建设现状

全球主要国家积极推进 5G 网络建设，截至 2022 年底，5G 已覆盖全球所有大洲，全球 102 个国家和地区的 251 个运营商推出基于 3GPP 标准的商用 5G 网络，5G 独立组网（Standalone，SA）商用网络达到 32 张，5G 网络投资数达 515 张。全球 5G 网络已覆盖 33.1% 的人口，欧洲、美洲、亚洲、大洋洲地区 41 个国家/地区 5G 网络人口覆盖率已超过 50%。

2022 年，5G 网络建设进程明显加速，全球 5G 基站部署总量超过 364 万个，同比 2021 年（211.5 万）增长 72%。其中，中国 5G 基站总量达 231.2 万个，占全球 63.5%。截至 2024 年底，全球超过六百余家运营商正在投资部署或者计划投资部署 5G 网络。2025 年，全球会有超过 420 家运营商在 133 个国家和地区商用 5G 网络。2030 年，商用 5G 网络运营商数量会超过 640 家，5G 将覆盖全球几乎所有的国家和地区。

2. 5G 终端市场规模

随着网络市场规模持续扩大，4G/3G 终端市场收缩，5G 手机出货量实现较大幅增长，5G 手机成为市场主流。在网络设备市场方面，全球 5G 网络基础设施市场以 35.5% 的增速成为拉动移动通信基础设施市场规模持续扩大的主要动力，市场规模达到 496.9 亿美元，其中中国移动通信基础设施龙头企业市场规模持续扩大。

3. 5G 渗透率

全球 5G 连接数突破 10 亿，渗透率 12%，发展速度远超 4G 和 3G 时期，中国引领 5G 成为全球主流移动通信技术。截至 2022 年底，全球 5G 连接用户总数超过 10.1 亿，5G 渗透率达到 12%，中国 5G 连接数达 5.6 亿，占比过半，排名全球第一。从 3G、4G 和 5G 商用初期的发展脉络来看，5G 在亚太地区（特别是中国、韩国、日本和新加坡）、美国、欧洲（特别是北欧和德国）以及中东地区（如沙特阿拉伯和阿联酋）发展最快。在 3G 和 4G 商用初期，中国排名居后，而在 5G 发展初期，中国的发展开始名列前茅，中国移动通信产业从 3G 跟随、4G 并进到 5G 引领，对全球移动产业的繁荣做出了卓越贡献。

9.1.3　5G 的特点

5G 技术发展呈现出新的特点，在推进技术变革的同时，5G 研究更加注重用户体验。网络平均吞吐速率、传输时延以及对虚拟现实、3D、交互式游戏等新兴移动业务的支撑能力等将成为衡量 5G 系统性能的关键指标。

第 9 章　5G 移动通信系统

与传统的移动通信系统理念不同，5G 系统研究将不仅把点到点的物理层传输与信道编解码等经典技术作为核心目标，而更是以多点、多用户、多天线和多小区协作组网作为突破重点，在体系架构上寻求系统性能的大幅度提高。同时，室内移动通信业务已占据应用的主导地位，5G 室内无线覆盖性能及业务支撑能力将作为系统优先设计目标，从而改变传统移动通信系统"以大范围覆盖为主、兼顾室内"的设计理念。在频谱利用方面，高频段频谱资源将更多地应用于 5G 移动通信系统，但由于受到高频段无线电波穿透能力的限制，无线与有线的融合、光载无线组网等技术将被更为普遍地应用。可"软"配置的 5G 无线网络将成为未来的重要研究方向，运营商可根据业务流量的动态变化实时调整网络资源，有效地降低网络运营的成本和能源的消耗。

4G/5G 关键能力指标对比如图 9.2 所示，5G 无线移动网络业务能力的提升将在三个维度上同时进行：

1）通过引入新的无线传输技术将资源利用率在 4G 的基础上提高 10 倍以上。

2）通过引入新的体系结构（如超密集小区结构等）和更加高级的智能化能力将整个系统的吞吐率提高 25 倍左右。

3）进一步挖掘新的频率资源（如高频段、毫米波与可见光等），使无线移动通信的频率资源扩展四倍左右。

图 9.2　4G/5G 关键能力指标对比雷达图

综合来看，5G 有以下技术特点：

1）速度快：5G 网络的峰值速率是 20Gbit/s，这意味着超高清视频、3D 电影和虚拟现实游戏等应用都将在终端中成为现实。

2）低时延：5G 网络端到端时延要求是 1ms。目前 3G 的时延是 100ms，4G 的时延是 20~30ms。"低时延"是远程精确控制类（如自动驾驶汽车）工业级应用成功的关键。

3）高连接：5G 网络可以承载 1000 亿个网络连接，包括人与人、物与物、人与物的相连，这是一个更广阔和开放的物联网世界。5G 网络才能使物联网得以真正的腾飞，能够使包含人在内的万物通过公用的网络连接起来。5G 网络的高速率、低时延，是它能够胜任物联网的关键。

4）低能耗：5G 能让整个移动网络的每比特能耗降低 1000 倍，这对运营商来说意味着节省了一大笔成本，同时也符合绿色环保的新时代要求。技术的进步，不应以消耗更多的能源为代价,否则创新就失去了意义。

一般认为,2G、3G、4G 系统都是服务于通信的,而 5G 不仅是下一代移动通信网络的基础设施,还是真正的变革到物联网、服务于全连接社会的构筑。可以说,5G 不单单是现有技术的演进,也不仅是纯粹的创新,它是二者的集大成者。

9.1.4 5G 的频谱

频谱资源是 5G 网络部署最关键的基础资源,如图 9.3 所示,在 3GPP 协议中,5G 的总体频谱资源可以分为两个频段(Frequency Range,FR):

图 9.3 3GPP 定义的 5G 频谱

1) FR1:Sub 6GHz 频段,6GHz 以下频段,低频频段,5G 主用频段,其中:
Sub 3G:3GHz 以下频率。2G、3G、4G 和 WiFi 都是利用 Sub 3G 部署的,频率资源紧张。
C-Band:3~6GHz,可以提供至少 200M 的全球带宽,5G 网络的主力频谱。

2) FR2:MMWave,毫米波,6GHz 以上频段,高频频段,为 5G 的扩展频段,频谱资源丰富。

5G 将面向 6GHz 以下频段(Sub 6GHz)与 6GHz 以上频段进行全频段布局,以综合满足网络对容量、覆盖和性能等方面的要求。传统 6GHz 以下的中低频段已被各类无线电业务大量占用,频谱资源非常紧张。目前,通过运营商频率重耕,已经空出连续频段供 5G 使用。相对于 6GHz 以下的频段,毫米波具有带宽资源丰富、低空口时延和灵活弹性空口配置等独特优势,可满足未来无线通信对系统容量、传输速率和差异化应用等方面的需求,因此向该频段拓展成为 5G 研究重点。但同时,毫米波频段存在路径损耗高、穿透能力差、覆盖范围小等缺点,见表 9.1。5G 毫米波难以独立实现全网覆盖,而需要与传统移动通信业务的 Sub 6GHz 频段组合使用。

表 9.1 各频段优劣势

频段类型	频段优势	频段劣势
Sub 3G	频段低,覆盖性能好,小区带宽受限	可用频率资源有限,大部分被当前系统占用
C-Band	NR 新增频段,频谱资源丰富,小区带宽大	上行链路覆盖较差,上下行不平衡问题比较明显
毫米波	NR 新增频段,小区带宽最大	路径损耗高、穿透能力差,覆盖能力差,对射频器件性能要求高

我国在 5G 频谱规划上也取得了重大进展,早在 2017 年,工业和信息化部就在国际上率先发布了 5G 在中频段(3000~5000MHz)的频率使用规划,同时明确将 24.75~27.5GHz 和 37~42.5GHz 毫米波频段使用于 5G 系统。2023 年,工业和信息化部发布《关于微波通信系统频率使用规划调

整及无线电管理有关事项的通知》，通过新增毫米波频段（E 波段，71~76/81~86GHz）大带宽微波通信系统频率使用规划、优化中低频段既有微波通信系统频率和波道带宽、调整波道配置与国际标准接轨等方式，进一步满足 5G 基站等高容量信息传输（微波回传）场景需求，并为我国 5G、工业互联网以及未来 6G 等预留了频谱资源，更好地满足了各方需求，推动了微波通信等无线电产业高质量发展。

9.2　5G 应用场景和主要业务

9.2.1　5G 应用场景

5G 将解决多样化应用场景下差异化性能指标带来的挑战，不同应用场景面临的性能挑战有所不同，用户体验速率、流量密度、时延、能效和连接数都可能成为不同场景的挑战性指标。从移动互联网和物联网主要应用场景、业务需求及挑战出发，可归纳出多个技术场景。2015 年 6 月，ITU 定义的 5G 未来移动应用包括三大应用场景：增强型移动宽带（Enhance Mobile Broadband，eMBB），大规模机器类通信（Massive Machine-Type Communications，mMTC），即大规模物联网业务，超可靠低时延通信（Ultra Reliable Low Latency Communications，uRLLC）。如图 9.4 所示，这三大应用场景分别指向不同的领域，面向不同的关键性能挑战，涵盖了工作和生活的方方面面。

9.1　5G 的场景与应用

图 9.4　5G 主要场景及关键性能挑战

1. 增强型移动宽带（eMBB）

人的通信是移动通信需要优先满足的基础需求，增强型移动宽带（eMBB）是指在现有移动宽带业务场景的基础上，对于用户体验等性能的进一步提升，主要还是追求人与人之间极致的通信体验，以保证用户的移动性和业务连续性为目标，为用户提供无缝的高速业务体验，也是最贴近日常生活的应用场景，以及在局部热点区域，为用户提供极高的数据传输速率，满足网络极高的流量密度需求。

eMBB 是传统移动宽带所满足数据需求的扩展，其目标性能指标为：10~20Gbit/s 峰值数据速率，50~100Mbit/s 用户体验数据速率和 4ms 用户面单向延迟。该场景的主要挑战在于随时随地（包括小区边缘、高速移动等恶劣环境）为用户提供 100Mbit/s 以上的用户体验速率，以及热点区域 1Gbit/s 用户体验速率、数十 Gbit/s 峰值速率和数十 T（bit/s）/km² 的流量密度需求。

2. 大规模机器类通信（mMTC）

大规模机器类通信（mMTC），主要是人与物之间的信息交互。mMTC 将在 6GHz 以下的频段发展，同时应用在大规模物联网上，可见的发展是面向智慧城市、环境监测、智能农业、物流和森林防火等以传感和数据采集为目标的应用场景，具有小数据包、低功耗和海量连接等特点。这类终端分布范围广、数量众多，不仅要求网络具备超千亿连接的支持能力，满足 100 万/km² 连接数密度指标要求，而且还要保证终端的超低功耗和超低成本。

3. 超可靠低时延通信（uRLLC）

超可靠低时延通信（uRLLC）是指高可靠性、高可用性和低延迟连接，主要体现物与物之间的通信需求，面向车联网、工业应用和控制、远程手术等垂直行业的特殊应用需求，如图 9.5 所示。这类应用对时延和可靠性具有极高的指标要求，需要为用户提供毫秒级的端到端时延和接近 100% 的业务可靠性保证。根据 ITU M.2410-0，用户面单向时延的最低要求为 1ms，控制面时延为 20ms，可靠性的最低要求为 99.999%。

图 9.5 超可靠低时延通信场景

与此同时，3GPP TSG SA（Technical Specification Group，Service and System Aspects）也研究了未来 5G 的潜在服务、市场、应用场景和可能的使能技术，如图 9.6 所示，在 ITU 定义的的三大应用场景基础上，进一步归纳了 5G 主要应用范围，包括增强型移动宽带、工业控制与通信、大规模物联网和增强型车联网等。

图 9.6 5G 主要应用范围

9.2.2 5G 主要业务

如图 9.7 所示，随着超高清、3D 和浸入式视频逐步流行，增强现实（AR）、云办公、云游戏等更趋完善，大量的个人和办公数据存储在云端，海量实时的数据交互可媲美光纤的传输速率，社交网络等 OTT（Over The Top）业务将会成为未来的主导应用之一。智能家居、智能电网、环境监测、智能农业和智能抄表等全面铺开,视频监控和移动医疗无处不在,车联网和工业控制驱动着新一轮工业革命的车轮。5G 时代是一个丰富多彩的时代,5G 网络就像人体遍布全身的神经网络,连接一切、感知一切,5G 新业务新应用在强大网络的支撑下会带给人们更多的惊喜。

图 9.7　5G 应用场景及典型业务

根据服务对象不同,5G 业务可分为移动互联网类业务及物联网类业务,如图 9.8 所示。根据业务特点以及对时延的敏感程度的不同,移动互联网业务可进一步划分为流类、会话类、交互类、传输类及消息类业务,物联网业务可进一步划分为采集类和控制类业务。

图 9.8　5G 主要业务分类

在移动互联网业务中,数据流业务的特点是高速率,时延可以为 50~100ms,交互类业务的时延为 5~10ms。现实增强和在线游戏需要高清视频和几十毫秒的时延。

在物联网业务中,有关数据采集的服务包括低速率业务,如智能读表业务;还有高速率应用,如视频监控。智能读表业务的特点是海量连接、低成本终端、低功耗和小数据包。而视频监控不仅要求高速率,部署密度也会很高。控制类的服务有时延敏感的,如车联网;也有时延不敏感的,如家居生活中的各种应用。

根据 5G 的需求列举了如下几大具体应用场景:密集居住区、办公室、商场、体育馆、大型

211

露天集会、地铁系统、火车站、高速公路和高速铁路。对于每一种应用场景，又有不同的业务类型组合，可以是业务的一种或几种，在各个应用场景中的比例随用户比例而各异。

1. 媒体类业务

媒体类业务包括超高清视频、虚拟现实（VR）、增强现实（AR）、高速移动上网等大流量移动宽带应用，是5G对4G移动宽带场景的增强，单用户接入带宽可与目前的固网宽带接入达到类似量级，接入速率增长数十倍，对承载网提出超大带宽需求。5G网络在上行链路（UL）、端到端（E2E）延迟、边缘计算等方面展示了优势，因此可提供许多用户体验。

（1）大视频业务

在5G、超高清和虚拟现实等新兴技术的催生下，传统视听内容的生产和传播已难以满足新时代人民群众对美好视听的新需求，"5G+大视频"应运而生。所谓大视频，不是指视频的大小或多少，而是指无处不在的数字化生产和无处不在的视频共享形态。新的视听形式与业态也在不断涌现，从传统的广播电视到网络视频再到互联网电视、移动视频、IPTV、互动数字视听以及视频通信等，视听服务正向跨平台、多屏幕、全媒体的大融合时代迅速迈进，受众已经从单向传输内容的接受者变成了多维度互动的参与者、体验者，甚至是创造者、传输者。视频已成为主要的流量入口。目前，5G+大视频业务应用可以归纳分类为：4K/8K超高清视频应用、沉浸视频、互动视频和VR/AR应用等。

5G为媒体和娱乐业带来了巨大的机遇。带宽和延迟方面的重大改进带来了内容和交互方面的创新，例如在大型公共场所提供的VR实时流媒体和360°全景广播。以马拉松比赛为例，将5G网络与4K/8K，VR/AR和无人机相结合，使客户能够享受高清（HD）实时流媒体，其下行流为1Gbit/s+，上行流为200~300Mbit/s，端到端延迟为10ms。

（2）虚拟现实及增强现实业务

5G时代的虚拟现实将改变人们对游戏、娱乐和教育等领域的认知，为人们带来更为真实和沉浸式的感官体验。虚拟现实技术利用电脑或其他智能计算设备模拟产生一个3D空间的虚拟世界，提供用户关于视觉、听觉和触觉等感官的模拟，使用户如同身临其境一般。近年来，随着芯片、网络、传感和计算机图形学等技术的发展，虚拟现实技术取得了长足的进步，虚拟现实技术已成功应用于游戏、影视、直播、教育、工业仿真和医疗等领域。随着5G的发展，万物互联时代的到来，多数机构预测虚拟现实将成为下一代互联网时代的流量入口，承载流量整合、软件分发和信息共享等。

增强现实技术是在虚拟现实基础上发展起来的一项技术，借助计算机图形技术和可视化技术将虚拟对象准确叠加在物理世界中，呈现给用户感知效果更丰富的新环境。通信技术的发展、移动智能终端处理能力的增强、移动传感器设备的性能提升为在智能终端上增强现实业务的普及提供了基础，为分层次打造个性化的信息服务提供了必要的支撑条件，也将极大地促进移动互联网在教育、游戏、促销和购物、社交网络、商业统计、旅游等业务的创新。

基于云渲染的虚拟现实（VR）和增强现实（AR）应用程序将成为一种趋势，因为它可以帮助移动用户以较低的设备成本享受VR/AR服务。通过5G网络中的边缘计算平台进行本地渲染来减少延迟，可以大大优化VR/AR服务体验。

在线游戏服务，尤其是实时交互式游戏对网络延迟非常敏感。具有边缘计算功能的5G网络可以缩短响应延迟并提供更好的用户体验。

2. 物联网业务

对于万物互联的垂直行业，IoT产业发展迅速，未来将出现大量的移动通信传感器网络，对其接入数量和能效有很高的要求。一方面，面向以传感和数据采集为目标的物联网等应用场景，具有小数据包、海量连接和更多基站间协作等特点，连接数将从亿级向千亿级跳跃式增长，这要求 5G 承载网具备多连接通道、高精度时钟同步、低成本、低功耗、易部署及便于运维等支持能力。另一方面，针对例如自动驾驶、远程医疗和智能电网等需要高可靠性和低时延的业务需求，面向车联网、工业控制等垂直行业的特殊应用，要求 5G 具备超低时延和高可靠等处理能力，其挑战主要来自网络能力。当前的网络架构和技术在时延保证方面存在不足，需要网络切片、低时延网络等新技术突破，面临芯片、硬件、软件和解决方案等全面挑战。

(1) 智能汽车、交通运输和基础设施

智能汽车、交通运输和基础设施均为物联网业务应用范畴。车联网技术属于低时延、高可靠应用场景，通过终端直通技术，可以实现汽车之间、汽车与路侧设备间的通信，从而实现汽车主动安全控制与自动驾驶。车对外界的信息交换（Vehicle To X，V2X）自主安全驾驶，在 99.999% 的传输可靠性下可将时延缩小到 ms 级，还支持多种场景的防碰撞检测与告警/车速导引、车车安全和交叉路口协同等。通过车与车、车与路边设备的通信，实现汽车的主动安全，比如紧急刹车的告警、汽车紧急避让和红绿灯紧急信号切换等。在未来，这些会成为汽车自动驾驶业务的关键技术。

在交通领域中充分运用物联网、云计算、互联网、人工智能、自动控制和移动互联网等技术，通过高新技术汇集交通信息，对交通管理、交通运输和公众出行等交通领域全方面以及交通建设管理全过程进行管控支撑，使交通系统在区域、城市甚至更大的时空范围具备感知、互联、分析、预测和控制等能力，以充分保障交通安全、发挥交通基础设施效能、提升交通系统运行效率和管理水平，为通畅的公众出行和可持续的经济发展服务，实现智慧交通。5G 网络技术的出现，使得网络更加通畅、网速加快，能够为智慧交通的发展提供技术支持和运营保障。

(2) 远程设备的关键控制

远程设备的关键控制也是物联网业务的应用，包括对重型机械的远程控制、对工厂及加工状况的实时监控、智能电网以及远程手术等。5G 可以满足制造业、矿业和医疗保健业等行业更严格和关键的服务要求，包括延迟、可靠性、安全性和实时功能。借助 5G 网络技术，在诸如远程矿山挖掘、矿山运输等对安全有极高要求的环境或危险、有害健康的环境里，实现远程控制，安全作业。5G 超短的时延让远程医疗成为现实，使医生能实施远程诊疗和顺畅的异地远程手术，让偏远地区的病患也能享受优质医疗资源。

9.3 5G 网络体系架构

9.3.1 5G 网络设计原则

为了应对 5G 需求和场景对网络提出的挑战，并满足优质、灵活、智能、友好的整体发展趋势，5G 网络需要通过基础设施平台和网络架构两个方面的技术创新和协同发展，最终实现网络变革。

当前的电信基础设施平台是基于专用硬件实现的，5G 网络通过引入互联网和虚拟化技术，设计实现基于通用硬件的新型基础设施平台，从而解决现有基础设施平台成本高、资源配置能力不强和业务上线周期长等问题。

在网络架构方面，基于控制转发分离和控制功能重构的技术设计新型网络架构，提高接入网在面向 5G 复杂场景下的整体接入性能。简化核心网结构，提供灵活高效的控制转发功能，支持高智能运营，开放网络能力，提升全网整体服务水平。

实现 5G 新型设施平台的基础是网络功能虚拟化（NFV）技术和软件定义网络（SDN）技术。NFV 技术通过软件与硬件的分离，为 5G 网络提供更具弹性的基础设施平台，组件化的网络功能模块实现控制面功能可重构。NFV 使网元功能与物理实体解耦，采用通用硬件取代专用硬件，可以方便快捷地把网元功能部署在网络中任意位置，同时对通用硬件资源实现按需分配和动态伸缩，以达到最优的资源利用率。SDN 技术实现控制功能和转发功能的分离。控制功能的抽离和聚合，有利于通过网络控制平面从全局视角来感知和调度网络资源，实现网络连接的可编程。

9.3.2　5G 网络逻辑架构

为了满足业务与运营需求，5G 接入网和核心网功能需要进一步加强。5G 网络是基于 SDN、NFV 和云计算技术的更加灵活、智能、高效和开放的网络系统。新型 5G 网络逻辑架构包括接入云、控制云和转发云三个域，如图 9.9 所示。控制云主要负责全局控制策略的生成，接入云和转发云主要负责策略执行。

图 9.9　5G 网络逻辑架构

接入云支持多种无线制式的接入，包含各种类型基站和无线接入设备，融合集中式和分布式两种无线接入网架构，实现更灵活的组网部署和更高效的无线资源管理。5G 的网络控制功能和数据转发功能将解耦，形成集中统一的控制云和灵活高效的转发云。控制云通过网络功能重构，实现局部和全局的会话控制、移动性管理和服务质量保证，并构建面向业务的网络能力开放接口，从而满足业务的差异化需求并提升业务的部署效率。转发云基于通用的硬件平台，在控制云高效的网络控制和资源调度下，实现海量业务数据流的高可靠、低时延、均负载的高效传输。

基于"三朵云"的新型 5G 网络架构是移动网络未来的发展方向，但实际网络发展在满足未来新业务和新场景需求的同时，也要充分考虑现有移动网络的演进途径。5G 网络架构的发展会存在从局部变化到全网变革的中间阶段，通信技术与 IT 技术的融合会从核心网向无线接入网逐步延伸，最终形成网络架构的整体演变。

9.3.3　5G 网络总体架构

5G 网络总体架构如图 9.10 所示，分为 5G 核心网（5GC）和 5G 无线接入网 [下一代无线接入网（the Next Generation Radio Access Network，NG-RAN）] 两大部分。

1. 5G 核心网（5GC）

相比于传统 4G EPC 核心网，5G 核心网（5GC）采用原生适配云平台的设计思路、基于服务的架构和功能设计提供更广泛存在的接入，更灵活地控制和转发及更友好的能力开放，5G 核心网与 NFV 基础设施结合,为普通消费者、应用提供商和垂直行业需求方提供网络切片、边缘计算等新型业务。为了满足 5G 不同场景的需要,核心网部分功能需要下沉。

图 9.10 5G 网络总体架构

核心网的功能主要由以下三个功能性逻辑网元或虚拟网元承接:

1)访问和移动性管理功能(Access and Mobility Management Function,AMF):相当于 4G 的 MME 的部分功能,主要负责包括注册管理、连接管理、接入性管理、移动性管理以及安全和访问管理和授权相关的各项功能。

2)会话管理功能(Session Management Function,SMF):相当于 4G MME 会话管理功能以及 S-GW/P-GW 控制面功能,主要负责与解耦数据面交互、创建更新和删除协议数据单元 PDU 会话以及用户面功能 UPF 管理会话上下文。

3)用户平面功能(User Plane Function,UPF):相当于 4G 的 S-GW/P-GW 的网关。数据从 UPF 到外部网络,主要功能是实现 5G 网络的用户面服务,包括但不限于空口、路由、服务质量(QoS)以及网络架构的安全。

除以上网元之外,核心网还包括统一数据管理(UDM)、策略控制功能(PCF)、签权服务器功能(AUSF)、网络开放功能(NEF)、网络切片选择功能(NSSF)、网络注册功能(NRF)等网络单元。

2. 5G 无线接入网 NG-RAN

根据不同的网络部署方式,5G 无线网包括 gNB 和 ng-eNB 两种网元:

1)下一代基站(the next Generation Node B,gNB),即 5G 基站。gNB 为 5G 网络用户提供新空口(New Radio,NR)用户平面和控制平面协议和功能。

2)升级后的 4G 基站(the next generation eNodeB,ng-eNB)。ng-eNB 为 4G 网络用户提供 E-UTRA 用户平面和控制平面协议和功能。

在移动通信网络中,无线接入网是最贴近用户的一侧,是连接用户和核心网的桥梁,从 3G 到 4G 再到 5G,无线网络架构均发生了变化,如图 9.11 所示。相较于 3G 无线接入网,4G 无线接入网取消了基站控制器 RNC,简化了组网、降低了时延,形成了扁平化的网络结构。5G 时代,随着无人驾驶、物联网和超高清视频等 5G 业务需求的出现,对 5G 无线接入网提出了更高频谱、更大带宽、更低时延的要求,并能满足不同业务的需求,因此,5G 无线接入网经历了从架构到技术的全新变革。

图 9.11　3G、4G、5G 无线网络架构变化

在 5G 无线接入网中，原基带单元（BBU）的功能被重构成两个实体集中式单元（Centralized Unit，CU）、分布式单元（Distributed Unit，DU），原 RRU 和无源天线以及 BBU 的部分物理层处理功能合并后形成有源天线单元（Active Antenna Unit，AAU）。相应的承载网架构可分解为前传、中传和回传网络。5G 无线网、核心网均会朝着云化和数据中心化的方向演进。其中 CU 负责处理非实时协议和服务，主要包含分组数据汇聚协议（PDCP）和无线资源控制（RRC），如小区的负载控制等；DU 负责处理物理层协议和实时服务，包含无线链路控制（RLC）、介质访问控制（MAC）和高层物理层（PHY-H）等，如无线资源的分配等；AAU 主要负责将基带数字信号，通过调制由天线发射出去，主要包含底层物理层（PHY-L）和射频（RF）。

5G RAN 的 CU 和 DU 存在多种部署方式，如图 9.12 所示。当进行广域及室内覆盖时，可将 CU、DU 合设时，即分布式无线接入网（Distributed RAN，D-RAN），无线单元（Radio Unit，RU）单独部署，5G RAN 与 4G RAN 结构类似，相应承载也是前传和回传两级结构。为了应对网络数据流量的爆发，在 D-RAN 组网模式下，运营商需大力建设网络基础设施，导致成本大大增加。同时，传统的 D-RAN 组网模式，一是存在分散式基站设施耗能大、潮汐效应明显等问题；二是大量设备对站点机房环境的依赖性大，存在铁塔服务费、电费成本高等问题；三是传输光缆纤芯资源消耗过度，并且传输光缆故障成为基站故障的主要原因之一。随着 5G 技术的快速发展，现有网络结构不能满足低时延、大容量、高带宽的需求，因此，集中化无线接入网（Centralized Radio Access Network，C-RAN）组网方式应运而生。

图 9.12　5G RAN 灵活架构

C-RAN 是一种集中式部署方案，将多个 BBU 集中放置于中心节点机房（Center Office，CO）形成基带池，CO 与 RRU 通过前传网络连接，RRU 或 AAU 采用光纤拉远至用户覆盖区。C-RAN

是基于集中化处理、协作无线电和实时云计算的绿色无线接入网架构,其基本思想是通过充分利用低成本高速光传输,直接在远端天线与集中化的中心节点间传递无线信号,以构建覆盖上百个基站服务区域,甚至上百平方公里的无线接入系统。当进行广域及室内覆盖时,可将 CU、DU 分设。CU 云化通过虚拟化部署在数据中心,DU 的 BBU 盒子集中部署,RU 仍单独部署,这种部署方式可以提高资源的利用效率,适用于需要集中管理和优化无线资源的场景。

另外,还可以仅 CU 被云化,RU 和 DU 被集成在一起进行部署,这种部署方式适用于站址获取困难或需要微覆盖的区域,例如室内环境或城市密集区域。在微基站(Small Cell)覆盖场景中,RU、DU 和 CU 都被集成在一起进行部署,适用于需要提供高容量和高密度覆盖的场景,例如热点区域或人口密集的商业区。

按照基站部署场景,可以将 5G 基站划分为宏基站和微基站两种类型。宏基站主要用于提供广域覆盖场景,微基站用于室内、补盲、热点等区域。5G 微基站可划分为室外一体化微 RRU 设备、室内一体化微站、室内扩展型微站等设备形态。一体化微 RRU 与宏基站 AAU/RRU 设备主要区别于发射功率,一体化微 RRU 设备集成度更高。而室内扩展型微站一般由交换设备和射频远端单元组成,具备较好的扩展性。其中,基带单元一般与宏基站 BBU 设备通用。一体化微 RRU 设备采用较少通道数(例如 4T4R RRU 等),每通道最大发射功率不高于 10W,用于宏基站的弱覆盖区域、业务热点区域等。扩展型皮基站,也叫分布式皮基站,通常由基带单元(BBU)、集线器单元(RHUB)和射频拉远单元(pRRU)组成。皮基站被广泛应用于住宅、商场、酒店和体育馆等场景,强化网络覆盖,提升用户体验。由于 5G 信号频率更高,5G 的信号传输距离和穿透效果将明显弱于 4G。所以,皮基站、飞基站将会是增强网络覆盖的重要帮手,会越来越多地出现在人们身边。

3. 5G 网络的主要接口

5G 网络中 Xn 和 NG 是两大主要接口:

1)Xn 接口:属于无线网节点之间的接口,gNB 之间、gNB 和 ng-eNB 之间,ng-eNB 和 ng-gNB 之间的接口都为 Xn 接口,支持数据和信令传输,类似于 LTE X2 接口。

2)NG 接口:属于无线网 NG-RAN 和核心网 5GC 的接口,NG2 接口连接 AMF,NG3 接口连接 UPF。

9.4　5G 关键技术

传统的移动通信升级换代都是以多址接入技术为主线,5G 的无线技术创新来源将更加丰富。5G 技术创新主要来源于超高效能的无线传输技术和高密度无线网络技术两方面。

9.2　5G 关键技术

在无线技术领域,将引入能进一步挖掘频谱效率提升潜力的技术,大规模天线阵列、超密集组网、新型多址和全频谱接入等技术已成为业界关注的焦点。其中基于大规模 MIMO 的无线传输技术将有可能使频谱效率和功率效率在 4G 的基础上再提升一个量级,该项技术走向实用化的主要瓶颈问题是高维度信道建模与估计以及复杂度控制。全双工技术将可能开辟新一代移动通信频谱利用的新格局。超密集网络中的网络协同与干扰管理将是提升高密度无线网络容量的核心关键问题。

在网络技术领域,体系结构变革将是新一代无线移动通信系统发展的主要方向。现有的扁平化 SAE/LTE(System Architecture Evolution,系统结构演进;Long Term Evolution,长期演进)体系结构促进了移动通信系统与互联网的高度融合,高密度、智能化、可编程则代表了未来移动通信演进的进一步发展趋势,而内容分发网络(CDN)向核心网络的边缘部署,可有效减少网络访问路由的负荷,并显著改善移动互联网用户的业务体验。

此外,基于滤波的正交频分复用(F-OFDM)、滤波器组多载波(FBMC)、全双工、灵活双工、终端直通(D2D)、多元低密度奇偶检验(Q-ary LDPC)码、网络编码、极化码等也被认为是 5G 重要的潜在无线关键技术。如图 9.13 所示,5G 系统将会构建在以大规模天线、超密集组网、全频谱接入和新型多址为核心的技术体系之上,全面满足面向未来的 5G 技术需求。

图 9.13 5G 系统

9.4.1 无线传输技术

1. 大规模 MIMO 技术

多天线技术作为提高系统频谱效率和传输可靠性的有效手段,已经应用于多种无线通信系统,如 3G 系统、LTE、LTE-A、WLAN 等。面对 5G 在传输速率和系统容量等方面的性能挑战,天线数目的进一步增加仍将是 MIMO 技术继续演进的重要方向。根据概率统计学原理,当基站侧天线数远大于用户天线数时,基站到各个用户的信道将趋于正交。这种情况下,用户间的干扰将趋于消失,而巨大的阵列增益将能够有效地提升每个用户的信噪比,从而能够在相同的时频资源上支持更多用户传输。因此,采用大数量的天线,为大幅度提高系统的容量提供了一个有效的途径。由于多天线所占空间、实现复杂度等技术条件的限制,目前的无线通信系统中,收发端配置的天线数量都不多,比如在 LTE 系统中最多采用了四根天线,LTE-A 系统中最多采用了八根天线。但由于其巨大的容量和可靠性增益,针对大天线数的 MIMO 系统相关技术吸引了研究人员的关注。

2010 年,贝尔实验室的 Marzetta 研究了多小区、TDD 情况下,各基站配置无限数量天线的极端情况的多用户 MIMO 技术,提出了大规模 MIMO(Large Scale MIMO,或者称 Massive MIMO)的概念,发现了一些与单小区、有限数量天线时的不同特征。之后,众多的研究人员在此基础上研究了基站配置有限天线数量的情况。在大规模 MIMO 中,基站配置数量非常大(通常几十到几百根,是现有系统天线数量的 1~2 个数量级以上)的天线,在同一个时频资源上同时服务若干个用户。在天线的配置方式上,这些天线可以是集中地配置在一个基站上,形成集中式的大规模 MIMO,也可以是分布式地配置在多个节点上,形成分布式的大规模 MIMO。大规模天线阵列在现有多天线基础上通过增加天线数可支持数十个独立的空间数据流,这将数倍提升多用户系统的频谱效率,对满足 5G 系统容量与速率需求起到重要的支撑作用。

大规模 MIMO 带来的好处主要体现在以下几个方面:

1) 大规模 MIMO 的空间分辨率与现有 MIMO 相比显著增强,能深度挖掘空间维度资源,使网络中的多个用户可以在同一时频资源上利用大规模 MIMO 提供的空间自由度与基站同时进行通信,从而在不需要增加基站密度和带宽的条件下大幅度提高频谱效率。

2）大规模 MIMO 可将波束集中在很窄的范围内,从而大幅度降低干扰。

3）可大幅降低发射功率,从而提高功率效率。

4）当天线数量足够大时,最简单的线性预编码和线性检测器趋于最优,并且噪声和不相关干扰都可忽略不计。

大规模天线阵列应用于 5G,需解决信道测量与反馈、参考信号设计、天线阵列设计、低成本实现等关键问题。近几年针对大规模 MIMO 技术的研究工作主要集中在信道模型、容量和传输技术性能分析、预编码技术、信道估计与信号检测技术等方面,但还存在一些问题:由于理论建模和实测模型工作较少,还没有被广泛认可的信道模型;由于需要利用信道互易性减少信道状态信息获取的开销,目前的传输方案大都假设采用 TDD 系统,用户都是单天线的,且其数量远小于基站天线数量。导频数量随用户数量线性增加,开销较大,信号检测和预编码都需要高维矩阵运算,复杂度高,并且由于需要利用上下行信道的互易性,难以适应高速移动场景和 FDD 系统;在分析信道容量及传输方案的性能时,大都假设独立同分布信道,从而认为导频污染是大规模 MIMO 的瓶颈问题,使得分析结果存在明显的局限性等。

因此,为了充分挖掘大规模 MIMO 的潜在技术优势,需要深入研究符合实际应用场景的信道模型,分析它对信道容量的影响,并在实际信道模型、适度的导频开销、可接受的实现复杂度下,分析它可达的频谱效率、功率效率,并研究最优的无线传输方法、信道信息获取方法、多用户共享空间无线资源的联合资源调配方法。可以预计,大规模 MIMO 技术将成为 5G 区别于现有系统的核心技术之一。

2. 新型多载波技术

作为多载波技术的典型代表,OFDM 技术在 4G 中得到了广泛应用。在未来的 5G 中,OFDM 仍然是基本波形的重要选择。但是,面对 5G 更加多样化的业务类型、更高的频谱效率和更多的连接数等需求,OFDM 将面临挑战,新型多载波技术可以作为有效的补充,更好地满足 5G 的总体需求。

OFDM 可以有效地对抗信道的多径衰落,支持灵活的频率选择性调度,这些特性使它能够高效支持移动宽带业务。但是,OFDM 也存在一些缺点,例如:较高的带外泄露、对时频同步偏差比较敏感以及要求全频带统一的波形参数等。

为了更好地支持 5G 的各种应用场景,新型多载波技术的研究需要关注多种需求。首先,新型多载波需要能更好地支持新业务。和 4G 主要关注移动宽带业务不同,5G 的业务类型更加丰富,尤其是大量的物联网业务,例如:低成本大连接的机器通信业务,低时延高可靠的车对车通信(Vehicle-to-Vehicle Communication,V2V)业务等,这些业务对基础波形提出了新的要求。新型多载波技术除兼顾传统的移动宽带业务之外,也需要对这些物联网业务具有良好的支持能力。其次,由于新技术和新业务的不断涌现,新的多载波技术需要具有良好的可扩展性,以便通过增加参数配置或简单修改就可以支撑未来可能出现的新业务。此外,新型多载波技术还需要和其他技术实现良好的兼容。5G 的多样化需求需要通过融合新型调制编码、新型多址、大规模天线和新型多载波等新技术来共同满足,作为基础波形,新型多载波技术需要能够和这些技术很好地结合。

围绕着这些需求,业界已提出了多种新型多载波技术,例如:基于子带滤波的 OFDM（Filtered OFDM,F-OFDM）技术、通用滤波多载波（Universal Filtered Multicarrier,UFMC）技术和滤波器组多载波（Filter Bank Multicarrier,FBMC）技术等。这些技术的共同特征是都使用了滤波机制,通过滤波减小子带或子载波的频谱泄露,从而放松对时频同步的要求,避免了 OFDM 的主要缺点。在这些技术中,F-OFDM 和 UFMC 都使用了子带滤波器,其中,F-OFDM 使用了时域冲击响应较长的滤波器,并且子带内部采用了和 OFDM 一致的信号处理方法,因此可以更好地兼容 OFDM。而 UFMC 则使用了冲击响应较短的滤波器，并且没有采用 OFDM 中的 CP 方案。

FBMC 则是基于子载波的滤波，在基于滤波器组的多载波技术中，发送端通过合成滤波器组来实现多载波调制，接收端通过分析滤波器组来实现多载波解调。合成滤波器组和分析滤波器组由一组并行的成员滤波器构成，其中各个成员滤波器都是由原型滤波器经载波调制而得到的调制滤波器。与 OFDM 技术不同，FBMC 中，由于原型滤波器的冲击响应和频率响应可以根据需要进行设计，各载波之间可以不再正交，不需要插入循环前缀，换取了波形时频局域性上的设计自由度，这种自由度使 FBMC 可以更灵活地适配信道的变化；FBMC 能实现各子载波带宽设置、各子载波之间的交叠程度的灵活控制，从而可灵活控制相邻子载波之间的干扰，并且便于使用一些零散的频谱资源；FBMC 各子载波之间不需要同步，同步、信道估计、检测等可在各子载波上单独进行处理，因此尤其适合于难以实现各用户之间严格同步的上行链路。同时，FBMC 不需要 CP，因此，系统开销也得以减小。但由于各载波之间相互不正交，子载波之间存在干扰；采用非矩形波形，导致符号之间存在时域干扰，需要采用一些技术来进行干扰的消除。

3. 全双工技术

全双工通信技术指同时、同频地进行双向通信的技术。由于在无线通信系统中，网络侧和终端侧存在固有的发射信号对接收信号的自干扰，现有的无线通信系统中，由于技术条件的限制，不能实现同时同频的双向通信，双向链路都是通过时间或频率进行区分的，对应于 TDD 和 FDD 方式。由于不能进行同时、同频双向通信，理论上浪费了一半的无线资源（频率或时间）。

全双工技术理论上具有可提高一倍频谱利用率的巨大潜力，可实现更加灵活的频谱使用，同时由于器件技术和信号处理技术的发展，同频同时的全双工技术逐渐成为研究热点，是 5G 系统充分挖掘无线频谱资源的一个重要方向。但全双工技术同时也面临一些具有挑战性的难题。由于接收和发送信号之间的功率差异非常大，导致严重的自干扰，因此实现全双工技术应用的首要问题是自干扰的抵消。近年来，研究人员发展了各类干扰抵消技术，包括模拟端干扰抵消、对已知的干扰信号的数字端干扰抵消及它们的混合方式、利用附加的放置在特定位置的天线进行干扰抵消的技术等，以及后来的一些改进技术。通过这些技术的联合应用，在特定的场景下，能消除大部分的自干扰。研究人员也开发了实验系统，通过实验来验证全双工技术的可行性，在部分条件下达到了全双工系统理论容量的 90% 左右。

虽然实验证明了全双工技术是可行的，但这些实验系统都基本是单基站、小终端数量的，没有对大量基站和大量终端的情况进行实验验证，并且现有结果显示，全双工技术并不能在所有条件下都获得理想的性能增益。比如，天线抵消技术中需要多个发射天线，对大带宽情况下的消除效果还不理想，并且大都只能支持单数据流工作，不能充分发挥 MIMO 的能力，因此还不能适用于 MIMO 系统；MIMO 条件下的全双工技术与半双工技术的性能分析还大多是一些简单的、面向小天线数的仿真结果的比较，特别是对大规模 MIMO 条件下的性能差异还缺乏深入的理论分析，需要在建立更合理的干扰模型的基础上对其进行深入系统的分析。

因此，在多小区大动态范围下的全双工技术中的干扰消除技术、资源分配技术、组网技术、容量分析、与 MIMO 技术的结合，以及大规模组网条件下的实验验证，都是需要深入研究的重要问题。

4. 新型多址技术

移动互联网和物联网将成为未来移动通信发展的主要驱动力，5G 不仅需要大幅度提升系统频谱效率，而且还要具备支持海量设备连接的能力，此外，在简化系统设计及信令流程方面也提出了很高的要求，这些都将对现有的正交多址技术形成严峻挑战。

新型多址技术通过发送信号在空/时/频/码域的叠加传输来实现多种场景下系统频谱效率和接入能力的显著提升，在接收侧利用先进的接收算法分离多用户信息，不仅可以有效提升系统频谱效率，还可成倍增加系统的接入容量。此外，新型多址技术通过免调度传输，可有效简化信令流程，并降低空口传输时延，节省终端功耗。目前业界提出的技术方案主要包括基于多维调制和稀疏码扩频的稀疏码分多址（SCMA）技术，基于复数多元码及增强叠加编码的多用户共享接入（MUSA）技术，基于非正交特征图样的图样分割多址（PDMA）技术以及基于功率叠加的非正交多址（NOMA）技术。

5. 全频谱接入技术

全频谱接入通过有效利用各类移动通信频谱（包含高低频段、授权与非授权频谱、对称与非对称频谱、连续与非连续频谱等）资源来提升数据传输速率和系统容量。全频谱接入涉及 6GHz 以下低频段和 6GHz 以上高频段，其中低频段是 5G 的核心频段，因其较好的信道传播特性，用于无缝覆盖，其技术方案将有效整合大规模 MIMO、新型多址、新波形、先进调制编码等关键技术；高频段作为辅助频段，具有更加丰富的空闲频谱资源，利用其超大带宽来满足热点高容量场景极高传输速率要求，通过密集部署来达到极高流量密度。全频谱接入采用低频和高频混合组网，充分挖掘低频和高频的优势，共同满足无缝覆盖、高速率、大容量等 5G 需求。考虑高频段传播特性与 6GHz 以下频段有明显不同，全频谱接入重点研究高频段在移动通信中应用的关键技术，目前业界统一的认识是研究 6~100GHz 频段，该频段拥有丰富的空闲频谱资源，可有效满足未来 5G 对更高容量和速率的需求，可支持 10Gbit/s 以上的用户传输速率。

高频通信在军事通信和无线局域网等领域已经获得应用，但是在蜂窝通信领域的研究尚处于起步阶段。高频信号在移动条件下，易受到障碍物、反射物、散射体以及大气吸收等环境因素的影响，高频信道与传统蜂窝频段信道有着明显差异，如传播损耗大、信道变化快、绕射能力差等，因此需要对高频信道测量与建模、高频新空口、组网技术以及器件等内容开展深入研究。5G 的新空口如图 9.14 所示。

图 9.14 5G 新空口

6. D2D 通信技术

传统的蜂窝通信系统的组网方式是以基站为中心实现小区覆盖，通信网络设计终端与终端之间的通信必须依赖基站进行数据接收转发，而基站及中继站无法移动，其网络结构在灵活度上有一定的限制。随着无线多媒体业务不断增多，传统的以基站为中心的业务提供方式已无法满足海量用户在不同环境下的业务需求。设备到设备通信（Device to Device，D2D）技术无须借助基站的帮助就能够实现通信终端之间的直接通信，拓展网络连接和接入方式。由于短距离直接通信、信道质量高，D2D 能够实现较高的数据速率、较低的时延和较低的功耗；通过广泛分布的终端，能够改善覆盖，实现频谱资源的高效利用；支持更灵活的网络架构和连接方法，提升链路灵活性和网络可靠性。

D2D 通信技术使终端在脱离网络基础设施后仍然能进行通信沟通，它能实现更多的设备互联，提高数据传输速率、减少延迟，如图 9.15 所示。通过广泛的终端分布，D2D 通过网络中继的方式可以改善覆盖质量，实现更高的频谱质量利用率。终端与终端的连接是一种短距离直接通信，信道质量高、传输时延小、传输可靠性高、自动发现临近节点，对未来的新兴业务提供了无限想象的空间。例如 D2D 技术应用于自动驾驶中，当车载计算机与基站信号中断时，仍然能与周边车辆进行数据交流，保证安全的行车速度和车辆间距，不会因为基站网络问题导致驾驶事故的发生。无人工厂中通过终端中继，保证厂区内的部分终端不会因为不在基站覆盖区而出现生产事故。目前 D2D 正探索使用广播、组播、单播、多天线、联合编码等技术，它将给蜂窝通信技术带来更多革命性的应用。

图 9.15　D2D 通信原理

9.4.2　无线网络技术

1. 超密集异构网络技术

由于 5G 系统既包括新的无线传输技术，也包括现有的各种无线接入技术的后续演进，5G 网络必然是多种无线接入技术共存，大量不同级小区的重叠（Macro、Micro、Pico、Femto），不同制式的网络重叠（Cellular、WiFi、WiMAX），使得网络拓扑和特性变得极为复杂。

根据统计，通过语音编码技术、MAC 和调制技术的改进带来了频谱效率几倍的提升，采用更宽的带宽带来了传输速率几十倍的提升，而由于小区半径的缩小带来频谱效率提升达到 2700 倍以上。因此，减小小区半径，提高频谱资源的空间复用率，以提高单位面积的传输能力，是保证未来支持 1000 倍业务量增长的核心技术。以往的无线通信系统中，减小小区半径是通过小区分裂的方式完成的。但随着小区覆盖范围的变小，以及最优的站点位置往往不能得到，进一步的小区分裂难以进行，只能通过增加低功率节点数量的方式提升系统容量，这就意味着站点部署密度的增加。根据预测，未来无线网络中，在宏站的覆盖区域，各种无线传输技术的各类低功率节点的部署密度将达到现有站点部署密度的 10 倍以上，站点之间的距离达到 10 米甚至更小，支持高达每平方千米 25000 个用户，甚至将来激活用户数和站点数的比例达到 1∶1，即每个激活的用户都将有一个服务节点，从而形成超密集异构网络。

超密集组网将是满足未来移动数据流量需求的主要技术手段，超密集组网通过更加"密集化"的无线网络基础设施部署，可获得更高的频率复用效率，从而在局部热点区域实现百倍量级的系统容量提升，以及业务在各种接入技术和各覆盖层次间分担的灵活性。

虽然超密集异构网络展示了美好的前景，由于节点之间距离的减少，将导致一些与现有系统不同的问题。在 5G 网络中，可能存在同一种无线接入技术之间同频部署的干扰、不同无线接入技术之间由于共享频谱的干扰、不同覆盖层次之间的干扰，如何解决这些干扰带来的性能损伤，实现多种无线接入技术、多覆盖层次之间的共存，是一个需要深入研究的重要问题；由于近邻节点传输损耗差别不大，可能存在多个强度接近的干扰源，导致更严重的干扰，使现有的面向单个干扰源的干扰协调算法不能直接适用于 5G 系统；由于不同业务和用户 QoS 要求的不同，不同业务在网络中的分担、各类节点之间的协同策略、网络选择、基于用户需求的系统能效最低的小区激活、节能配置策略是保证系统性能的关键问题。为了实现大规模的节点协作，需要准确、有效地发现大量的相邻节点；由于小区边界更多、更不规则，导致更频繁、更为复杂的切换，难以保证移动性能，因此，需要针对超密集网络场景发展新的切换算法；由于用户部署的大量节点的突然、随机的开启和关闭，使得网络拓扑和干扰图样随机、大范围的动态变化，各小站中的服务用户数量往往比较少，使得业务的空间和时间分布出现剧烈的动态变化，因此，需要研究适应这些动态变化的网络动态部署技术；站点的密集部署将需要庞大、复杂的回传网络，如果采用有线回传网络，会导致网络部署的困难和运营商成本的大幅度增加。为了提高节点部署的灵活性，降低部署成本，利用和接入链路相同的频谱和技术进行无线回传传输，是解决这个问题的一个重要方向。无线回传方式中，无线资源不仅为终端服务，而且为节点提供中继服务，使无线回传组网技术非常复杂，因此，接入与回传联合设计、干扰管理与抑制、小区虚拟化技术等是超密集组网的重要研究方向。

2. 自组织网络技术

在传统的移动通信网络中，网络部署、运维等基本依靠人工的方式，需要投入大量的人力，给运营商带来巨大的运行成本。并且，随着移动通信网络的发展，依靠人工的方式难以实现网络的优化。因此，为了解决网络部署、优化的复杂性问题，降低运维成本相对总收入的比例，使运营商能高效运营、维护网络，在满足客户需求的同时，自身也能够持续发展，由 NGMN（Next Generation Mobile Network）联盟中的运营商主导，联合主要的设备制造商提出了自组织网络（Self-Organizing Network，SON）的概念。SON 的思路是在网络中引入自组织能力（网络智能化），包括自配置、自优化、自愈合等，实现网络规划、部署、维护、优化和排障等各个环节的自动进行，最大限度地减少人工干预。目前，自组织网络成为新铺设网络的必备特性，逐渐进入商用，并展现出显著的优势。

5G 系统采用了复杂的无线传输技术和无线网络架构，使得网络管理远远比现有网络复杂，网络深度智能化是保证 5G 网络性能的迫切需要。因此，自组织网络将成为 5G 的重要技术。

5G 将是融合、协同的多制式共存的异构网络，各种无线接入技术内部和各种覆盖能力的网络节点之间的关系错综复杂，网络的部署、运营、维护将成为一个极具挑战性的工作。为了降低网络部署、运营维护复杂度和成本，提高网络运维质量，未来 5G 网络应该能支持更智能的、统一的 SON 功能，能统一实现多种无线接入技术、覆盖层次的联合自配置、自优化、自愈合。

目前，针对 LTE、LTE-A 以及 UMTS、WiFi 的 SON 技术发展已经比较完善，逐渐开始在新部署的网络中应用。但现有的 SON 技术都是面向各自网络，从各自网络的角度出发进行独立的自部署和自配置、自优化和自愈合，不能支持多网络之间的协同。因此，需要研究支持协同异构网络的 SON 技术，如支持在异构网络中的基于无线回传的节点自配置技术，异系统环境下的自优化技术，如协同无线传输参数优化、协同移动性优化技术，协同能效优化技术，协同接纳控制优化技术等，以及异系统下的协同网络故障检测和定位，从而实现自愈合功能。

5G 将采用超密集的异构网络节点部署方式，在宏站的覆盖范围内部署大量的低功率节点，并且存在大量的未经规划的节点，因此，在网络拓扑、干扰场景、负载分布、部署方式、移动性方面都将表现出与现有无线网络明显不同之处。网络节点的自动配置和维护将成为运营商面临的重要挑战。例如，邻区关系由于低功率节点的随机部署远比现有系统复杂，需要发展面向随机部署、超密集网络场景的新的自动邻区关系技术，以支持网络节点即插即用的自配置功能；由于可能存在多个主要的干扰源，以及因用户移动性、低功率节点的随机开启和关闭等导致的干扰源的随机、大范围变化，使得干扰协调技术的优化更为困难；由于业务随时间和空间的动态变化，使得网络部署应该适应这些动态变化，因此，应该对网络动态部署技术进行优化，如小站的动态与半静态开启和关闭的优化、无线资源调配的优化；为了保证移动平滑性，必须通过双连接等形式避免频繁切换和对切换目标小区进行优化选择；由于无线回传网络结构复杂，规模庞大，也需要自组织网络功能以实现回传网络的智能化。

由于 5G 将采用大规模 MIMO 无线传输技术，使得空间自由度大幅度增加，从而带来天线选择、协作节点优化、波束选择、波束优化、多用户联合资源调配等方面的灵活性。对这些技术的优化，是 5G 系统 SON 技术的重要内容。

3. 软件定义网络技术

软件定义网络（Software Defined Network，SDN）技术是源于 Internet 的一种新技术。在传统的 Internet 网络架构中，控制和转发是集成在一起的，网络互联节点（如路由器、交换机）是封闭的，其转发控制必须在本地完成。这使得它们的控制功能非常复杂，网络技术创新复杂度高。为了解决这个问题，美国斯坦福大学研究人员提出了 SDN 的概念，其基本思路是将路由器中的路由决策等控制功能从设备中分离出来，统一由中心控制器通过软件来进行控制，实现控制和转发的分离，从而使得控制更为灵活，设备更为简单。SDN 分成应用层、控制层、基础设施层三层结构。其中控制层通过接口与基础设施层中的网络设施进行交互，从而实现对网络节点的控制。因此，在这种架构中，路由不再是分布式实现的，而是集中由控制器定义的。SDN 自提出后引起了广泛的关注，各研究机构进行了接口的标准化工作、关键技术的研究和实验，部分厂商也推出了解决方案等。但总体来说，SDN 技术还有待进一步完善。

现有的无线网络架构中，基站、服务网关、分组网关除了完成数据平面的功能外，还需要参与一些控制平面的功能，如无线资源管理、移动性管理等在各基站的参与下完成，形成分布式的控制功能。网络没有中心式的控制器，使得与无线接入相关的优化难以完成。而且各厂商的网络设备如基站等往往配备制造商自己定义的配置接口，需要通过复杂的控制协议来完成其配置功能，并且其配置参数往往非常多。配置和优化、网络管理非常复杂，使得运营商对自己部署的网络只能进行间接控制，业务创新方面能力严重受限。因此，将 SDN 的概念引入无线网络，形成软件定义无线网络，是无线网络发展的重要方向。

在软件定义无线网络中，将控制平面从网络设备的硬件中分离出来，形成集中控制，网络设备只根据中心控制器的命令完成数据的转发，使运营商能对网络进行更好的控制，简化网络管理，更好地进行业务创新。在现有的无线网络中，不允许不同的运营商共享同一个基础设施为用户提供服务。而在软件定义无线网络中，通过对基站资源进行分片实现基站的虚拟化，从而实现网络的虚拟化，不同的运营商可以通过中心控制器实现对同一个网络设备的控制，支持不同运营商共享同一个基础设施，从而降低运营商的成本，同时也可以提高网络的经济效益。由于采用了中心控制器，未来无线网络中的不同接入技术构成的异构网络的无线资源管理、网络协同优化等也将变得更为方便。SDN 虽然存在诸多的好处，在无线网络中的应用将面临资源分片和信道隔离、监控与状态报告、切换等技术挑战，这些关键技术的研究刚刚开始，还需要深入的研究。

4. 内容分发网络技术

内容分发网络（Content Delivery Network，CDN）是为了解决互联网访问质量而提出的概念。在传统的内容发布方式中，内容发布由内容提供商的服务器完成。随着互联网访问量的急剧增加，使得其服务器可能处于重负载状态，互联网中的拥塞问题更加突出，网站的响应速度受到严重影响，使网站难以为用户提供高质量的服务。CDN 通过在网络中采用缓存服务器，并将这些缓存服务器分布到用户访问相对集中的地区或网络中，根据网络流量和各节点的连接、负载状况以及到用户的距离和响应时间等综合信息将用户的请求重新导向离用户最近的服务节点上，使用户可就近取得所需内容，解决 Internet 网络拥挤的状况，提高用户访问网站的响应速度。

在无线网络中，由于智能终端等应用的日益普及，使移动数据业务的需求越来越大，内容越来越多。为了加快网络访问速度，在无线网络中采用 CDN 技术成为自然的选择，在各类无线网络中得以应用，也成为 5G 系统的一个重要的技术。

5. 网络切片技术

5G 需要支持多种业务场景，以及更丰富的业务，传统的通信组网只能提供统一固定的网络服务，无法灵活的按业务需求进行个性化的网络定制服务。5G 时代引入网络切片业务后，可以根据具体业务需求灵活地配置网络资源，可为用户提供一个定制化的网络。网络切片技术是指将 5G 网络按照不同的应用和服务需求，利用虚拟化技术把一条物理网络分割成多条独立的逻辑网络，在不同的切片上运行不同的业务应用，针对不同的业务对资源进行按需分配，以达到更好的资源利用、性能保障和业务定制化的目的。通过 5G 网络切片，不同的业务应用可以共享 5G 网络的物理资源，提高网络效率、降低成本，同时也可以根据业务需求进行个性化配置，提供更加个性化的服务。例如，通过网络切片，可以为智能家居、工业自动化、无人驾驶等不同应用提供优化的网络支持，实现安全、可靠、高效的通信和数据传输。

如图 9.16 所示，网络切片分为公共部分和独立部分。公共部分是可以共用的功能，一般包括签约信息、鉴权、策略等相关功能模块。独立部分是每个切片按需定制的功能，一般包括会话管理、移动性管理等相关功能模块。

图 9.16 网络切片的公共部分和独立部分

为了能够正确选择网络切片，3GPP 协议中引入了单一网络切片选择辅助信息（Single Network Slice Selection Assistance Information，S-NSSAI）标识，S-NSSAI 包括：

1）切片/业务类型（Slice/Service Type，SST），指所需切片的业务特性与业务行为。

2）切片租户标识（Slice Differentiator，SD），在切片业务类型的基础上进一步区分接入切片的补充信息。UE 可提供网络切片选择的信息，以网络侧的决定为准。

如图 9.17 所示，5G 对网络切片进行了全面的设计，可以对各类资源及 QoS 进行端到端的管理。在负责高层网络切片管理功能之下，纵向分为无线、承载和核心网三个子切片，再在横向上组成各功能端到端的网络切片。其中，无线子切片负责切片资源划分和隔离、切片感知、切片选择、移动性管理和每个切片的 QoS 保障；承载子切片基于 SDN 的统一管理，承载也可以被抽象成资源池来进行灵活分配，从而切割成网络切片；核心网子切片基于服务化架构（Service Based Architecture，SBA），将网元重构为一个个实现基本功能集合的微服务，再由这些微服务按需拼装成网络切片。最后，经过纵向子切片的协同工作，为端到端的横向切片 eMBB、mMTC 和 uRLLC 提供支撑，不同的业务得以在不同的切片之上畅行。

基于网络切片，运营商可以把业务从传统的语音和数据拓展到万物互联，形成新的商业模式，从传统的通信提供商蜕变为平台提供商，通过网络切片的运营，为垂直行业提供实验、部署和管理的平台，甚至提供端到端的服务。

6. 移动边缘计算技术

移动边缘计算（Mobile Edge Computing，MEC）是一种新型的计算架构。它将计算和数据处理推向离用户设备更近的边缘，可利用无线接入网络就近提供电信用户 IT 所需服务和云端计算功能，从而减少数据传输延迟，提高应用性能，创造出一个具备高性能、低延迟与高带宽的电信

225

图 9.17 5G 端到端网络切片及统一管理

级服务环境,加速网络中各项内容、服务及应用的快速下载,让消费者享有不间断的高质量网络体验。5G 边缘计算的技术架构包括边缘计算节点、5G 核心网,及用户设备。其中边缘计算节点是指位于无线接入网边缘的服务器或计算设备,可以是基站、基站小区、边缘数据中心或云服务提供商的设备,它们靠近用户设备,可以更好地提供计算、存储和网络资源。

5G 核心网是连接边缘计算节点的关键部分,它负责网络管理、用户身份验证和授权以及数据传输等功能,它可以通过网络切片技术将网络资源分割成多个独立的逻辑网络,以满足不同应用的需求。

5G 核心网支持边缘计算的能力包括:

1) 本地路由:5G 核心网选择 UPF 引导用户流量到本地数据网络。
2) 流量加速:5G 核心网选择需引导至本地数据网络中应用功能的业务流量。
3) 支持会话和业务连续性,支持 QoS 与计费。
4) 边缘计算服务兼容移动性限制要求。
5) 用户面选择和重选,如基于来自应用功能的输入。

用户设备可以是智能手机、平板电脑、物联网设备等。通过与边缘计算节点的无线接入,用户设备可以访问边缘计算资源,实现更低的延迟和更快的计算速度。

移动边缘计算技术将计算、存储和网络资源与基站集成在一起托管在网络边缘,从而用来计算密集型和延迟敏感的应用程序,如增强现实和图像处理等。运营商和第三方业务能够部署在靠近 UE 附着的接入点,因此能降低端到端时延和传输网的负载,实现高效的业务交付。

9.4.3 5G 场景和关键技术的关系

5G 三大应用场景中增强型移动宽带场景主要实现连续广域覆盖以及热点区域的高容量;大规模机器类通信主要实现低功耗大连接;超可靠低时延通信主要实现低时延高可靠业务。而连续广域覆盖、热点高容量、低时延高可靠和低功耗大连接等 5G 典型技术场景具有不同的挑战性指标需求,在考虑不同技术共存可能性的前提下,需要合理选择关键技术的组合来满足这些需求,图 9.18 给出了 5G 主要场景及其适用的技术。

图 9.18 彩图

第 9 章　5G 移动通信系统

图 9.18　5G 主要场景和适用技术

在连续广域覆盖场景，受限于站址和频谱资源，为了满足 100Mbit/s 用户体验速率需求，除了需要尽可能多的低频段资源外，还要大幅提升系统频谱效率。大规模天线阵列是其中最主要的关键技术之一，新型多址技术可与大规模天线阵列相结合，进一步提升系统频谱效率和多用户接入能力。在网络架构方面，综合多种无线接入能力以及集中的网络资源协同与 QoS 控制技术，为用户提供稳定的体验速率保证。在热点高容量场景，极高的用户体验速率和极高的流量密度是该场景面临的主要挑战，超密集组网能够更有效地复用频率资源，极大提升单位面积内的频率复用效率；全频谱接入能够充分利用低频和高频的频率资源，实现更高的传输速率；大规模天线、新型多址等技术与前两种技术相结合，可实现频谱效率的进一步提升。

在低时延高可靠场景，应尽可能降低空口传输时延、网络转发时延及重传概率，以满足极高的时延和可靠性要求。为此，需采用更短的帧结构和更优化的信令流程，引入支持免调度的新型多址和 D2D 等技术以减少信令交互和数据中转，并运用更先进的调制编码和重传机制以提升传输可靠性。此外，在网络架构方面，控制云通过优化数据传输路径，控制业务数据靠近转发云和接入云边缘，实现移动边缘计算，可有效降低网络传输时延。

在低功耗大连接场景，海量的设备连接、超低的终端功耗与成本是该场景面临的主要挑战。新型多址技术通过多用户信息的叠加传输可成倍提升系统的设备连接能力，还可通过免调度传输有效降低信令开销和终端功耗。F-OFDM 和 FBMC 等新型多载波技术在灵活使用碎片频谱、支持窄带和小数据包、降低功耗与成本方面具有显著优势。此外，终端直接通信可避免基站与终端间的长距离传输，可实现功耗的有效降低。

9.5　5G 网络部署模式演进

9.5.1　组网部署模式架构

过去，移动通信系统的网络部署完全是独立进行的，并不会对已建移动通信系统加以考虑。而在 5G 时代，由于 5G 将长期与 4G 共存并紧密合作，5G 和 4G 的联合部署成为网络部署策略研究的重点。3GPP 提出了 12 种（8 类 Option）5G 系统整体架构。这些架构选项是从核心网和无线角度相结合进行考虑的，部署场景涵盖了全球运营商部署 5G 商用网络在不同阶段的部署需求。

5G 网络部署方案总体来说有两大类：独立组网（Standalone，SA）和非独立组网（Non-Standalone，NSA）。NSA 方式是通过新建 5G 的基站和核心网，来实现 5G 网络的部署。NSA 方式是使用现有 4G 网络的基础设施，辅以一定的技术改造或新建部分 5G 网络设施，来实现 5G 网络的部署。NSA 架构构建在 LTE-NR 双连接技术的基础之上，用户终端须同时连接一个 LTE 节点和一个 NR 节点，其中一个节点作为主节点，负责控制面信令的传递；另一个节点作为辅节点，辅助用户面数据的转发。5G 组网的 8 类 Option 中，Option1/2/5/6 为独立组网架构，Option3/4/7/8 为非独立组网，如图 9.19 所示。

图 9.19　3GPP 标准的 8 类 Option 架构选项

1. NSA 组网

由于 NSA 标准化完成时间早于独立部署，且 5G 建网初期实现 5G NR 连续覆盖难度较大，成本较高，因此，在 5G 商用初期，大多数运营商普遍选择 NSA 方式进行过渡期组网。

NSA 中 Option3 系列的无线接入网采用 LTE-NR 双连接技术，其中 LTE 节点 eNodeB 作为主节点、NR 节点 en-gNodeB（en-gNB）作为辅节点，核心网采用 4G EPC，如图 9.20 所示。主节点 eNodeB（eNB）与 EPC 之间的连接利用的是 S1 接口，包括负责控制面转发的 S1-C 接口和负责用户面转发的 S1-U 接口。辅节点 en-gNodeB 是只具备部分 gNodeB 功能的 NR 节点，只辅助用户面转发。根据分割用户面数据承载的位置不同，Option3 系列分为 Option3/3a/3x 三种部署模式。Option3 模式中数据承载由主节点 eNB 进行分割，此时辅节点 en-gNB 通过 X2-U 节点与主节点 eNB 连接，与核心网 EPC 没有连接；Option3a 模式中数据承载由核心网进行分割，此时辅节点 en-gNB 通过 S1-U 与核心网 EPC 连接，与主节点 eNB 没有连接；Option3x 模式中数据承载既可由核心网分割，又可由主节点分割，因此，辅节点 en-gNB 需要与主节点 eNB 和核心网 EPC 都建立连接。

但由于 Option3 系列部署模式标准化完成时间最早，且其控制面锚点在 LTE 节点上，因此，

图 9.20 Option3 系列部署模式

可以依托现有的 4G 基站实现连续覆盖，可较早提供 5G 高速率服务，有利于市场宣传；Option3 系列对 NR 覆盖无要求，支持 5G NR 和 LTE 双连接，可以带来流量增益；同时 Option3 系列网络改动小，建网速度快，投资相对少。但该方案可能要求新建的 5G NR 与现有 LTE 基站的设备厂商强绑定；由于核心网仍然采用 EPC，因此无法真正满足 ITU 定义的 5G 需求，无法支持 5G 核心网引入的相关新功能和新业务。Option3 系列部署模式适合于 5G 商用初期热点部署，能够实现 5G 快速商用。

Option4 系列的无线接入网采用 eLTE-NR 双连接技术，其中 NR 节点 gNB 作为主节点，LTE 节点 ng-eNB 作为辅节点，核心网采用 5GC，如图 9.21 所示。主节点 gNB 通过 NG 接口与 5GC 连接，辅节点 ng-eNB 是 eNB 的升级版本，可以通过 Xn 接口与 gNB 连接（Option4），也可以通过 NG 接口与 5GC 连接（Option4a）。Option4 系列部署模式控制面锚点在 NR 节点上，需要 5GNR 实现基本的连续覆盖，同时需要部署 5GC。在这种部署模式下，作为辅节点的 LTE 节点主要用于提高容量。

图 9.21 Option4 系列部署模式

Option4/4a 有完整的 NR/5GC 结构，因此，能够支持包括 eMBB、uRRLC 和 mMTC 在内的 5G 应用场景。

Option7 系列采用 LTE-NR 双连接技术，其中 LTE 节点 ng-eNB 作为主节点，NR 节点 gNB 作为辅节点，核心网采用 5GC，如图 9.22 所示。主节点 ng-eNB 通过 NG 接口与 5GC 连接，辅节点 gNB 可以通过 Xn 接口与主节点 ng-eNB 连接（Option7），也可以通过 NG 接口与 5GC 连接（Option7a），或者同时与主节点和核心网连接（Option7x）。

与 Option3 系列相同，Option7 系列部署模式也可借助现有 4G 站点实现基础的连续覆盖，对 NR 覆盖无要求，能够有效利用现有大规模 LTE 资源；支持 5G NR 和 LTE 双连接，带来流量增

图 9.22　Option7 系列部署模式

益。相比于 Option3 系列，Option7 系列由于引入了 5GC，因此能够在一定程度上支持 5GC 新功能和新业务。但 eLTE 是指通过升级改造连接到 5G 核心网的演进 LTE 基站，涉及 LTE 基站的改造较大，并可能涉及硬件的改造或替换（需提升容量及峰值速率、降低时延，并需要升级协议栈、支持 5G QoS 等），且产业成熟时间可能会相对较晚；新建 5G NR 可能需要与升级的 eLTE 设备厂商绑定。Option7 系列部署模式适合于 5G 部署初期及中期场景，由升级后的 eLTE 基站提供连续覆盖、NR 作为热点覆盖提高容量。

Option3/4/7 是基于 NSA 架构的备选方案，区别在于 LTE 节点和 NR 节点承担不同的角色，以及部署的核心网不同。Option8 系列是非独立 5G NR，仅连接到 EPC，是理论存在的部署场景，不具有实际部署价值，标准中不予考虑。

2. SA 组网

从技术架构、性能和功能实现看，SA 网络相对 NSA 有着巨大的优势。由于 SA 标准化程度和设备成熟性相对 NSA 有一定的落后期，并且重新建立 5G 核心网和 5G 基站系统需要巨大的投入和时间周期，5G 建网早期形成可用的 5G 网络是当务之急，但随着 5G 网络的发展，5G 网络建设的终极目标是实现 SA 组网，体现 5G 的全部技术优势并提供全部的 5G 网络服务。

如图 9.23 所示，Option1 实际上就是目前的 LTE/EPC 网络结构，无线接入网节点为 4G eNodeB，通过 S1 接口与 4G 核心网 EPC 连接，eNB 直接通过 X2 接口连接。Option1 代表了 5G 网络建设的起点。

如图 9.24 所示，Option2 为 SA 的 5G 网络结构，是由 NR 技术和 5GC 构建的完整的 5G 网络。无线接入点为具备全部 NR 功能的 gNodeB，通过 NG 接口与 5GC 连接，gNodeB 直接通过 Xn 接口连接。这种模式需要进行充分的 gNodeB 部署，保障基本的 NR 连续覆盖。可以认为，Option2 是 5G 网络发展的最终结构。

如图 9.25 所示，Option5 是一种独立部署模式，无线接入网采用升级的 LTE 节点 en-eNB，通过 NG 接口与 5GC 连接，en-eNB 之间通过 Xn 接口互联。Option5 部署模式需要部署 5GC。在无线侧，Option5 部署模式可以通过在现网 LTE 基站设施上进行升级来实现，无须建设 gNB。Option5 部署模式能够支持部分 5G 应用，网络能力主要受 ng-eNB 能力的约束。

Option6 是独立 5G NR，仅连接到 EPC。此场景会限制 5G 网络的部分功能，如网络切片等。

图 9.23　Option1 部署模式

3GPP 已经在标准中放弃这种配置。

图 9.24 Option2 部署模式

图 9.25 Option5 部署模式

9.5.2 组网部署模式演进

根据运营商 5G 商用部署进度计划、可用频谱资源、终端和产业链成熟情况、总体建网成本等，运营商可以选择不同的组网部署演进路线。运营商选择利用 NSA 优先部署 5G 无线网络，或 SA 成熟时直接部署 NR 和 5GC。SA Option2 部署架构作为 5G 部署的终极目标架构，可以有多个典型的迁移路径供选择，如图 9.26 所示。

图 9.26 组网演进策略

总体可以归纳为两大类部署迁移路径。

1. 直接选择独立部署架构

迁移路径一（一步走方案）：Option1→Option 2。

如 5G 建设初期具备直接部署 Option2 的条件，则可以一步到位新建 NR 接入新建 5GC，能够体现 5G 网络全部性能优势；不需要改动现网 LTE/EPC（需要支持 N26 接口互操作）。5G 建网初期实现 5G NR 连续覆盖难度较大，成本较高。

2. 非独立部署架构向独立部署架构演进

迁移路径二（分步走方案）：Option1→Option3x→（Option7x）→（Option4）→Option 2。

5G NR 逐步由热点覆盖演进到 5G NR 连续覆盖，实现 5G 独立组网架构。采用非独立部署可以有 Option3/Option7/Option4 共三种部署方式，不同组合方式下的迁移路径可能有多种选择，可以根据运营商具体情况进行合理选择，最终演进到 Option2 目标架构。

5G NR 优先引入，基于 NSA Option3 开始部署，升级 EPC 为 EPC+；后续引入 5GC，可选部署 Option7x/Option4；可同时部署多个 Option，如 Option3x（满足 eMBB 需求）+Option2（热点部署，满足部分垂直行业需求）；终端形态较多，需要支持多种制式。

231

部署 Option3x：5G 商用部署的频率（6GHz 以下频段主要是 3.5GHz 和 4.8GHz）相比 LTE 频率（2.6GHz 频段）会高，因此 NR 覆盖范围相比 LTE 会有所减小。5G 商用初期主要为了满足 eMBB 业务需求，可以充分利用现有 LTE 无线和 EPC 实现连续覆盖和移动性，NR 覆盖提升用户面容量。

可选部署 Option7/Option7a/Option7x：可以在 Option3/Option3a/Option3x 部署后迁移到 Option7/Option7a/Option7x，将 LTE 升级到 eLTE，新建 5G 核心网；也可以在 5G 商用初期跳过 Option3/Option3a/Option3x，直接部署 Option7/Option7a/Option7x。该方案优势在于，在利用 eLTE 广覆盖优势的同时，可以使用 5G 核心网的相关高级特性。

可选部署 Option4/Option4a：Option4/Option4a 部署架构较大，可能在 5G 部署中后期采用，随着 5G NR 逐渐实现连续覆盖，同时又可以将现网 eLTE 利用起来作为容量补充。

SA 架构 Option2 是 5G 网络建设的终极目标，能够体现 5G 的全部技术优势并提供全部的 5G 网络服务，NSA 架构作为 5G 部署的演进过程，最大优势是能够在演进过程中充分利用现有 LTE 网络资源，并能够实现快速部署。但在建网过程中也应尽量避免过长的 5G 整体演进路线，需要对网络进行频繁升级和改造才到 SA，整体投资成本也会更高。

5G 网络选择独立部署还是非独立部署及演进路线，是各运营商在引入 5G 网络时必须面临的关键问题。各运营商根据自身网络情况、5G 商用部署时间计划、终端及芯片产业链支持情况、频率资源和覆盖策略、建网成本等多方面关键因素进行权衡考虑，选择适合自身的 5G 整体演进路线，为用户提供更优质的网络服务。

9.6　5G 无线网络规划

9.6.1　5G 网络规划面临的挑战

5G 网络在频谱、空口和网络架构上制订了跨代的全新标准，5G 网络应该体现大容量、低能耗、低成本三大技术要求，以满足未来的应用场景。与现有的 3G、4G 网络相比，5G 网络有诸多不同之处，这些新技术、新标准也给 5G 无线网络规划领域带来了诸多挑战。

1）天线数目可能从 4 根增至 64 根或者更高，使基站的处理能力倍增，能耗也相应增大。这对基站机房的要求将进一步提高，因此需要改变现有以宏站为主的网络建设模式，充分利用 CU 与 DU 可根据不同场景合一部署，也可分开部署的灵活部署优势，将基带资源进行集中放置，实现资源共享。一方面可以减少对机房数量的需求，同时也可以降低机房建设成本；另一方面由于 DU 采取集中放置，CU 云化，这将极大地减小基站对于天馈建设条件的要求，从而可以降低网络建设投资，加快网络建设速度。

2）基站的覆盖范围有可能从 4G 网络的数百米缩小至数十米，这将极大地增加对于基站数目的需求，进一步加剧在 4G 网络建设中已经出现的站址资源获取困难等问题，从而影响网络建设进度，降低网络质量。在 4G 时代已经逐渐规模商用的小基站，由于具有设备小、功耗低等多种优势，可以大大降低站点的条件需求，满足实施快速建站的目的。另外，由于小基站站址贴近用户，可以极大地改善信号质量，因此在未来 5G 网络建设中，小基站将会得到极大的应用。

9.6.2　5G 无线网络规划流程

5G 无线网络规划流程与 4G 基本一致，分为网络需求分析、网络规模估算、站址规划、无线网络仿真和无线参数规划五个阶段。

1. 网络需求分析

网络需求分析阶段需要明确 5G 网络的建设目标，这是开展网络规划工作的前提条件。可以从行政区域搜集现网 4G 站点、数据业务流量分布（MR 数据）及地理信息数据。这些数据都是 5G 无线网络规划的重要输入信息，对 5G 网络建设具有指导意义。根据这些数据，结合 5G 典型场景进行业务预测，其中，eMBB 场景主要是数据业务预测，uRLLC、mMTC 场景的业务特征主要表现为高可靠低时延连接和海量物联，并且还存在诸多的 D2D、M2M（机器对机器）、V2X（车对外界的信息交换）等业务，因此业务预测的侧重点均有所不同。

根据以上市场、网络等方面的资料，进行初步的市场策略分析。

2. 网络规模估算

网络规模估算阶段通过覆盖和容量估算来确定网络建设的基本规模。进行覆盖估算时，4G 无线网络规划中使用的链路预算计算方法在 5G 无线网络规划时仍然适用，但 5G 无线传播模型要采用相应的高频段传播模型，并且要注意 5G 网络时全频段多无线接入技术接入网络，针对不同频段和无线接入方式需要选用不同的计算模型。因此，首先应该了解当地的传播模型，根据覆盖区域内各子区域提供的业务类型和业务速率目标，估算各种业务在一定的服务质量要求下所能允许的最大路径损耗，然后通过链路预算来确定不同区域的小区覆盖半径，从而估算满足基本覆盖需求的基站数量。再根据城镇建筑和人口分布，估算额外需要满足深度覆盖的基站数量。

容量估算则是分析在一定站型配置的条件下 5G 网络可承载的系统容量，并计算是否可以满足用户的容量需求。容量规划要分区域进行：估算各区域的业务类型及各种类型业务的业务量；根据不同区域提供的业务模型、用户模型等估算业务总量；由业务总量和小区容量计算出实际区域所需要的小区数；各区域所需的小区数相加即得到整个业务区所需要设置的小区数。由于 5G 采用了 Massive-MIMO、新型编码等技术，大大提高了频谱效率，且采用了百兆以上的带宽，使得 5G 具备高容量、大连接的能力，网络建设初期容量一般不会成为 5G 规划中的瓶颈。

3. 站址规划

通过网络规模估算，即可估算出规划区域内需要建设的基站数及位置。但实际建设过程中，受限于各种因素，理论位置并不一定可以布站，因此实际站点同理论站点并不一致。这就需要对站点进行实地勘察，并根据所得数据确定基站站址的位置，初步确定基站的天线挂高、方向角和下倾角等一系列基站规划参数。同时，在进行站址规划时，应注意利用原有的基站站点进行共站址建设 5G。共站址主要依据无线环境、传输资源、电源、机房条件和工程可实施性等方面综合确定是否可建设，还需要考虑系统间干扰隔离的问题。

目前，5G 网络的主流频率远高于 2G/3G/4G 网络频段，其基站的覆盖范围会缩小，充分利用现有站址建设 5G 网络，利用小基站补盲是 5G 覆盖的一大重点，5G 网络的站址规划需要考虑大量小基站站址的规划。

4. 无线网络仿真

完成初步的站址规划后，需要进一步将站址规划方案输入 5G 规划仿真软件进行覆盖及容量仿真分析。仿真分析流程包括规划数据导入、覆盖预测、邻区规划、PCI 规划、用户和业务模型配置以及蒙特卡罗仿真，通过仿真分析输出结果，可进一步评估目前的规划方案是否可满足覆盖及容量目标，如果部分区域不能满足要求，则需要对规划方案进行调整修改，使规划方案最终满足规划目标。

5. 无线参数规划

在利用规划软件进行详细规划评估和优化之后，就可以输出详细的无线参数。这些参数主要包括天线高度、方向角和下倾角等小区基本参数、邻区规划参数、频率规划参数、PCI 参数等，同时根据具体情况进行 TA 规划。这些参数最终将作为规划方案输出参数提交给后续的工程设计及优化使用。

9.6.3 网络建设方式

1. 集中式 C-RAN 建设方案

C-RAN 是根据现网条件和技术进步的趋势，提出的新型无线接入网构架。C-RAN 是基于集中化处理（Centralized Processing）、协作式无线电（Collaborative Radio）和实时云计算构架（Real-time Cloud Infrastructure）的绿色无线接入网构架（Clean System）。其本质是通过实现减少基站机房数量、减少能耗，采用协作化、虚拟化技术，实现资源共享和动态调度，提高频谱效率，以达到低成本、高带宽和高灵活度的运营。C-RAN 的总目标是解决移动互联网快速发展给运营商所带来的能耗、建设和运维成本、频谱资源等多方面挑战，追求未来可持续的业务和利润增长。面向 5G 网络建设，C-RAN 组网有利于降低网络建设和运行维护成本，有利于降低基站选址难度、提高建设灵活性，有利于引入协作化提升网络性能，有利于移动边缘计算（MEC）等技术的部署。

C-RAN 规划要面向未来 5G 目标网架构，结合汇聚机房、综合业务接入区的规划，按照"以终为始"的原则科学开展，实现"规划一步到位、能力分步部署"。C-RAN 规划要综合建设投资、运维成本等因素，统筹考虑 5G 新建和 4G 改造的需求，提高投资效益、降低运维成本。要合理把控节奏，结合 5G 建设进度，分步实施、逐步推进。现网 4G 已实现 C-RAN 部署的区域，应沿用现有规划实现 5G 基站集中；现网 4G 未实现 C-RAN 部署的区域，应根据 C-RAN 规划结果和 5G 建设节奏，逐步推进 C-RAN 的部署。

C-RAN 组网也应注意 C-RAN 区域应在单一传输综合业务接入区的规划边界内，原则上不得跨区组网；C-RAN 区域内的物理基站原则上要求连续覆盖，原则上不得跨区插花集中；C-RAN 区域内应尽量保持同制式的基站设备厂家单一，原则上不得异厂家插花集中；应综合考虑集中机房条件、投资效益、网络安全性等因素，合理确定 C-RAN 集中度，原则上单个集中机房以 5~15 个物理基站为宜，最大不宜超过 20 个。

对于城区、县城及重要乡镇的室外宏站，5G 基站应优先考虑 C-RAN 集中，4G 基站应在满足投资效益的前提下搬迁集中。而对于普通乡镇、农村区域的室外宏站，应综合考虑传输综合业务区设置情况、自有基站机房条件和光纤资源条件等，确定是否采用 C-RAN 方式建设。

除此之外，还需要考虑传输建设要求，综合考虑建设成本和光纤资源条件，选择合适的前传方案、回传网络等。同时，合理选择集中机房，并按需核算引电容量、配置蓄电池组、配置机房空调等以及集中机房建设的要求。

为解决 CU/DU/RRU 间的传输问题，某运营商引入下一代前传接口（Next Generation Fronthaul Interface，NGFI）架构。如图 9.27 所示，CU 通过交换网络连接远端的分布功能单元，这一架构的技术特点是，可依据场景需求灵活部署功能单元：当传送网资源充足，具备理想的前传条件时，可集中化部署 DU 功能单元，实现物理层协作化技术；而在传送网资源不足，即非理想前传条件时，也可以分布式部署 DU 处理单元。而 CU 功能的存在，实现了原属 BBU 的部分功能的集中，既兼容了完全的集中化部署，又支持分布式的 DU 部署，可在最大化保证协作化能力的同时，兼容不同的传送网能力。

2. 5G 室外基站建设方案

5G 无线网络规划首先应明确 2G、3G、4G、5G 的无线网络现状，根据业务需求进行无线网络设计，包括无线网的组成、无线网的工作频段、无线网络设计指标、无线网络建设要求、基站同步要求、4G 基站升级改造需求和基站传输带宽要求，同时需要确定 SA/NSA 组网方案、

图 9.27　某运营商基于 CU-DU 的 5G RAN 结构方案

C-RAN 建设方案和室外基站建设方案等。

在进行 5G 室外基站建设时，需要对基站的覆盖范围、基站配置、站址设置和天馈设置进行明确，对 PCI、TA、TAI、基站标识、小区标识和 IP 地址等基站主要参数进行设置，同时需要考虑与其他移动通信系统共站，以及规避与其他无线电台、室内覆盖系统间的干扰。

在基站站址设置时，对于传统非拉远方式基站，设备机房与射频部分距离较近，同时适用于设备机房与射频部分安装位置的选择；对于拉远方式或 C-RAN 方式，站址设置原则仅适用于基站射频部分安装位置的选择。基站站址选择应满足以下要求：

（1）满足覆盖和容量要求

参考链路预算的计算值，充分考虑基站的有效覆盖范围，使系统满足规划指标目标的要求，充分保证无线覆盖区域内重要区域和用户密集区的覆盖。

（2）满足网络结构要求

宏基站站址在目标覆盖区内尽可能平均分布，尽量符合蜂窝网络结构的要求。一般要求基站站址分布与标准蜂窝结构的偏差应小于站间距的 1/4，避免出现超近站和超远站。微基站当前主要解决局部区域内无覆盖或弱覆盖问题，微基站应设置在宏基站信号覆盖不足的局部范围内。在具体落实时注意以下方面：

1）在不影响基站布局的情况下，视具体情况尽量选择现有设施，以减少建设成本和周期。

2）连续覆盖区域内原则上应避免选取对网络性能影响较大的已有高站（站高大于 50m 或站高高于周边建筑物 15m）。

3）在市区楼群中选址时，可利用建筑物的高度，实现网络层次结构的划分。

4）市区边缘或郊区的海拔很高的山峰（与市区海拔高度相差 100m 以上）一般不考虑作为站址，一是为便于控制覆盖范围和干扰，二是为了减少工程建设和后期维护的难度。

5）避免将小区边缘设置在用户密集区，良好的覆盖有且仅有一个主力覆盖小区。

(3) 避免周围环境对网络质量产生影响

宏基站天线高度在覆盖范围内基本保持一致、不宜过高，且要求天线主瓣方向无明显阻挡；微基站天线高度一般控制在 6~15m，并应合理利用周围地形、建筑物的阻挡，避免与宏基站同覆盖，信号相互干扰。在选择站址时还应注意以下几个方面：

1) 站址选择应在交通方便、市电可用、环境安全的地方，避免选在大功率无线电发射台、雷达站或其他干扰源附近。

2) 站址选择应优先远离树林处，以避免信号的快速衰落。

3) 在山区、河岸比较陡或密集的湖泊区、丘陵城市及有高层玻璃幕墙建筑的环境中选址时要注意信号反射的影响。

3. 5G 室内覆盖建设方案

在进行 5G 室内覆盖建设时应首先明确该期工程 5G 室内覆盖的建设原则，精准把控室分建设，充分利用室外宏站、特别是 700MHz 宏站深度覆盖能力，基于频率使用、流量预估和场景价值，合理选择建设方案，确保精准投入、精准建设。5G 室内覆盖系统的建设应体现 5G 网络的性能特点并保证网络质量，且不影响现网系统的安全性和稳定性，应坚持室内外协同覆盖的原则，控制好室内覆盖系统的信号外泄。同时，5G 室内覆盖系统应按照"多天线、小功率"的原则进行建设，电磁辐射必须满足国家和通信行业相关标准。5G 室内覆盖系统建设部署时如有多系统共存（GSM、DCS、TD-LTE、WLAN 等），系统间隔离度应满足要求，避免系统间的相互干扰。

5G 室内覆盖的建设有多种方式：

1) 根据蜂窝信源与分布系统的组合形式，5G 室内覆盖的建设方式可以分为"蜂窝覆盖"和"分布覆盖系统"两大类。

"蜂窝覆盖"实现室内覆盖功能的设备主体是各种类型的基站设备，在基站设备 RRU 的后端一般不需再接入复杂的分布天线系统。

"分布覆盖系统"实现室内覆盖功能的设备主体是"室内分布系统"（由功分器、耦合器及天线组成的分布系统），它的前端仍需接入基站主设备（即"室内信源基站"）。

2) 根据工程施工特点和设备安装位置，可将室内覆盖建设方式分为"室外辐射室内"（覆盖系统主要在室外区域建设）和"室内覆盖系统"（覆盖系统主要在室内区域建设）两大类。

3) 从覆盖业务密度及覆盖面积两个维度分析，不同的室内覆盖系统有各自的适用场景：同轴电缆分布系统（含单、双路同轴电缆，变频分布系统）、光纤分布系统、分布式皮飞基站均可应用于大型建筑，应根据场景特点、业务预测和建设难度，合理选择覆盖手段；扩展型皮基站（或一体化皮飞基站）设备安装相对便利，适用于单点覆盖面积相对不大的营业厅、沿街商铺、超市、快捷酒店等中小型建筑场景；泄漏电缆分布系统一般应用于地铁、隧道等地形较为狭长的区域场景。

从容量特性、建设改造难度、建设成本、监控/故障定位难度等方面对 5G 室内覆盖建设方式进行比较，见表 9.2。

表 9.2 5G 室内覆盖建设方式比较表

建设方式	类型	容量特性	建设改造难度	建设成本	监控/故障定位难度
室外蜂窝覆盖室内	宏基站	中低，信号穿透以后可能导致上行速率低	高，室外宏站选点难	较高	主设备监控、故障易定位
	小微基站	低，信号穿透以后可能导致速率低	中	中	主设备监控、故障易定位

(续)

建设方式	类型	容量特性	建设改造难度	建设成本	监控/故障定位难度
室内蜂窝覆盖	分布式皮飞基站	最好，支持 4×4 MIMO/2×2MIMO（容量灵活调整，能力较强）	较低，需替换或新增 pRRU/RHUB，更换 5 类线为 CAT6A 网线（或光电复合缆）	高	主设备监控、故障易定位
室内蜂窝覆盖	扩展型皮基站（或一体化皮飞基站）	中，一般可支持 2×2MIMO 及以上，但与室外宏站协同能力相对弱	较低，与分布式皮飞基站工程难度相当	中	主设备监控、故障易定位
分布覆盖系统	同轴电缆分布系统（含泄漏电缆分布系统）	中，可支持单、双流（泄漏电缆系统还可能支持四流）	高，可能涉及替换支持 2.6GHz 频段性能不佳的分布系统器件、天线、泄漏电缆等	中低	监控及故障定位相对困难，需实施改造
分布覆盖系统	变频分布系统	中，一般可支持 2×2MIMO	较高，需新增变频分布系统近端机和远端机，替换耦合器和功分器等为馈电型器件	中	有限监控
分布覆盖系统	变频拉远系统	中，可支持单、双流	中，需新增分布式皮基站信源设备，新增变频拉远近端机和远端机	中	监控及故障定位相对困难，需实施改造
分布覆盖系统	光纤分布系统	中，可支持 MIMO	较低	中	有限监控

9.6.4 工程案例

如图 9.28 所示，某运营商拟进行 5G 网络建设，其中核心网组网关键点在于通过虚拟化和云化的技术，具备虚拟网络功能（Virtual Network Function，VNF）的所有虚拟机均部署在服务器上，服务器需各出一对 10G 光口连接不同业务、存储、I 层顶部架构式（Top of Rack，TOR，在服务器机柜的最上面安装接入交换机的接入方式）；通过末端成行式（End of Row，EOR，接入交换机集中安装在一列机柜端部的机柜内，以水平缆线以永久链路方式连接设备柜内的主机/服务器/小型机设备的接入方式）实现不同 VNF 间的流量转发，VNF 与外部网络的通信；5G 对接 PTN 20G 流量，CMNET 提供 20G 带宽，该带宽经过旁挂防火墙访问公网。

图 9.28 某运营商 5G 网络建设方案

承载网组网关键点在于接入环中基站接口达到 10GE；单汇聚环带小于等于 10 个接入环；核心环容量达到 100G。

无线网组网关键点是射频方面，5G 是 AAU、64T64R/192 阵子，LTE 是 FDD1800/RRU3971；BBU 方面，5G 基站需新建 BBU5900；传输接入方面，5G 基站和 4G 基站接口均需达到 10G。

如图 9.29 所示，5G 无线网络的部署包括新建、搬迁、扩容和改造等多个方面。新建 5G 基站、搬迁以及 NSA 组网中的锚点配置改造是较为普遍的场景。其中新建的主要任务是新建 2.6GHz/4.9GHz 的 NR 基站；搬迁主要是 LTE 存量有 D 频段的前提下进行 LTE D 频段替换，2.6GHz NR AAU 收编 4G，改造成 3D MIMO，移频后原 D 频段拆除。扩容包括 NSA 锚点建设以及 LTE 扩容，在 LTE 锚点不具备的情况下按规划新建锚点站（如 FDD 1800），如出现移频后 4G 容量不足的情况，则伴随移频产生 4G 容量扩容。改造主要涉及 BBU 空间不足、机房空间不足时对 BBU 进行合框，即将存量 4G 基站与 NR 机框合并；在 NSA 组网的场景中，现网 4G 基站增加锚点相关配置，对 S1 接口进行改造；现网杆站移频后容量不足时，通过灯杆站移频，即现网 D 频段杆站替换为 160M 宽频模块并升级；天面空间不足时进行天面合并及天面收编改造。运营商通过新建、搬迁、扩容和改造等多场景完成 5G 无线网络部署。

1—NR 新建　2—搬迁　3—NSA 锚点建设　4—LTE 扩容　5—BBU 合框
6—锚点配置改造　7—灯杆站移频　8—天面合并

图 9.29　某运营商 5G 部署场景

9.7　5G 发展演进

9.7.1　5G 发展趋势

5G 已渗透到社会的各个领域，以用户为中心构建全方位的信息生态系统。5G 将使信息突破时空限制，提供极佳的交互体验，为用户带来身临其境的信息盛宴。5G 将拉近万物的距离，通过无缝融合的方式，便捷地实现人与万物的智能互联。5G 将为用户提供光纤般的接入速率，"零"时延的使用体验，千亿设备的连接能力，超高流量密度、超高连接数密度和超高移动性等多场景的一致服务，业务及用户感知的智能优化，同时将为网络带来超百倍的能效提升和超百倍的比特成本降低，最终实现"信息随心至，万物触手及"的总体愿景。

未来 5G 网络将向性能更优质、功能更灵活、运营更智能和生态更友好的方向发展。

1. 网络性能更优质

5G 网络将提供超高接入速率、超低时延、超高可靠性的用户体验，满足超高流量密度、超高连接数密度及超高移动性的接入要求，同时将为网络带来超百倍的能效提升和超百倍的比特成本降低，以及数倍的频谱效率的提升。

2. 网络功能更灵活

5G 以用户体验为中心，支持多样的移动互联网和物联网业务需求。在接入网，5G 网络将支持基站的即插即用和自组织组网，实现易部署、易维护的轻量化接入网拓扑；在核心网，网络功能在演进的分组核心网（EPC）基础上进一步简化与重构，提供高效灵活的网络控制与转发功能。

3. 网络运营更智能

5G 网络将全面提升智能感知和决策能力，通过对地理位置、用户偏好、终端状态和网络上下文等各种特性的实时感知和分析，制定决策方案，实现数据驱动的精细化网络功能部署、资源动态伸缩和自动化运营。

4. 网络生态更友好

5G 将以更友好和开放的网络面向新产业生态和垂直行业。通过网络能力开放，向第三方提供灵活的业务部署环境，实现与第三方应用的友好互动。5G 网络能够提供按需定制服务，刺激业务和网络创新环境，提升网络服务价值。

9.7.2 未来 6G 网络

6G，即第六代移动通信标准，一个概念性无线网络移动通信技术，也被称为第六代移动通信技术，可促进产业互联网、物联网的发展。早在 2018 年，我国就已经着手研究 6G，同时，欧盟、美国、俄罗斯、日本、韩国等均紧锣密鼓地开展相关工作。

6G 网络将是一个地面无线与卫星通信集成的全连接系统。通过将卫星通信整合到 6G 移动通信，实现全球无缝覆盖，网络信号能够抵达任何一个偏远的乡村。此外，在全球卫星定位系统、电信卫星系统、地球图像卫星系统和 6G 地面网络的联动支持下，地空全覆盖网络还能帮助人类预测天气、快速应对自然灾害等。6G 通信技术不再是简单的网络容量和传输速率的突破，6G 的意义更是为了缩小数字鸿沟，实现万物互联这个"终极目标"。

6G 的数据传输速率可能达到 5G 的 50 倍，时延缩短到 5G 的十分之一。根据三星 6G 白皮书的介绍，6G 网络的理论最高峰值速率可达 1000Gbit/s，网络延迟降低至 0.1ms 以内，在峰值速率、时延、流量密度、连接数密度、移动性、频谱效率和定位能力等方面远优于 5G。

衡量 6G 技术的关键指标有：

1）峰值传输速率达到 100Gbit/s～1Tbit/s，而 5G 仅为 10Gbit/s。
2）室内定位精度达到 10cm，室外为 1m，相比 5G 提高 10 倍。
3）通信时延 0.1ms，是 5G 的十分之一。
4）中断概率小于百万分之一，拥有超高可靠性。
5）连接设备密度达到每立方米过百个，拥有超高密度。
6）采用太赫兹（THz）频段通信，网络容量大幅提升。

6G 网络将使用太赫兹（THz）频段。太赫兹频段是指 100GHz～10THz，即亚毫米波的频段，是一个频率比 5G 高出许多的频段。就信号的频率而言，一方面频率越高允许分配的带宽范围越大，单位时间内所能传递的数据量就越大；另一方面频率越高则波长越短，所以信号的绕射能力就越差，损耗也就越大，并且这种损耗会随着传输距离的增加而增加，基站所能覆盖到的范围会随之降低。6G 信号的频率在太赫兹级别，而这个频率已经接近分子转动能级的光谱了，很容易被空气中的水分子吸收掉，所以在空间中传播的距离不像 5G 信号那么远，因此 6G 需要更多的基站"接力"。6G 网络的"致密化"程度也将达到前所未有的水平，届时我们的周围可能将充满小基站。

另外，6G 网络将使用"空间复用技术"，6G 基站将可同时接入数百个甚至数千个无线连接，其容量将可达到 5G 基站的 1000 倍。6G 将要使用的是太赫兹频段，虽然这种高频段频率资源丰富、系统容量大，但是使用高频率载波的移动通信系统要面临改善覆盖和减少干扰的严峻挑战。处于毫米波段的 5G 也是如此，而 5G 则是通过 Massive MIMO 和波束赋形这两个关键技术来解决此类问题的。而 6G 所处的频段更高，MIMO 未来的进一步发展很有可能为 6G 提供关键的技术支持。

  5G 和 6G 的开发是并行的，但 6G 规模化使用还很远。有专家认为，将来 6G 将会被用于空间通信、智能交互、触觉互联网、情感和触觉交流、多感官混合现实、机器间协同和全自动交通等场景。如果说 5G 网络推动了扩展现实（XR）等领域的发展，那么 6G 网络将全面实现这些领域的普及，届时人们将生活在一个丰富多彩的数字世界当中。

思考与练习题

1. 5G 的需求主要体现在哪些方面？
2. 5G 网络的优势有哪些？
3. 5G 有哪三大应用场景？
4. 5G 不同应用场景主要有哪些典型业务及关键指标？
5. 5G 的网络结构是怎样的？有哪些主要网元？
6. 相较于 3G、4G，5G 的无线网络架构发生了什么变化？
7. 什么是 SA 组网？什么是 NSA 组网？5G 发展过程中组网策略有哪些？
8. 简述 5G 网络的关键技术。
9. C-RAN 的含义及优缺点是什么？
10. 5G 无线网络规划的流程是什么？
11. 我国在 5G 建设中的进展有哪些？
12. 相较于 5G，6G 技术关键性能指标有哪些变化？

参 考 文 献

[1] 李兆玉，何维等. 移动通信［M］. 北京：电子工业出版社，2017.
[2] 杨东凯，修春娣. 现代移动通信技术及应用［M］. 北京：电子工业出版社，2013.
[3] 董利，陈金鹰，刘世林，等. 第五代移动通信初探［J］. 通信与信息技术，2013（5）：30-34.
[4] DAHLMAN E，PARKVALL S，SKÖLD J. 4G 移动通信技术权威指南［M］. 堵久辉，缪庆育，译. 北京：人民邮电出版社，2012.
[5] 任永刚，张亮. 第五代移动通信系统展望［J］. 信息通信，2014（8）：70-75.
[6] 蔡跃明，吴启晖，田华，等. 现代移动通信［M］. 5 版. 北京：机械工业出版社，2022.
[7] AGRAWAL D P，曾庆安. 无线移动通信系统［M］. 谭明新，译. 北京：电子工业出版社，2016.
[8] 欧丽玲. NSA 与 SA 混合组网下 4G/5G 协同优化应用研究［J］. 信息记录材料，2022，23（1）：214-217.
[9] 霍龙社. 演进的移动分组核心网架构和关键技术［M］. 北京：机械工业出版社，2013.
[10] 张盈唐，吴启程，陈昕，等. 4G 大变革：引领移动互联新时代［M］. 北京：电子工业出版社，2015.
[11] 周立峰. 4G 移动通信系统的主要特点和关键技术［J］. 卫星电视与宽带多媒体，2019（8）：22-23.
[12] 王少波，何丽华，聂圣峰，等. 2G/4G/5G 核心网融合组网方案探讨［J］. 数据通信，2022（5）：38-40.
[13] 葛晓虎，赖槿峰，张武雄. 5G 绿色移动通信网络［M］. 北京：电子工业出版社，2017.
[14] 魏红. 移动通信技术［M］. 4 版. 北京：人民邮电出版社，2021.
[15] 陈威兵，张刚林，冯璐，等. 移动通信原理［M］. 2 版. 北京：清华大学出版社，2019.
[16] DAHLMAN E，PARKVALL S，SKÖLD J. 4G：LTE/LTE-Advanced 宽带移动通信技术：影印版［M］. 南京：东南大学出版社，2012.
[17] 沙学军，吴宣利，何晨光. 移动通信原理、技术与系统［M］. 北京：电子工业出版社，2022.
[18] 啜钢，王文博，王晓湘，等. 移动通信原理与系统［M］. 5 版. 北京：北京邮电大学出版社，2022.
[19] 徐孟江，田良. 5G 移动通信网络的技术分析［J］. 通讯世界，2024，31（2）：55-57.
[20] 穆维新，申云峰，李奕彤，等. 移动原理［M］. 北京：清华大学出版社，2022.
[21] 柴蓉，邹飞，刘莎，等. 6G 移动通信：愿景、关键技术和系统架构［J］. 重庆邮电大学学报（自然科学版），2021，33（3）：337-347.